# 都市法入門

久保　茂樹

三省堂書店／創英社

# はしがき

本書は、都市法についての初学者向けの入門書である。都市法というのは聞きなれない言葉かもしれないが、都市計画やまちづくりの問題を、法律的な側面から読み解く学問と考えてもらえばよい。

都市法の分野はもともと、土地利用規制や都市計画事業を中心にしたものであったが、近年では、景観保護やまちづくり等で注目を集めるようになってきた。さらに最近では、元気の衰えたまちをどのように再生させるか（空家問題、まちおこし等）、都市を災害からどう守るか（災害の予防・復興）などといった問題も、都市法の重要なテーマとなっている。都市法を学ぶことは、わが国の社会が直面するこれらの課題に対して、法律的な側面から光を当てることによって、課題解決に向けての有力な手掛かりを与えてくれるだろう。

本書の内容は、大学法学部での私の講義ノートを基にしているが、法律的な知識のない人にも手に取ってもらえるよう、内容をわかりやすく書き換えたものである。本書が想定する読者層には、法学部の学生のみならず、一般の市民の方も含まれる。また、まちづくりの問題に取り組んでおられる自治体、NPO、事業者の皆さんにも、ぜひ手に取ってもらえればと思っている。

都市法の世界は、日常生活と密接に絡み合っているにもかかわらず、その仕組みは複雑でわかりにくいこともあって、あまり知られていないのが現実である。このため本書では、都市法のいわば「幹」となる部分を中心に解説を加えることにし、逆に、「枝葉」に当たる部分は、必要のない限り思い切って割愛することにした。将来、細部を知る必要が生じたときは、本書で得た基礎知識を手掛かりに、より詳しい専門書に当たっていただければ幸いである。

# もくじ

## 第Ⅲ部　都市法の担い手とその手法

## 第Ⅳ部　都市法と権利救済

# 略語表

### ○引用文献の略語

以下の2つの教科書は度々参照するので、略語で引用することにした。

安本　安本典夫『都市法概説（第3版）』（2017年）
生田　生田長人『都市法入門講義』（2010年）

### ○法令の略語

都計　都市計画法
建基　建築基準法
都市再生　都市再生特別措置法
空家　空家対策の推進に関する特別措置法
自治　地方自治法
行手　行政手続法
行審　行政不服審査法
行訴　行政事件訴訟法

*現行法令は、インターネットの「e-Gov法令検索」で閲覧できる。

### ○判例の略語

最判　最高裁判所判決（「最大判」の表記は、最高裁の大法廷判決を指す）
高判　高等裁判所判決
地判　地方裁判所判決

*本書で引用する判例の多くは、裁判所HPの検索機能を使って閲覧できる。

### ○判例掲載誌の略語

民集　最高裁判所民事判例集
刑集　最高裁判所刑事判例集

### ○判例解説の略語

百選Ⅰ、Ⅱ　斎藤誠・山本隆司編『行政判例百選Ⅰ、Ⅱ（第8版）』（2022年）

この雑誌は、行政法の重要判例を解説するもので、学習用教材としてよく利用されている。本書では、読者の便宜を考えて、この雑誌に判例解説が掲載されているときは、その旨も記載することにした。

# 序章　都市法とはなにか
## ――都市法の過去・現在・未来

〈本章の概要〉

都市法という言葉を聞いたことがある人は少ないかもしれない。この言葉が用いられるようになったのは、比較的最近のことだからである。それまでは、都市法は行政法の一分野に過ぎないと考えられてきた。ではなぜ、都市法が独立した法分野として意識されるようになったのか。また、そもそも都市法とはどのような法分野であり、将来的にどのような方向を目指そうとしているのか。本章では、これらの問いに答えるために、都市法が誕生した歴史的背景を知ることから始めることにしたい。

フランスの画家ゴーギャンは、晩年の大作に、「我々はどこから来たか、我々とはなにか、我々はどこへ行くのか」という言葉を残したが、それにならっていえば、本章では、「都市法はどこから来たか、都市法とはなにか、都市法はどこへ行くのか」という3つの問いを扱うことになる。このほか、本章の末尾では、「都市法はどのような法律からなるか」についてもみておく。都市法に関わる法律はたくさんあるので、あらかじめ整理しておくと理解の助けになるからである。

(1) 都市法はどこから来たか――都市法の歴史
(2) 都市法とはなにか――都市法の定義ないし特色
(3) 都市法はどこへ行くのか――「都市の縮退」と都市法の将来
(4) 都市法はどのような法律からなるか

## (1) 都市法はどこから来たか――都市法の歴史

都市に固有の法規が求められるようになるのは、近代国家の誕生によって都市に大勢の人々が流れ込むことによってである。近代国家の誕生以前にも「都市の拡大（croissance（クルワッサンス） urbaine（ユルベンヌ））」現象はみられたが、規模および成長速度の点で近代都市の拡大現象は圧倒的なものであった。都市計画の制度は、このような社会的事情を背景に生まれ発展していく。土地利用規制の歴史を振り返りながら、その点を詳しくみてみよう。

### 1）近代都市計画の成立事情

#### 1. 近代国家の誕生と都市への人口流入

近代国家の誕生は、それまでの都市のあり方に構造的な変化をもたらした。まず政治的な面では、統一国家の誕生によってそれまでの封建諸侯による領土の割拠は取り払われ、また身分制の廃止によって農民の土地への束縛がとかれるようになった（移動の自由）。

経済的な面では、産業資本主義の発達につれて、都市における労働需要が増大するようになった。こうして、都市には膨大な人口が流入するようになる。「都市の拡大」は、近代国家の誕生によって決定的なものとなったのである。

#### 2. 「都市の拡大」が引き起こす混乱

資本主義経済の発達は、経済活動の場である都市に大量の労働力の流入を促した。だが、「都市の拡大」が無秩序に進んでいくと、様々な問題を引き起こすようになる。スラム街の形成、伝染病の流行、密集市街地での火災、狭隘（きょうあい）な道路が生み出す交通上の支障…等々（これらは、**「都市問題」**と呼ばれてきた）。19世紀後半には、こうした都市問題が大都市を中心に顕在化するようになる。都市問題を放置すれば治安の悪化にもつながりかねない。都市問題の解決は、政治権力者の側にとっても喫緊の課題となっていたのである。都市問題への対応は様々な分野で試みられた（例えば、伝染病の蔓延を防止するための公衆衛生学の誕生もその一つである）。だが、この問題の解決に最も大きな役割を果たしたのは、法的レベルでの対応であろう。

#### 3. 計画的な都市づくりの必要性

ここで土地利用規制の歴史を振り返っておこう。19世紀初めの近代社会においては所有権絶対の観念が強く、自由主義的国家観（例、夜警国家）の影響もあって、建築物に対する法的規制が許されるのは、社会公共の秩序を害するような場合に限られていた（安全・防災・衛生等の消極目的による規制）。これら以外の目的（例えば、都市の利便性向上、景観の保護等の積極目的）による規制は、例外的な場合を除き、許されないものとされた。つまり、土地所有権の絶対性に裏打ちされた**「建築自由」**の考え方が支配的だったのである。

だが、このような考え方で都市問題を解決することは不可能といってよい。都市問題を解決するには、個々の建築物に着目して不適切な物件を排除していくだけでは足りず、都市を集合体（マス）として捉え、公共の手によって積極的・計画的な都市づくりを進めていく必要があったからである。このような要請に応えるものとして登場したのが、**近代都市計画**なのである。

近代都市計画にはいろいろな側面があるが、まず求められたのは道路、橋梁、上下水道、公園等の**都市インフラの整備**である。膨大な人口を受け入れるには、都市インフラを計画的に整備する必要があるからである。都市インフラの整備とともに、近代都市計画の柱をなしたのは、**土地利用の合理的配分**である。例えば、住宅地の真ん中に危険な工場が立地するのは好ましくない。また、住宅地と喧噪（けんそう）な商業地が混在するのも避けるべきだろう。こうして、住・商・工の「住み分け」を基本とした**ゾーニング制度**が採用されるようになる。近代都市計画は、インフラ整備とゾーニングを2本柱として発展を遂げていくのである。

### 2）わが国の都市計画制度のあゆみ

それでは、わが国ではどのような経緯で都市計画の法制度が形成されたのであろうか。明治期以降の都市計画法の形成・発展の概略を、簡単に述べておくことにしたい[1)]（表1参照）。

#### 1．明治期「欧化政策〜都市基盤整備の時代」

明治政府が当初とったのは、条約改正を念頭に置いた都市の外観の欧米化であった。銀座煉瓦街の建設や日比谷官庁集中計画がその代表例である。これは表面的な欧化政策にとどまるもので、いわば鹿鳴館的な都市づくりだったといえよう。

これに対して、近代的な意味での都市計画は、**東京市区改正条例**（1888年）から始まると言われている。当時の東京は、江戸の町割りを引き継ぐ過密都市で、都市発展の土台となるインフラが十分整備されていなかった。東

---

1）　石田頼房『日本近代都市計画の百年』（1987年）参照。

**（表１）都市計画年表**

１．明治期――「欧化政策～都市基盤整備の時代」
　銀座煉瓦街計画（1872年）、日比谷官庁集中計画（1886年）
　東京市区改正条例（1888年）
２．大正期～昭和初期――「都市計画制度の確立の時代」
　旧都市計画法（1919年）、市街地建築物法（1919年）
　関東大震災（1923年）と復興計画
　戦時都市計画
３．戦後復興期～高度成長期――「高度経済成長と都市の急激な拡大」
　戦災復興都市計画
　都市計画法（1968年）、建築基準法（1950年）
　○都市計画法・建築基準法の改正
　　・日影規制（1976年）　・地区計画（1980年）
　　・用途地域の細分化（1992年）　・市町村マスタープラン（1992年）
　○建築・都市環境をめぐる紛争、社会的事件
　　・60～70年代の日照紛争　・70～80年代の要綱行政をめぐる紛争
　　・80年代以降の景観紛争（国立マンション事件等）
　　・バブル経済下の不動産投機・地価高騰（1986～1991年）
４．低成長期～
　○都市拡大に翳り、「成熟型の都市」への流れ
　　・「都市化社会から都市型社会へ」（1998年都計審答申）
　　・地方分権改革（1999年）　・景観法（2004年）
　○規制緩和の流れ
　　・建築確認業務の民間開放（1998年）　・都市再生特別措置法（2002年）
　　・耐震偽装事件（2005年）
　○地域の活性化に向けて
　　・中心市街地法活性化法（1998年）

京市区改正条例では、道路、橋梁、河川、鉄道、公園等の整備が目標に掲げられ、市区改正事業（市街地改良事業）が実施された。なお、東京市区改正条例の策定にあたり、市区改正は「国家の事業か自治（体）の事業か」が議論になったが、国家の事業という立場が貫かれた。わが国では、欧米流の自治体を基盤とした都市づくりの考え方はまだ十分育っていなかったといえよう。

### ２．大正期～昭和初期「都市計画制度の確立の時代」

　大正期に入ると、旧都市計画法（1919年）、市街地建築物法（1919年、建

築基準法の前身）の制定によって、わが国の都市計画制度の基礎が整えられ、それが全国に適用されるようになった。背景には、第1次世界大戦を契機とした日本経済の発展により、地方都市においても都市人口が増加したことがあげられる。これに対応すべく、旧都市計画法には、用途地域制（ゾーニング）や土地区画整理事業など、当時最先端の都市計画技術が導入された。ただし、用途地域の中身は、住居・商業・工業の3区分にとどまり、欧米諸国のような居住環境の維持・改善を目指すものからは程遠かった。その後、関東大震災（1923年）をきっかけとして**帝都復興事業**が実施された。この復興事業には土地区画整理事業の手法が活用された。

### 3. 戦後復興期〜高度成長期「高度経済成長と都市の急激な拡大」

第2次世界大戦後、戦後の復興期を経て、東京をはじめとした大都市の人口は急激に増大した。戦後の高度経済成長はこの動きに拍車をかけた。1968年に制定された**現行の都市計画法**は、無秩序な都市開発に歯止めをかけ秩序ある発展を目指すことを目標に、**市街化区域と市街化調整区域の区分**、および それに連動した**開発許可制度**を新たに導入した。その結果、無秩序な都市拡大の制御には一定の成果をあげることができたが、その反面、欧米のようなきめ細かな都市計画制度が欠けていたことから、住環境をめぐる紛争が多発するなど、市街地環境の維持・改善の面では大きな課題を残した。その後、都市計画法には、**日影規制の導入**（1976年）、**地区計画の導入**（1980年）、**用途地域の細分化**（1992年）、**市町村マスタープランの導入**（1992年）等がなされ、市街地環境の改善の面で一定の成果がみられたが、問題の抜本的な解決までには至っていない。

このような状況を反映して、この時期には、開発や建築をめぐる紛争が数多く提起されるようになる[2)]。代表的なものとしては、60〜70年代の**日照紛争**、70〜80年代の**要綱行政をめぐる紛争**、80年代以降の**景観紛争**などがあげられる。わが国で初めて「都市法」の名を冠する書物が刊行されたのは、

---

2) この時期にはまた、日本列島改造論（1972年）やバブル経済（1986〜1991年）を契機とした不動産投機によって、「土地ころがし」や地価の急騰が生じ、社会的非難を浴びるような事件が繰り返された。後述する国土利用計画法（1974年）や土地基本法（1989年）は、そのような事件の反省に立って制定された法律である。

まさにこのような時期であった（五十嵐敬喜『都市法』1987年）。

これに関連して、**「まちづくり」運動の展開**にも触れておかねばならない。まちづくりは、「法律を守るだけでは良いまちは作れない」との認識に立って、住環境の改善や街の魅力を高めるために行う、住民と自治体による様々な取り組みである。まちづくりはその後いろいろな方向に広がるが、既存の法律の枠にとらわれることなく、住みよいまちを目指そうとする点では一貫したものがみられる。

#### 4. 低成長期〜

経済が低成長の時代に入ると、都市拡大の動きに翳（かげ）りが見えてくる。これに合わせて、都市をめぐる課題も、それまでの「都市の拡大制御」から、次第に「既成市街地の質的充実」の方に重点が移行するようになる。1998年の都市計画審議会答申**「都市化社会から都市型社会へ」**は、このような時代の変化を反映したものであり、都市法制のあり方に一定の見直しが求められるようになってきた。**景観法**（2004年）の制定も、このような潮流に沿ったものといえる。

この時期には、都市行政の担い手の面でも大きな変革がなされる。**地方分権改革**（1999年）がそれで、この改革を通して都市行政の担い手は自治体であることが明確にされた。

このような流れと並行して、この時期には、規制緩和の動きも目立つようになる。代表的なものとして、**建築確認業務の民間開放**（1998年）、**都市再生特別措置法の制定**（2002年）があげられる。このほか、中心市街地活性化法の制定（1998年）、建築確認に関わる耐震偽装事件（2005年）等も、この時期を特徴づける出来事といえよう。

### (2) 都市法とはなにか——都市法の定義ないし特色

(1) では都市法の歩みについてみてきたが、以下では、それを踏まえて「都市法とはなにか」について考えてみることにしたい（引用した論者の文献については、本章末尾の【参考文献一覧】を参照されたい）。

### 1）都市法の定義

都市法が扱う分野は、伝統的には行政法の一部とされてきた。このような見方からすると、都市法は「都市に関する行政法」(碓井光明)、あるいは「行政法の応用分野ないし参照領域」ということになるのだろう。これに対して、都市法を独立した法分野とする見方も、近年では珍しいものではなくなってきた。ある論者の言葉を借りれば、「都市法は、都市問題に対応する様々な法が集まって、全体としての都市法を形成しているのである」(五十嵐敬喜)。ここからうかがえるのは、都市法の基底にある問題関心は、「都市問題への対応」ということになるのだろう[3)]。

次に、都市法を内容面から定義するとすれば、どのようなものになるのであろうか。これについては、いまだ定まったものがあるわけではないが、例えばフランスでは、「(都市) 空間の割当てとその整備に関する規範の総体」(Morand-Deviller) というシンプルな定義がある。また、より説明的な定義として、「都市環境をも含めた広い意味での都市空間の形成と利用 (開発・整備・創造・管理等から維持・保全までのすべてを含む) を公共的・計画的に実現しコントロールするための一連の制度的システムの総体」(原田純孝) というものも参考になろう。いずれにしても、都市の「整備 (事業)」と「規制」を柱とした法規範の総体が、都市法の内容として考えられてきたのである。

### 2）都市法の特色

都市法が独立した法分野をなすのだとすれば、「都市法に固有の法原則」

---

3) 都市法の出自が行政法にあることは明らかであるが、その一方で、他の学問分野とのつながりも視野に入れておかなければならない。理系の分野ではあるが、都市工学や建築学の知見はこれまでの都市法を支えてきたし、今後もそうであろう。法律学の分野でいえば、環境法とのつながりが重視されなければならない。これに加えて、これからの都市法は、交通、住居、福祉、防災等に関わる多彩な学問分野との間でも、学際的な交流が求められることになるだろう。

なお、「都市」という言葉にこだわる人がいるかもしれないが、都市法でいう「都市」とは、市町村等の行政区画を指すものではない。さしあたりは、人口集積空間という程度の意味で理解しておけば足りるだろう。都市の意義や都市の語の用法については、碓井光明『都市行政法精義Ⅰ』(2013年) 1頁以下参照。

の存在が問題となるが、いまのところ、「固有の法原則」という程のものは見出されないように思われる。このため以下では、法原則に換えて、都市法の特色を指摘することにしたい。

**第1に、都市法は、公共性の見地から私的所有権に制限を加える法である。**

このことに関連して、次のような指摘がある。

・本質的な問題は**「都市空間の公共性」と「私的所有」の利害調整**にある（原田純孝）。都市は「都市住民の共同の活動・生活空間」である点で公共性を持つにもかかわらず、その物理的な基盤たる土地は現実には細分化されて、個別の私的所有の対象となっている。この矛盾する2つの側面をいかに調整するかが課題となる。

・都市空間を公物空間と把握し、公物管理の観点から捉えていくというアイディアもある（磯部力、原田尚彦）。ここでの公物管理は環境保全を強く意識したもので、いわば公物管理の形式を借りて、都市空間の環境保全を図っていこうとするものである[4)]。

次に、わが国の実定法制においては、欧米のそれと比べ、**「建築の自由」**が過度に優先されてきた。このこととの関連では、次のような指摘がなされてきた。

・わが国は「建築自由」に偏ってきたので、生活環境の配慮が重要となる（五十嵐敬喜）。

・わが国の実定都市法は、**「必要最小限規制」**原則に立っている。これを克服することが重要な課題となる（藤田宙靖）。

**第2に、都市法は、都市空間の整備・規制・管理を扱う法である。**

都市法には、「事業法」、「規制法」の2側面に加えて、近年では**「管理法」**の側面があることが注目されている（生田長人、亘理格）。都市空間の「管理」は、「縮退」の時代を迎えた今日、都市法の重要な検討課題になっているといえよう（⇒ 第6章）。

**第3に、都市法は、計画法（開かれた法、動態的な法）である。**

---

4) なお、磯部教授の議論には、客観法的な構成を志向する点で、他の論者にみられない特色があることも指摘しておきたい。

都市法には以前から、次のような課題があることが指摘されてきた。
・計画裁量（開かれた法）をどう統制するか（遠藤博也、芝池義一）
・多様な利害をどう調整・統合するか（「対話」の重視（大橋洋一））
・「時」の観念を意識する必要もある。この見地からは、「既得権の保護」や「プロセス思考」が重視されることになる。

**第4に、都市法は、地域的多様性を持つ法である。**

わが国では伝統的に、**全国画一規制**（自治体による地域ルールの形成を認めない）の考え方が支配的であった。今日でも、その考え方は根強く残っている。このため、条例制定権の拡大を初め、地域ルールの形成を促進する手立てを考えることが重要な課題となっている（⇒ 第8章）。
・公共性には「**大公共**」（国家的広域的公共性）だけでなく「**小公共**」も存在するのではないか（磯部力、生田長人）。小公共とは、「全国画一的に確保すべき公共性」と「市場の選択に委ねられる私的利益」の中間にあって、「地域や関係者の選択や自律的努力に任せられるべき公共性」のことを指す。小公共を認めることは、地域ルール形成の正当化につながることになろう。
・立法論としては、「**枠組み法**」の可能性も論じられている（⇒ 第8章）。

**第5に、都市法は、多数の者に関わる集団的な法である。**

都市法においては、多数の者の間での合意形成や利害調整をいかに図るかが重要な課題となる。都市法は、「個」を想定したこれまでの行政手続・行政訴訟の構図に乗りにくい面がある。このため、集団的な手続法理・争訟法理を創造していく必要がある。この見地からは、**公衆参加手続の充実、都市計画訴訟の構築、「共同利益」への着目**（亘理格、見上崇洋）等が重要な課題となってこよう（⇒ 第10章）。

**第6に、都市法は、多様な分野の都市政策にも関わりうる法である。**

都市法は、住居、交通、商業、教育、福祉、医療など、様々な都市政策にも関わりを持っている。このため、都市計画と他の政策分野との連携・整合をどのように確保していくかが課題となってこよう[5]。これからの都市法に

5）例えば、安本・教科書は、独立の章として住宅法を取り上げ、さらに交通法にも言及する。生田・教科書も、都市の緑、廃棄物、都市災害等を、独立の章として取り上げる。このほか、板垣勝彦『都市行政の変貌と法』（2023年）も、保障行政の観点から都

は、都市形成のハード面だけでなく、ソフト面も含めて、総合的な都市政策を検討していくことが求められているといえよう。

### (3) 都市法はどこへ行くのか——「都市の縮退」と都市法の将来

これまでの都市法では、「都市の拡大」が続くことを前提に、インフラ整備や土地利用規制によって無秩序な都市が生じないようにすることに重点が置かれてきた。だが今日では、開発圧力は以前ほどのものではなくなり、むしろ人々の関心は、既成市街地の中をどう住みやすいまちにしていくかという問題に移ってきたように思われる。そのような状況のなかで、今日最も問題となっているのは、**「都市の管理不全」**と呼ばれる様々な問題であろう(市街地の衰退、空家問題、所有者不明土地の増大等)。わが国の都市は、「拡大」の時代を経て**「縮退」の時代**に移行したといわれる[6)]。これまでのような「事業」と「規制」の2手法だけでなく、「都市の管理」を行うための新たな手法も開発していかなければならないだろう[7)](⇒ 第6章、第9章)。

近年の動きとして注目されるのは、自治体や住民による**「まちづくり」**の動きが広がってきたことである。「縮退」時代の課題に応えるには、かような取組みは欠かせないものといえよう(⇒ 第9章)。また、「縮退」問題への処方箋として、「コンパクトシティ」を目指す新たな制度(立地適正化計画)が創設されたことも注目される(⇒ 第6章)。このような動きがみられる一方で、事業者の力を借りて、**「都市再生」**に取組む動きも活発になっている(⇒ 第6章)。この分野では、これまでの都市計画法の規制を大幅に緩和する法制度が次々につくられている(都市再生緊急整備地域等)。このような動きを都市法はどう受け止めればよいのであろうか。

これからの都市法に求められるのは、これらの新しい動きを正面から受け

---

市法の問題を幅広く取り上げる。

6) わが国の都市計画をめぐる時代的変遷については、内海麻里「拡大型・持続型・縮退型都市計画の機能と手法」公法研究74号(2012年)173頁以下参照。

7) 「管理型」都市計画制度を提唱するものとして、藤田宙靖監修、亘理格ほか編著『縮退の時代の「管理型」都市計画』(2021年)がある。

止め、憲法価値や民主性・公正性の見地から、これに適切なコントロールを及ぼしていくことなのだろう。わが国の都市法は、これらの新しい動きに直面して、今まさに曲がり角の時代を迎えたといえよう。

## (4) 都市法はどのような法律からなるか

最後に、都市法はどのような法律からなるかについて、簡単にみておくことにしたい。

わが国には、土地に関わる様々な法律が存在する。私法を別にすると、土地に関わる公法は、①国土整備を目的とした法律、②土地利用の理念や方針に関わる法律、③土地利用規制に関わる法律（煩瑣になるので、事業法もここに含める)、④都市政策の見地からの関連法に分類することができる。この分類に従えば、都市法に属する法律は、③の中に位置付けられよう。これに対し、①②④および③に属する都市法以外の法律（農地・山林関係の法律等）は、「都市法の外縁にある法律」とみることができる（もっとも、都市法の外縁にある法律であっても、都市法を学ぶ上で重要なものは少なくない)。以下、この区別に沿って説明を加えることにしたい。

### 1) 都市法の外縁にある法律

#### ①国土整備を目的とした法律（国土整備法)

全国的な視点から、国土の全部または一部のあり方について定める法律を、ここでは国土整備法と呼ぶことにする（例、国土形成計画法、首都圏整備法等)。国土整備法は、国土整備というマクロな視点に立つもので、都市法の上位法に当たるものだが、目標や方針を定めるにとどまり私人に対して法的拘束力を及ぼすものではない。

#### ②土地利用の理念や方針に関わる法律

土地利用の理念や方針に関わる法律としては、**国土利用計画法**と**土地基本法**の2つをあげることができる。これらは、規制法である都市法からは区別されるが、都市法にとって重要な意味を持つ法律であることは間違いない。このうち国土利用計画法（1974年）は、総合的かつ計画的な国土利用を図る目的で制定された法律で、国土利用計画や土地利用基本計画について定めるほか、土地取引規制についての根拠法にもなっている。

土地基本法（1989年）は、土地利用のあるべき理念を示す法律として注目される。この法律は、バブル期の土地投機に対する反省を踏まえて、わが国における土地利用のあるべき姿を理念として宣言した法律である。それによると、「土地は、現在及び将来における国民のための限られた貴重な資源であること、国民の諸活動にとって不可欠の基盤であること、その利用及び管理が他の土地の利用及び管理と密接な関係を有するものであること」などから、公共の福祉が優先され（2条）、また、適正かつ計画にしたがった利用・管理がなされなければならないとしている（3条）。ただし、この法律は、具体的な実現手段を提供するものではないので、「神棚に置かれた」法律とならないよう、立法指針や解釈指針として生かしていくことが大切であろう。

③土地利用規制法（ただし、非都市的な土地利用規制に関わるものに限る）

土地利用規制法とは、私人の土地利用に対して法効果を伴う規制を加える法律のことである。この中には、都市計画法のように、都市的な土地利用（開発・建築等）を規制対象にするものもあれば、農業、林業、自然保護等、非都市的な土地利用を規制対象にするものもある（後者の例として、農業振興地域の整備に関する法律、森林法、自然公園法、自然環境保全法等がある）。都市法は、都市的な土地利用規制に関わるものなので、非都市的な土地利用規制法は都市法の外縁にある法律に位置付けられよう。

④都市政策の見地からの関連法

前述のとおり、今日の都市計画は、様々な分野の都市政策と関わりを持つようになっている。このため、住居、交通、商業、教育、福祉、防災等の関連分野に関わる法律も、都市法の外縁にある法律に位置付けられるだろう。

### 2）都市法を構成する法律

都市法を構成する法律は多岐にわたる。だが、その中心にあるのが都市計画法であることは異論のないところである。都市計画法は、都市計画の一般法として都市のインフラ整備や土地利用の基本ルールを定めるものだからで

**(図1) 都市法を構成する法律**

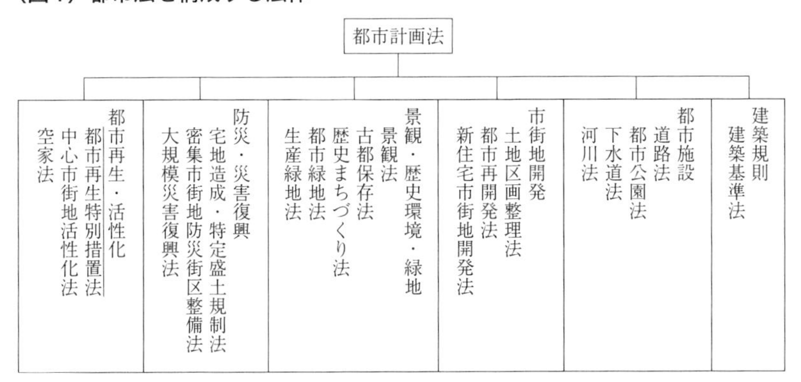


ある。それでは、都市計画法以外の法律には、どのようなものがあるだろうか。代表例を分野ごとにあげてみよう[8](図1参照)。

①建築規制に関しては、**建築基準法**が重要な役割を果たしている。建築基準法は、都市計画法と一体となって、わが国の土地利用規制の中心的役割を果たしているからである。

②都市施設に関しては、施設の種類ごとに、**道路法**、**都市公園法**、**下水道法**、**河川法**等の法律がある。

③市街地開発に関しては、**土地区画整理法**、**都市再開発法**、**新住宅市街地開発法**等がある。

④景観・歴史環境・緑地に関しては、**景観法**、**古都保存法**(古都における歴史的風土の保存に関する特別措置法)、**歴史まちづくり法**(地域における歴史的風致の維持及び向上に関する法律)、**都市緑地法**、**生産緑地法**等がある。

⑤防災・災害復興に関しては、**宅地造成及び特定盛土等規制法**、**密集市街地防災街区整備法**(密集市街地における防災街区の整備の促進に関する法律)、**大規模災害復興法**等がある。

8) なお、自治体の条例・規則も、法律と並んで都市法の構成要素となることはいうまでもない(まちづくり条例等)。また、正規の法規範でなくても、要綱や各種の基準のように、都市法の運用において重要な役割を果たす規範(ソフトロー)もある。

⑥都市再生・活性化に関しては、**都市再生法**（都市再生特別措置法）、**中心市街地活性化法**（中心市街地の活性化に関する法律）、**地方公共交通活性化法**（地方公共交通の活性化及び再生に関する法律）等がある。同じく、都市の縮退に関わるものとして、**空家法**（空家等対策の推進に関する特別措置法）もここにあげておこう。このうち都市再生法は、大都市改造からスポンジ化対策まで、今日的な課題に対応する施策を次々に取り込むことで存在感を増しており、今日の都市法制において重要な位置を占めるようになっていることに注意する必要があろう[9)]。

都市計画法は、都市計画に関する一般法とされているが、今後力を入れるべき都市管理の問題は都市再生法で扱われるなど、都市法制の全体像は体系性を欠き、わかりにくい構成になっている。また、都市計画法以外にも多数の特別法が存在して、複雑さに拍車をかけている。このため、将来的には、都市計画法を体系性をもった一つの法典に構成し直し、市民にわかり易い法律にしていくことも課題となるだろう。

---

9）立地適正化計画制度に代表される都市計画法制の補完は、これまでの都市計画法制の運用や組立てに大きな転換を生じさせるとの指摘がある。安本292頁以下。

【参考文献一覧】

・概括的な教科書

安本典夫『都市法概説（第3版）』（2017年、法律文化社）
生田長人『都市法入門講義』（2010年、信山社）

・1980年代～2000年代初めの重要文献

五十嵐敬喜『都市法』（1987年、ぎょうせい）
成田頼明『土地政策と法』（1989年、弘文堂）
磯部力「『都市法学』への試み」雄川献呈『行政法の諸問題・下』（1990年、有斐閣）
原田純孝ほか編『現代の都市法』（1993年、東京大学出版会）
ブローム＝大橋洋一『都市計画法の比較研究』（1995年、日本評論社）
原田純孝編『日本の都市法Ⅰ、Ⅱ』（2001年、東京大学出版会）
藤田宙靖ほか編『土地利用規制立法に見られる公共性』（2002年、土地総合研究所）
藤田宙靖『行政法の基礎理論 下巻』（2005年、有斐閣）

・比較的最近の重要文献

芝池義一ほか編『まちづくり・環境行政の法的課題』（2007年、日本評論社）
金子正史『まちづくり行政訴訟』（2008年、第一法規）
大橋洋一『都市空間制御の法理論』（2008年、有斐閣）
生田長人・周藤利一「縮減の時代における都市計画制度の研究」国土交通政策研究102号（2012年）
碓井光明『都市行政法精義Ⅰ、Ⅱ』（2013年、2014年、信山社）
亘理格ほか編『転換期を迎えた土地法制度』（2015年、土地総合研究所）
論究ジュリスト『土地法の制度設計』（2015年／秋号、有斐閣）
亘理格ほか編『都市計画法制の枠組み法化』（2016年、土地総合研究所）
阿部泰隆『まちづくり法』（2017年、信山社）
湊二郎『都市計画の裁判的統制』（2018年、日本評論社）
大橋洋一『対話型行政法の開拓線』（2019年、有斐閣）
藤田宙靖監修、亘理格ほか編著『縮退の時代の「管理型」都市計画』（2021年、第一法規）
久保茂樹『都市計画と行政訴訟』（2021年、日本評論社）
亘理格『行政訴訟と共同利益論』（2022年、信山社）
板垣勝彦『都市行政の変貌と法』（2023年、第一法規）

・都市計画法（1968年法）の概説書・コンメンタール・法令解説等

遠藤博也『都市計画法50講』（1974年、有斐閣）
三橋壮吉『改訂都市計画法』（1979年、第一法規）
大塩洋一郎『日本の都市計画法』（1981年、ぎょうせい）
都市計画法制研究会編著『逐条問答 都市計画法の運用（第2次改訂版）』（1989年、ぎょうせい）
荒秀ほか編『都市計画法規概説』（1998年、信山社）
都市計画法制研究会編『コンパクトシティ実現のための都市計画制度』（2014年、ぎょうせい）

# 第Ⅰ部

# 都市法の基本手法

# 第1章　都市計画

〈本章の概要〉

安全・快適で利便性の高い都市を形成するには、まず都市の設計図を定め（都市計画）、これに基づいて、土地利用を具体的にコントロールする（土地利用規制）とともに、都市インフラの整備を進めていくこと（都市計画事業）が欠かせない。これらの作業は、手法面からとらえると、①計画手法、②規制手法、③事業手法と呼ぶことができる。これらの3手法は、西欧諸国の都市法において歴史的に形成されてきたもので、わが国の都市法においても基本手法をなすものといってよい。これら3手法のうち、本章では計画手法を取り上げる（規制手法は第2章および第3章で、事業手法は第4章で取り上げる）。

1968年に制定された現行の都市計画法は、都市計画の基本理念として、「都市計画は、農林漁業との健全な調和を図りつつ、健康で文化的な都市生活及び機能的な都市活動を確保すべきこと並びにこのためには適正な制限のもとに土地の合理的な利用が図られるべきこと」（第2条）を定めるとともに、都市計画の内容及びその決定手続、都市計画制限、都市計画事業等について詳細な定めを設けた。本章では、この法律が定める都市計画の仕組みについて、次の順序でみていくことにしたい。

(1) 都市計画の概要
(2) 土地利用計画にはどのようなものがあるか
(3) マスタープランとはどのようなものか
(4) 都市計画は、誰がどのような手続で決定するのか
(5) 都市計画の適正さはいかに担保されるか

## (1) 都市計画の概要

### コラム　不動産広告から

皆さんは、都市計画という言葉から何を連想するだろうか。都市計画なんて建築や工学等の専門技術的な世界の話であって、我々の日常生活とはかけ離れたところの話だと思っている人もいるかもしれない。だが本書は、都市計画を法的な視点から取り上げるものである。意外なことかもしれないが、都市計画と法のつながりは、日常生活のいろいろな場面で表に出てくる。例えば、普段よく目にする不動産広告を取り上げてみよう。これをよく読むと、これから学ぶ都市計画の姿がおぼろげながら見えてくる。

（図1）不動産広告のイメージ

⇒

【物件概要】

所在地／○○市○○町○丁目
交通／○○線「○○」駅徒歩10分
土地面積／200㎡　地目／宅地
用途地域／第1種低層住居専用地域
建ぺい率／50%、容積率／100%
○○土地区画整理事業（都市計画法53条第1項の許可が必要です）
現況／古家あり（現況引渡）　引渡可能年月／相談

図1は不動産広告のイメージ図である。その中の物件概要欄に目を落とすと、そこには、用途地域等の情報が必ず掲載されている。

用途地域はわが国の代表的な土地利用計画であって、その地域がどのような用途に充てられた土地であるか、さらにはどのような家が建てられるか（こちらの方は、建ぺい率や容積率で示される）を教えてくれるので、不動産取引においては欠かせない情報となる。例えば、用途地域が第1種低層住居専用地域となっていれば、そこは低層住居のための良好な住環境の保護を目指した地域なので、高層マンション、工場、大型商業施設さらには風俗営業の店などは建てられないことになっている。静穏な住環境を求める者にとっては好ましい地域といえるだろう（⇒用途地域の詳細は（2）2）で扱う）。

この不動産広告でもう一つ気を付けなければならないのは、この土地が土地区画整理事業の予定地となっていることである。土地区画整理事業は事業型計画の一つとして定められるもので、この計画が定められた区域では、特別な許可がないと建物が建てられない（将来の事業の妨げとなるような堅固な建物は建てられない）。

以上のように、不動産広告一つをとっても、都市計画がわれわれの日常生活とつながりを持つことが確認できるのである。なお、不動産広告には、まれにではあるが次のようなものもあるので、ついでに紹介しておこう。広告の見出しは、「お買い得な土地売出し中。農園、資材置き場に最適」などとなっている。実際、土地の価格は、付近の相場よりもだいぶ安い。だがよく見ると、広告の下の方に小さな字で、「市街化調整区域のため、宅地の造成および建物の建築はできません」などと書かれている。市街化調整区域とは、道路、公園等のインフラ整備が進むまでは開発が凍結される区域のことである。そこでは、宅地造成や建物の建築は原則として許されないので、土地を購入するときには注意が必要である（これも土地利用計画に当たる。詳細は、（2）1）で扱う）。

### 1）都市計画の２つのタイプ――土地利用計画と事業型計画

都市計画は、その性質によって、土地利用計画と事業型計画の2つのタイプに分けることができる。土地利用計画とは、都市をいくつかの区域に区分し（ゾーニング）、それぞれの区域ごとに土地利用のルール（どんな建物が建てられるか等）を定める計画であるのに対し、事業型計画は、道路、公園をはじめとした都市基盤の整備について定める計画である[1)]。

土地利用計画の代表例としては、用途地域があげられる。これは、用途に応じた「住み分け」を基本とするものである。例えば、住宅地の真ん中に工場があったり、住宅地と喧騒な商業地が混在したりするのは望ましいことではない。このため、用途地域の制度を設けて、用途の混在を防止することにしたのである。これに対して、事業型計画とは、都市施設の整備に関する計画（例、道路建設事業）や市街地開発事業に関する計画（例、土地区画整理事業）のことである。事業型計画は、事業を伴う計画である点で、事業を伴わない土地利用計画とは区別される。

都市計画法には代表的な都市計画として5つのものが定められているが、そのうち土地利用計画に当たるのは、①市街化区域と市街化調整区域の区分、②地域地区（用途地域を含む）、③地区計画であり、事業型計画に当たるのは、④都市施設の整備に関する計画、⑤市街地開発事業に関する計画である（表1参照）。本章では、このうち土地利用計画に当たる①～③について、詳しくみていくことにしたい（④⑤の事業型計画については、事業の実施過程の話とあわせて、第4章「都市計画事業」で扱うことにする）[2)]。

---

1）　都市計画法は、都市計画の定義について定めているが、それによると、都市計画とは、ⅰ土地利用に関する計画、ⅱ都市施設の整備に関する計画、ⅲ市街地開発事業に関する計画からなるものとされている（4条1項）。このうちⅰが土地利用計画に当たり、ⅱとⅲが事業型計画に当たるものである。

　事業型計画の呼び名については、「事業計画」とする方がむしろ素直だと思われるが、事業計画の語は、事業を実施する段階での計画を指す言葉として既に都市計画法で用いられているので（60条1項3号）、混乱を避けるため「事業型計画」と呼ぶことにした。

2）　都市計画法にはこのほか、特殊な都市計画として、都市計画区域の整備、開発及び保全の方針（6条の2）、都市再開発方針等（7条の2）、促進区域（10条の2）、遊休土地転換利用促進地区（10条の3）、被災市街地復興推進地域（10条の4）、市街地開発事業等予定区域（12条の2）等がある。

**（表1）都市計画の分類**

```
             ┌ ①市街化区域と市街化調整区域の区分（区域区分と略称）
┌A．土地利用計画 ┤ ②地域地区（用途地域ほか）
│            └ ③地区計画
│
└B．事業型計画  ┌ ④都市施設の整備に関する計画（道路建設事業など）
             └ ⑤市街地開発事業に関する計画（土地区画整理事業など）
```

＊マスタープラン…個別の計画の上位にあってこれらを方向付ける基本計画のこと

なお、表1には、都市計画の分類概念として、**マスタープラン**をあげておいた。マスタープランとは、簡単にいえば、個別の計画の上位にあってこれらを方向付ける基本計画のことである。制定当初の都市計画法にはなかった概念であるが、その必要性が認識され、今日では都市計画法に、マスタープランに相当するものがいくつか定められている（⇒詳細は、(3) で説明する）。

## 2）都市計画区域——都市計画の前提となるもの

**○都市計画は、国土の全域をカバーするものではない！**

意外に思うかもしれないが、わが国の都市計画法では、都市計画は全国どの地域でも定められるという仕組みにはなっていない。都市計画を定めるためには、まずその土地が**都市計画区域**に指定されていなければならないからである。都市計画区域とは、都市計画を定めることのできる区域のことである。なぜこのような制度が設けられたかというと、都市計画を定める必要があるのは都市部の地域に限られ、それ以外の地域（農地、山林等）では、都市計画を定める必要はないと考えられたからである。国土全体でみると、都市計画区域がカバーする範囲は、全国土面積のわずか4分の1ほどに過ぎない（もっとも、居住人口でいえば、この区域には全人口の9割以上が居住している）。

**○都市計画区域の指定**

都市計画区域は都道府県が指定する。すなわち、都道府県は、「一体の都市として総合的に整備し、開発し、及び保全する必要がある区域」を都市計画区域として指定することができる（都計5条1項）。都市計画区域は、都市

（図2）東京都の都市計画区域（東京都都市整備局HPより）

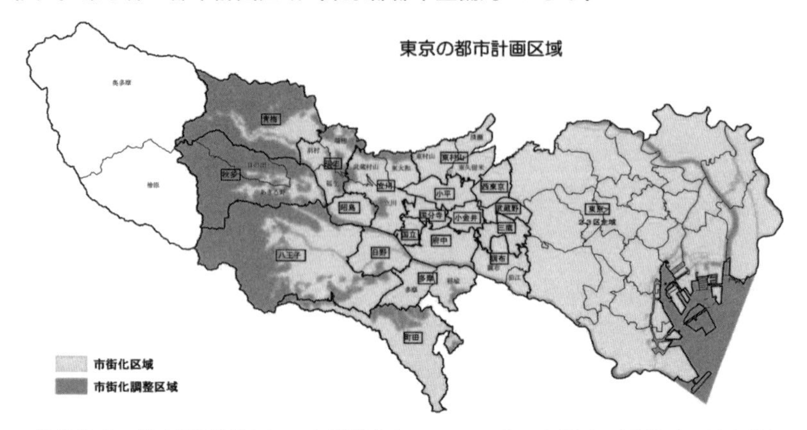


・東京都は、都市計画区域を26か所指定している。その内訳は、区部（23区全体）で1か所、多摩部で19か所、島しょ部で6か所である。
・西側の山間部には、都市計画区域外の土地が広がっている（図の白抜き部分）。
・各都市計画区域は、その中が、市街化区域（薄い影の部分）と市街化調整区域（濃い影の部分）の2つに区分される。区部でも、主要河川の河川・河川敷、埋立地の一部は市街化調整区域となっている。

の実際の広がりに応じて定めるものなので、複数の市町村の区域にわたって指定することもできる（図2参照）。

都市計画区域に指定されると、都市計画を定めることが可能となるほか、開発許可や建築確認が必要になるなど、土地利用規制も強化される。しかし、このことは裏を返すと、都市計画区域に指定されていない土地では「規制の空白」が生まれ、濫開発の温床にならないかとの懸念が生じてこよう[3]。

○都市計画区域の問題点――「規制の空白」地帯の解消に向けて

都市計画区域の制度を設けた背景には、都市基盤整備ができていない地域にまで都市計画規制を及ぼすのは行き過ぎであるという理屈と、都市から離れた地域には都市化の波は押し寄せないだろうとの（楽観的な）見通しがあった

3） 都市計画区域外の土地には、建築基準法の集団規定は適用されない（建基41条の2⇒集団規定については、第3章（1）3）で説明する）。また、特殊建築物や大規模建築物を除き建築確認を得る必要はない（建基6条）。開発許可についても、1ha以上の大規模開発行為を除き、許可は必要とされない（都計29条2項）。

のだと思われる。だが実際には、モータリゼーションの進展等により、都市計画区域の外で開発が行われたり、散発的な都市的土地利用がなされたりする例は少なくなかった。都市計画区域の外側は、いわば「規制の空白」地帯であるから、無秩序な開発や土地利用を抑える手立てはなかったのである[4)]。

この問題に対処するため、2000年に**準都市計画区域**の制度（都計5条の2）が設けられ、都市計画区域の外側であっても、都市化のおそれがある地域には、一定の土地利用規制を及ぼすことができるようになった。だが、これまでのところ、準都市計画区域の指定はあまりなされておらず、「規制の空白」問題はいまだ解消されたとはいえない状況にある[5)]。

世界を見渡すと、都市計画区域のような制度は決して普遍的なものとはいえない。例えば、フランスのように、このような制度をもたず、都市計画規制を国土全体に及ぼしている国もある。わが国でも今後は、このような制度をもつことの合理性を問い直してみる必要があるのではなかろうか[6)]。

## (2) 土地利用計画にはどのようなものがあるか

土地利用計画とは、都市計画区域を一定の目的にそって区分し、それぞれの土地に相応しいルールを定めることによって、合理的な土地利用を確保しようとするものである。

---

4) もちろん、都市計画区域外の土地にも、都市計画法以外の規制法（農振法、森林法等）が適用される余地はあるが、それらの規制が及ぶ地域は、現実には優良農地等を保護するための特定の地域に限られている。このほか、国土利用計画法の土地利用基本計画（9条）を通して、都道府県による土地利用調整がなされることに期待が寄せられたこともあったが、実際には各分野の計画の寄せ集めに終わっており、期待された成果はあげられていない。

5) 準都市計画区域は、都市計画区域の外でも相当数の建築が見込まれる場合は、都道府県の判断で一定の規制（地域地区の指定、開発許可、建築確認）を及ぼすことができるという制度であるが、実際に区域指定がなされるのは、幹線道路の沿線や高速道路のインター周辺等、開発の進む可能性が高い地域に限られている。

6) 生田24頁は、都市としての土地利用規制が必要な区域とその必要のない区域といった区分の仕方は実態に合わなくなっているとして、市町村の全域を対象とした総合的土地利用計画を作成できる仕組みが必要な時期に来ているとする。

**（図3）土地利用計画の種類**

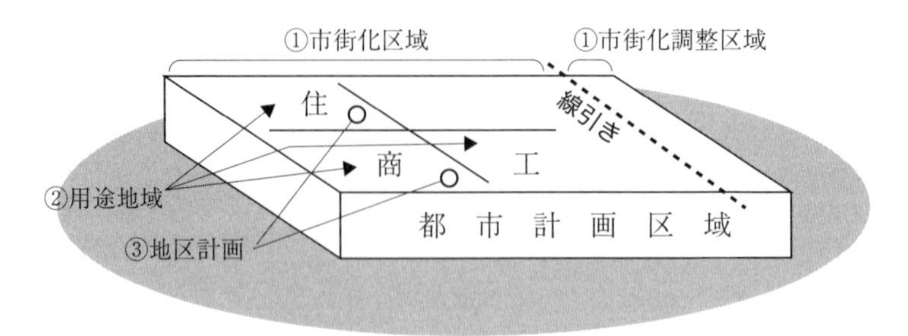


都市計画区域について、①市街化区域と市街化調整区域の区分
⇒市街化区域の中に、②地域地区（用途地域がその中心をなす）
⇒さらに街区レベルの計画として、③地区計画が定められる。

都市計画法には、土地利用計画として、**①市街化区域と市街化調整区域の区分**、**②地域地区**（用途地域がその中心をなす）、**③地区計画**の3つのレベルの計画が定められている（図3参照）。

まず、①市街化区域と市街化調整区域の区分は、都市開発を順序立てて行わせるために都市計画区域を2つの区域に区分する制度で、現行都市計画法において新たに導入されたものである。

これに対して、②地域地区、とりわけその中心をなす用途地域は、旧都市計画法の時代からあった制度で、わが国の土地利用計画の基本をなすものである。この制度の概要は、市街化区域を建築物の用途に応じていくつかの区域に区分し、相互の住み分けを図るものである。

用途地域は、用途の混在から生ずる不都合を避けるため生み出されたものであるが、大雑把な規制しかなし得ないことから、より詳細な土地利用計画が求められてきた。かような要請に応えるものとして1980年に導入されたのが、③地区計画である。地区計画は、いわば街区レベルの詳細計画といえるが、合意形成が容易でないため、期待されたほどには活用が広がらないという問題を抱えている。以下、それぞれの計画について詳しく見ていくことにしたい。

### 1）市街化区域と市街化調整区域の区分

1968年に制定された現行の都市計画法は、第2次大戦後の高度成長期における急激な都市集中によって都市郊外に劣悪な市街地[7]が形成されることを抑止する目的で、**市街化区域と市街化調整区域の区分**（以下、「**区域区分**」という）及びそれに連動した開発許可制度を導入した。その狙いは次の点にある。

**○区域区分の趣旨**

もし開発行為が無制約に行われるとしたら、道路や公園等の公共施設が整わないまま、虫食い的に低水準の住宅地が形成されるおそれがある（これを「**スプロール化現象**」と呼ぶ）。また宅地開発に伴って、地元自治体は、学校、公園等の公共施設を建設しなければならないが、開発行為が無制約に行われると、自治体の財政負担は途方もなく大きなものになってしまう。こうした事態を避けるため、都市計画法は、都市計画区域の中を、開発を許容する区域と、開発を当面押さえ込む区域に区分することにした。具体的にいうと、**開発許可**の制度を創設し、インフラ整備が進んだ市街地（市街化区域）では緩やかな許可基準を適用し、それ以外の区域（市街化調整区域）では厳しい許可基準を適用する。市街化区域と市街化調整区域の区分は、このような考え方に基づいて導入されたのである。

ここでいう**市街化区域**とは、「すでに市街地を形成している区域及びおおむね10年以内に優先的かつ計画的に市街化を図るべき区域」のことで（7条2項）、**市街化調整区域**とは、「市街化を抑制すべき区域」のことである（同条3項）。市街化区域では開発行為を認めるが、市街化調整区域では開発行為を当面抑制することによって、秩序だった市街地形成を確保しようとしたのである[8]。もっとも、区域区分の目的は開発を止めることにあるのではな

7） 都市法の分野では、「市街地」（あるいは「市街化」）という言葉がよく用いられる。この言葉には厳密な定義があるわけではないが、人家や商店の立ち並んだ区域を指すものと理解しておけば足りるだろう。

8） 実際に行われた区域区分は、土地所有者の意向を反映して、市街化区域に多くの農地が取り込まれ、その範囲が必要以上に広がってしまったと言われている。市街化区域内農地の問題については、生田50頁以下参照。

く、むしろ段階的な都市拡張のためのツールという性格を持っている。したがって、市街化調整区域に指定された土地であっても、将来において条件が整えば、順次、市街化区域に編入されていくことが予定されているのである。

| | | |
|---|---|---|
| 都市計画区域 | 市街化区域 ……… | 既に市街地を形成している区域、及びおおむね10年以内に優先的かつ計画的に市街化を図るべき区域 → 開発許可の基準が緩い |
| | 市街化調整区域 … | 市街化を抑制すべき区域 → 開発許可の基準が厳しい |

### ○区域区分の義務付け緩和（2000年）

当初、区域区分の策定はすべての都道府県に義務付けられていたが（ただし、都市計画法の附則で、当分の間は大都市圏以外の区域には適用が留保されていた）、2000年の都市計画法改正でこの義務付けは緩和され、今日では、大都市圏以外では都道府県の自由な選択に任されるようになっている[9]（7条1項）。これは地方分権改革（1999年）の趣旨に沿った制度改革であるが、都市法の見地からは、区域区分のされていない都市計画区域（非線引き都市計画区域）が不用意に広がらないかという懸念もある。

## 2）地域地区（用途地域等）

地域地区には様々な種類のものがあるが、基本となるのは用途地域で、それ以外の地域地区は用途地域を補完するものである。まず用途地域から見ていこう。

### 1．用途地域

用途地域は、建築物の用途によって市街地を区分する制度で、建築基準法による建築規制とリンクして、わが国の土地利用規制の中心をなしている。用途地域の目的は、用途の混在による弊害を防止すること、またそれぞれの

---

9）区域区分が義務付けられる大都市圏の区域とは、首都圏整備法、近畿圏整備法および中部圏開発整備法の既成市街地または近郊整備地帯等と、指定都市の全部または一部の区域である（都計7条1項、同法施行令3条）。

用途の土地利用の安定を図ることにある。例えば、第1種低層住居専用地域に指定されると、低層住宅に適した良好な住居環境を確保するため、工場や商業施設は原則として建てることができなくなる。かような「住み分け」を図ることによって、それぞれの土地利用にふさわしい環境が確保され、土地利用をめぐる紛争も予防できるようになるほか、公共施設についても、その地域に見合った施設を重点的に配備できるようになるのである。

用途地域は土地利用ルールを定めるものであるが、その内容は、建築基準法に基づく建築規制によってチェックされる。建築基準法は、用途地域ごとに、どのような用途の建物が建てられるか（あるいは建てられないか）、どのような容積・形態の建物が建てられるか等を詳細に定めている。前者は**用途規制**と呼ばれ、後者は**形態規制**と呼ばれてきた。以下では用途規制について説明し、形態規制については、第3章「建築規制」のところで説明することにしたい。

用途地域は、市街地での「住み分け」を図るものであるから、市街化区域では定めるものとされ、市街化調整区域では原則として定めないものとされている（都計13条1項7号）。

**○用途地域の種類**

用途地域は、旧都市計画法の時代から存在するもので、当初は住居地域、商業地域、工業地域の3区分であったが、現行法はこれを受け継いでその種類をさらに増やしている。

表2にある通り、現在の用途地域は全部で13種類ある（都計8条1項1号）。各用途地域のイメージについては、図4が参考になるだろう。それぞれの用途地域で、どのような用途の建物が建てられるか（あるいは建てられないか）は、第3章の表1を参照してほしい。

**○用途地域の特徴と問題点**

用途地域の特徴として多くの者が指摘するのは、用途規制が大雑把なものであるため、**用途の混在**が広くみられることである[10]。わが国の街並みが、欧米のそれと比べて一般に雑然とした印象を与えるのは、このことによると

---

10）この点については、第3章（2）2）で詳しく述べる。

**（表2）用途地域の種類**

| 系統 | 用途地域 |
| --- | --- |
| 住居系 | 第1種低層住居専用地域、第2種低層住居専用地域 |
| | 第1種中高層住居専用地域、第2種中高層住居専用地域 |
| | 第1種住居地域、第2種住居地域 |
| | 準住居地域 |
| | 田園住居地域 |
| 商業系 | 近隣商業地域 |
| | 商業地域 |
| | 準工業地域 |
| 工業系 | 工業地域 |
| | 工業専用地域 |

ころが大きい。このことに加えて、用途地域はその内容が全国一律のものとされているため、地域の事情に応じてその内容を組み替えたり、規制レベルを強化したりすることができないという弱点も抱えている。用途地域のかような特徴は、高度経済成長期の都市開発を効率的に進める上では都合のよい面もあったのであろうが、生活環境保全の上では、多くの建築紛争を生み出すなど、社会混乱をもたらす要因となってきた。

**2. 用途地域以外の地域地区**

わが国の用途地域は、それ自体としては大雑把な規制を行うものに過ぎず、いわば必要最小限度の規制を行うものにとどまっている。そこで、このような限界を補うものとして、都市計画法には、特殊な地域地区がいくつか設けられている（表3参照）。以下では、このうち、よく用いられている**特別用途地区**と**高度地区**について説明を加えておく。

**○特別用途地区とは**

特別用途地区とは、用途地域内の一定の地区において、当該地区の特性にふさわしい土地利用の増進、環境の保護等の特別の目的の実現を図るため、当該用途地域の指定を補完して定める地区のことである（都計9条14項）。

特別用途地区では、条例を定めることによって、建築規制（とくに用途制限）を強化または緩和することができる（建基49条。ただし、緩和する場合は国土交通大臣の承認がいる）。この制度は、当初限られた地区（特別工業地区、文教地区等）でしか適用されなかったが、1998年の都市計画法改

## （図4）用途地域のイメージ（国交省HPより）

**住居系**

第一種低層住居専用地域

低層住宅のための地域です。小規模なお店や事務所をかねた住宅や、小中学校などが建てられます。

第二種低層住居専用地域

主に低層住宅のための地域です。小中学校などのほか、150m²までの一定のお店などが建てられます。

第一種中高層住居専用地域

中高層住宅のための地域です。病院、大学、500m²までの一定のお店などが建てられます。

第二種中高層住居専用地域

主に中高層住宅のための地域です。病院、大学などのほか、1,500m²までの一定のお店や事務所など必要な利便施設が建てられます。

第一種住居地域

住居の環境を守るための地域です。3,000m²までの店舗、事務所、ホテルなどは建てられます。

第二種住居地域

主に住居の環境を守るための地域です。店舗、事務所、ホテル、カラオケボックスなどは建てられます。

準住居地域

道路の沿道において、自動車関連施設などの立地と、これと調和した住居の環境を保護するための地域です。

田園住居地域

農業と調和した低層住宅の環境を守るための地域です。住宅に加え、農産物の直売所などが建てられます。

**商業系**

近隣商業地域

まわりの住民が日用品の買物などをするための地域です。住宅や店舗のほかに小規模の工場も建てられます。

商業地域

銀行、映画館、飲食店、百貨店などが集まる地域です。住宅や小規模の工場も建てられます。

**工業系**

準工業地域

主に軽工業の工場やサービス施設等が立地する地域です。危険性、環境悪化が大きい工場のほかは、ほとんど建てられます。

工業地域

どんな工場でも建てられる地域です。住宅やお店は建てられますが、学校、病院、ホテルなどは建てられません。

工業専用地域

工場のための地域です。どんな工場でも建てられますが、住宅、お店、学校、病院、ホテルなどは建てられません。

**(表３）用途地域以外の地域地区**

| |
|---|
| ・用途規制を修正・補完するもの…特別用途地区、特定用途制限地域<br>・土地の高度利用に関わるもの…高度地区、高度利用地区、特例容積率適用地区、高層住居誘導地区<br>・市街地の整備・改善に関わるもの…特定街区<br>・景観保全に関わるもの…風致地区、景観地区、歴史的風土保存地区、伝統的建造物群保存地区等<br>・緑地保全に関わるもの…緑地保全地域、緑化地域、生産緑地地区等<br>・業務・流通の整備に関わるもの…流通業務地区、臨港地区<br>・防災に関わるもの…防火地域、準防火地域、特定防災街区整備地区、航空機騒音防止地区等<br>・都市再生に関わるもの…都市再生特別地区、居住調整地域、特定用途誘導地区等 |

正によって適用地区の限定が撤廃されたので、活用範囲は大きく広がった。このため、この制度をうまく活用することによって、画一的で大雑把な用途地域の限界を補っていくことが期待されている。

**〇高度地区とは**

高度地区とは、用途地域内の一定の地区において、建築物の高さの最高限度又は最低限度を定めるものである（都計8条3項2号ト）。この制度は、建築物の高さの最高限度を定める場合と最低限度を定める場合で、果たす役割が大きく異なる。最高限度を定める場合は、高い建物の進出を排除するわけであるから、周辺の生活環境を保全する役割を果たすのに対し、最低限度を定める場合は、低い建物の進出を排除するわけであるから、土地の高度利用に貢献する役割を果たす。実際に使われるのは、大方が最高限度規制の方だと言われている[11)]。

### 3）地区計画

地区計画とは、用途地域よりも狭い区域（街区）できめ細かなまちづくりを進めるために、旧西ドイツのBプランをモデルとして、1980年に導入さ

11）生田102頁。

れた土地利用計画である。用途地域は、広い範囲を対象とした都市計画であるため、大雑把な用途区分はできるにしても、都市環境の質的向上を図る道具としては限界を持つ。もっと身近な生活圏の範囲で詳細な土地利用ルールを定め、公園や街路等の整備を図っていくことはできないか。そして、かような計画を定めるときに、近隣住民の意向をもっと反映させることはできないか。地区計画は、このような要請に応えるものとして創設された都市計画である。

地区計画は近年多様化が進んでおり、後に述べるような規制緩和型の地区計画も登場するに至っている。だが、ここではまず「基本タイプの地区計画」を取り上げて、地区計画制度の概要からみていくことにしたい。

○地区計画制度の概要——基本タイプの地区計画

都市計画法では、地区計画は、「建築物の建築形態、公共施設その他の施設の配置からみて、一体としてそれぞれの区域の特性にふさわしい態様を備えた良好な環境の各街区を整備し、開発し、及び保全するための計画」と定義されている（12条の5第1項）。つまり、地区計画とは、街区と呼ばれる日常生活圏において、その区域にふさわしい環境を整えるため、建築形態と公共施設を一体として整備するための計画ということになるだろう（図5参照）。

当初、地区計画を定めることができる区域は限られていたが、今日では、用途地域が定められている区域はもちろん、用途地域が定められていない区域であっても一定の条件を満たす場合は、地区計画を定めることができるようになっている。このため、都市地域においては地域的限定はほとんどなくなったと言われている[12)]。

地区計画の内容は、①地区施設[13)]等の整備計画、②詳細な土地利用計画等からなり、それらは**地区整備計画**として定められる（12条の5第2項）。このうち②の土地利用計画には、建築物等の用途の制限、容積率の最高限度・

12）安本73～74頁。
13）地区施設とは、主として街区内の居住者等の利用に供される道路、公園、その他の政令で定める施設のことをいう。ただし、地区計画そのものには、地区施設の実現手段は含まれていないことに注意したい。

（図5）地区計画のイメージ（国交省HPより）

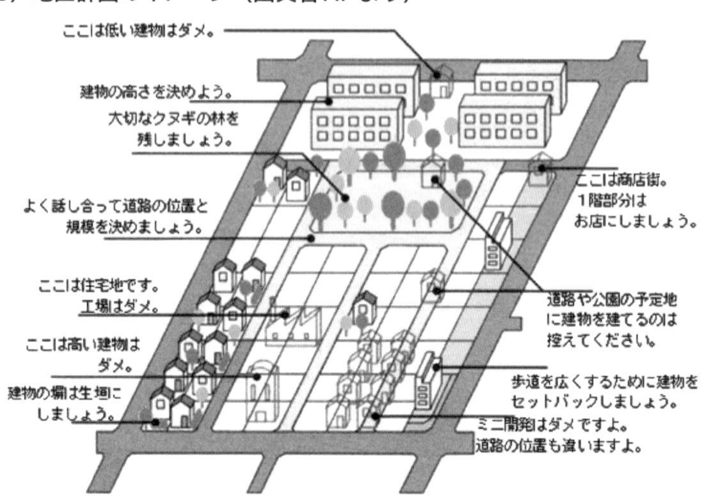


最低限度、建ぺい率の最高限度、敷地面積・建築面積の最低限度、壁面の位置の制限、壁面後退区域における工作物の設置の制限、建築物等の高さの最高限度・最低限度、建築物等の形態・色彩・意匠の制限、緑化率の最低限度等、きめ細かなルールを定めることができる（12条の5第7項2号）。

建築物の形や色、それにデザインまで定めることができるのは（ただし、必ず定めなければならないものではない）、まさに欧米のゾーニングに匹敵するきめ細かな計画といえるだろう。地区計画は、このように規律事項が多岐にわたり、しかも規律の程度も限定されていない点で、これまでの用途地域制度を超える本格的まちづくりツールということができる。

都市計画法によれば、地区計画等の案を定めるときは、条例で定めるところにより、土地所有者や利害関係人の意見を求めて作成するものとされており（16条2項）、さらに、この条例では、住民または利害関係人から地区計画の決定・変更等を申し出る方法も定めることができるとされている（同3項）。ここでは、一般の都市計画の手続よりも、手厚い手続が想定されている。このような手続がとられるのは、地区計画が建築物に対して詳細かつ強力な規制を及ぼし得るものだからなのであろう。

### ○地区計画と建築規制――地区計画がどの段階にあるかにより規制のレベルが異なる

地区計画は、地区整備計画の策定によりスタートするが、その段階では、建築等の規制もまだ緩やかなものにとどまっている。すなわち、地区整備計画が定められると、土地の区画形質の変更、建築物の建築等には届出が必要となるが、仮にこの段階で、届出事項が地区計画の内容に適合しなかったとしても、市町村長による設計変更等の勧告がなされるにとどまる（都計58条の2）。地区計画に法的強制力を持たせるためには、さらに進んで条例を制定することが必要となる。地区計画の内容が市町村の条例に定められると、それは建築確認の判断基準となるため、地区計画の内容に適合しない建物は建てられない（建築確認が拒否される）ことになる（都計58条の4、建基68条の2）。

①地区整備計画を定めると → 開発・建築等の届出義務。地区計画と適合しないときは、設計変更等の勧告がなされる。
②さらに条例が制定されると→ 建築計画が地区計画と適合しないときは、建築確認が拒否される。

### ○地区計画の多様化――規制緩和型地区計画の登場

都市計画法には、基本タイプの地区計画のほかに、様々なタイプの地区計画が定められている。表4を参照しながら説明していこう。

まず、広い意味での地区計画の中には、「地区計画」と呼ばれるもの（A）のほか、特殊なタイプの地区計画（B）があり、これらはひとまとめに「地区計画等」と総称される（12条の4第1項）。

**（表4）地区計画一覧（傍線を引いたものが規制緩和型の地区計画）**

地区計画等
- A．地区計画
  - ①地区計画（基本タイプの地区計画）
    → 特別な仕組み（a誘導容積型、b容積適正配分型、c高度利用型、d用途別容積型、e街並み誘導型、f立体道路制度）
  - ②再開発等促進区を定める地区計画 →a, d, e, f
  - ③開発整備促進区を定める地区計画 →a, e, f
- B．特殊なタイプの地区計画（防災街区整備地区計画、歴史的風致維持向上地区計画、沿道地区計画、集落地区計画）

次に、地区計画（A）の中をみると、基本タイプの地区計画（①）のほかに、**規制緩和型の地区計画**が多数導入されていることがわかる（②③、a～f）。このうち②③は、再開発型の地区計画と呼ばれるものである（12条の5第3項、第4項）。このほか、①～③に付加できる「特別な仕組み」も規制緩和型の性格を持つものである（12条の6～12条の11）。

基本タイプを除くこれらの地区計画は、いずれも「規制緩和」を伴う点で、「規制強化」を目指す基本タイプの地区計画とは性格を異にする。規制緩和型の地区計画が登場する背景には、景気浮揚等の思惑があったようであるが、都市法の論理の上では、規制緩和を梃子（てこ）にして、地域の再生を図っていくことが期待されているのである。

### コラム　規制緩和型の地区計画とはどのようなものか

ここでは、規制緩和型地区計画の仕組みを理解するために、ア）再開発等促進区を定める地区計画（表4の②）と、イ）誘導容積型の地区計画（表4の①a）の2つを取り上げることにしたい。

ア）再開発等促進区を定める地区計画（12条の5第3項）

再開発等促進区を定める地区計画は、おもに工場跡地などの低未利用地の有効活用（土地利用転換）を図るために設けられたもので、必要な公共施設（道路、公園、緑地、広場等）の整備を行うことによって、用途制限の解除や容積率の割増し等（容積率の移転も可能）が与えられるものである。

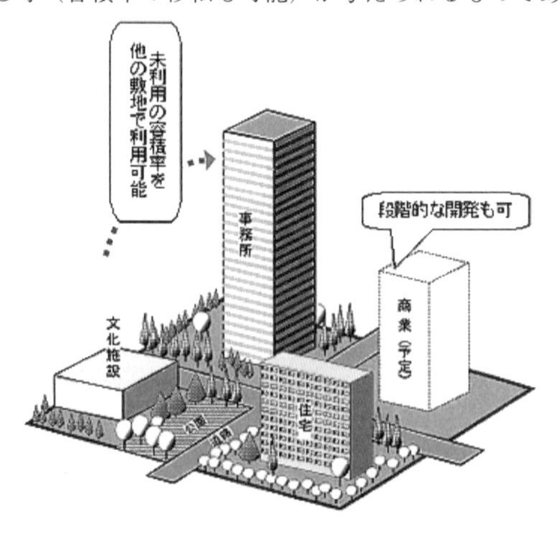

イ）誘導容積型の地区計画（12条の6）

誘導容積型の地区計画は、土地の有効活用が求められているが、現況では公共施設が整っていないような土地について、将来公共施設が整えられれば容積率の割増しを認めることで、土地の有効活用に向けて人々を誘導しようとする制度である。このため、誘導容積型の地区計画には、暫定容積率と目標容積率の2つが定められることになっている。

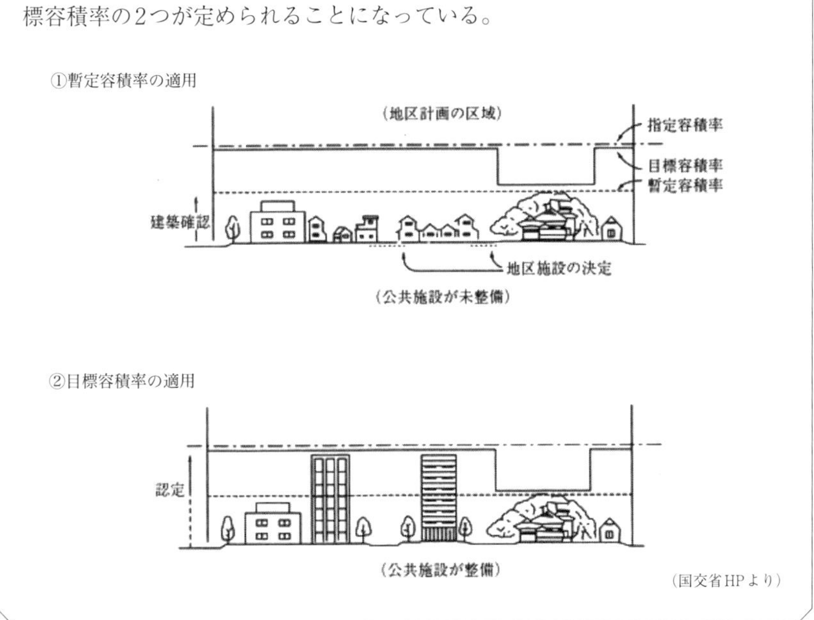


（国交省HPより）

## ○地区計画の今後の課題

地区計画（基本タイプの地区計画）は、ドイツのＢプラン（詳細計画）をモデルにわが国に導入されたものだが、その後の経過をみると、徐々に策定件数は増えているとはいえ、まだ期待されたほどの広がりを持つには至っていない。その理由として、ドイツでは「計画なければ開発なし」の原則があるため、土地の開発利用を行うには、原則としてＢプランの策定が不可欠となるのに対して、わが国ではそのような原則は存在しないため、開発にあたってわざわざ地区計画を定める必要がないことが指摘されてきた。つまり、地区計画を定めるインセンティブに欠けるとされてきたのである。

だが、世の中は変わってきている。都市環境やまちづくりに対する人々の関心は、かつてと比べ高まっていることは間違いない。これまでは、地区計画は負担が多く面倒なものとして敬遠されがちであったが、地区計画によって住みよいまちが生まれ、それに応じてその地域の価値が高まるのであれば、地区計画は住民にとってメリットのある制度として受け入れられる可能性も出てくるのではなかろうか。これからは、地区計画のメリットを人々の間に浸透させ、地区計画を地域に定着させていくことが課題となろう[14)]。

これに対して、規制緩和型の地区計画の方は、事業者にとってメリットが大きいため、今後さらに広がっていくことが予想される。このタイプの地区計画は、公共施設の整備等により土地の有効活用を図ろうとするものであるが、規制緩和は周辺環境に負荷を及ぼすおそれがあるため、その活用にあたっては、周辺環境への配慮が欠かせないだろう[15)]。今後の課題としては、規制緩和の「負」の側面に十分注意を払った上で、土地の有効活用のためのツールとして上手に使いこなしていくことが求められよう。

### 4) 小結――わが国の土地利用計画の問題点

安本教授は、その教科書の中で、「日本のゾーニングの特徴は、地域区分がかなり大雑把で、しかも各地域での規制もゆるい。そのため、周辺と不調和な建物が合法的に建ってしまう。」と述べている[16)]。この点を筆者なりに敷衍すると、次のようなことになろう。

- ・用途地域は、基本的に混在型のゾーニングである。
- ・規制の対象事項が限定されている（生活環境は、それ自体が規制の目的とはなっておらず、法律に規定された事項のみが規制によるチェックを受けるにすぎない）。
- ・全国一律のゾーニングであるため柔軟性に欠ける（特別用途地区もあるが、用途地域の補完にとどまる）。
- ・用途地域を補うものとして地区計画が導入されたが、インセンティブを欠くため期待通りに活用されていない。

---

14）地区計画の活用例については、全国地区計画推進協議会のHPに写真入りの解説記事がある。一般的な地区計画（本書でいう基本タイプ）については、良好な住宅地や計画的に開発された住宅地、密集した住宅地、道路が未整備なまま建物が建ち始めている地区、都心部などの商業拠点、既存の商店街、歴史的な街並みでの活用例が掲載されている。

15）規制緩和型地区計画とその問題点については、生田177～181頁，188頁以下参照。

16）安本71頁。

その結果、都市環境をめぐって、例えば次のような問題が生じてくる。

- ・住居系の地域であっても、中高層建築物の建築をめぐって建築紛争が後を絶たない。
- ・住宅地への風俗営業の進出を阻止できない（準工業地域では、住宅、工場はもとより風俗営業の用途も認られているため、風俗店の進出をめぐって近隣住民との間でしばしば紛争を生じさせる）。
- ・マンションのベランダの鼻先に、壁のような建築物が建ち日照が遮られても文句が言えない（商業地域では、住宅と商業施設が混在するにもかかわらず、日照規制の適用が一律に排除されるため、中高層建築物をめぐって紛争が生ずることも稀ではない）。
- ・美しい山並みが自慢の街に、景観を遮る中高層建築物が合法的に建築される。…等々。

わが国のゾーニング制度は、建築する側にとっては自由度の高いものといえるが、住環境保護の面では、上記のような問題に絶えずさらされてきたのである。かつての高度経済成長の時代には、膨大な開発圧力を抑えることに力が注がれていたため、用途の混在を許容する大雑把な用途地域制度でも我慢するほかなかったのだろう。だが、今日のように成熟した都市環境が求められる時代になると、これまでのような用途地域のあり方は、見直しが迫られることになるだろう。見直しの方向性としては、地域の実情に通じた自治体が、住民等の要望をふまえて、地域の個性に即した土地利用計画を作り上げていけるような法制度が目指されるべきだと思われる。この課題については、自治体の計画内容形成権（第8章（3））のところで、詳しく取り上げることにしたい。

**○「用途の純化」について**

本節では、これまで「用途の混在」を問題にしてきたが、最後にその裏返しともいえる「用途の純化」について、一言ふれておくことにしたい。

近代都市計画は「用途の純化」を当然の目標にしてきたが、複合的な土地利用を許すかどうかについては今日いろいろな考え方があって、必ずしも「用途の純化」が当然の目標とはいえなくなっていることに留意する必要がある。

欧米においても、行き過ぎた「用途の純化」に対しては、様々な批判が加えられてきた（例えば、ジェイン・ジェイコブズの複数用途論（⇒ 第4章

註11）は、日常感覚として理解できるものである）。また、「用途の純化」は、排他的なまちづくりと結びつく可能性ももっている（人種や社会階層の多様性確保に関わる議論として、アメリカにおける「排他的ゾーニング（exclusionary zoning）」批判、フランスにおける「社会的多様性（mixité social）」論などがある）。

これらの批判があるからといって、わが国でこれまで問題とされてきたような「用途の混在」が正当化されるわけではないが（「混在」に由来する混乱はなお少なくない）、今後の用途規制のあり方を考える際には、これらの批判にも耳を傾ける必要があるだろう。

また、市街地の集約化（コンパクトシティ）が目指されるこれからの時代には、日常的な生活圏の中で、居住、買い物、教育、医療・福祉サービス等が賄われるようになることが求められてくる。このような都市生活のあり方を実現するには、複合的な土地利用を今日以上に許容する必要も出てくるものと思われる。「用途の純化」自体を目標にするのでなく、様々な階層、年齢、職業、出身地を持つ住民が、日常的な生活圏の中で快適に暮らしていけるような街にしていくことが何より求められよう。

### コラム　わが国の土地利用規制立法の根底にあるもの

わが国の土地利用規制立法の根底には、「**必要最小限規制の原則**」というものがあると言われてきた（藤田宙靖ほか編『土地利用規制立法に見られる公共性』（2002年））。この原則は、「土地所有権に対しては、公共の利益に対する目前の支障を除くために必要最小限の規制を行うことのみが許される」という考え方であって、わが国が、長期的視野に立って土地政策を展開する上で大きな制約になってきたとされる（同書7頁）。

このような考え方は、都市計画区域によって都市計画の適用範囲を限定する現行法の仕組みの根底にも見出すことができよう。また、大雑把でかつ全国画一的な土地利用規制を基本としてきたのも、このような考え方が背景にあるからなのだろう。かつて五十嵐敬喜弁護士は、欧米では「建築不自由」の原則が支配しているのに対し、わが国では「**建築自由**」が原則になっているとして、わが国の現行制度のあり方に批判を加えたが、かような批判も同様の問題意識に立つものなのだろう（五十嵐敬喜『都市法』（1987年））。

これらの指摘の背景にあるのは、欧米のゾーニングとの比較の視点であろう。欧米の都市に見られる統一感ある街並みは、「**計画なければ開発なし**」と言われるような厳しい計画規制がないと作り上げることはできない。良好な居住環境を形成していくには、きめ細かな土地利用計画が不可欠であるという認識は、今日、多くの者の共有するところとなっている。

土地利用規制における必要最小限規制の原則は、明文の根拠を持つものではないが、わが国の土地利用規制法の根底に深く染みついているものであることは間違いなさそうである。わが国の都市法制を考察する際には、この点に注意を払いながら、これをどう克服すればよいか考えていく必要があるだろう。

## (3) マスタープランとはどのようなものか

### 1) マスタープランの意義と役割

都市計画とは本来、都市の目指すべき目標（都市像）を提示し、それを実現するための道筋を示すものでなければならない。ところが、従来の都市計画の議論においては、ややもすると「規制」の面ばかりに注目が集まり、「都市像の提示」については見過ごされることが少なくなかった。これでは都市づくりの方向性が見失われることになりかねない。そこで、目指すべき都市像をそれ自体として取り出して、その中身を見える形で提示すべきではないかと考えられるようになった。こうして生まれたのが**マスタープラン**である。マスタープランは、土地利用計画のように私人に対して法的規制を及ぼすものではないが（私人に対する直接的な法効果は持たない）、都市の目指すべき目標を提示して、その目標に向けて個々の計画や政策を方向付けるものとして、都市計画のシステムにおいて重要な役割を果たすものである。

マスタープランを策定するために必要な作業は次のようなものである。まず第一に、その都市の現状や課題を客観的に明らかにすることが必要であろう。これによって、その都市が抱える問題について、市民の間で共通認識を持つことができるからである。その上で、今後目指すべき都市像はどのようなものか、そしてそれを実現するには何をすればよいかを、みなで議論し合い合意形成を図っていくことが必要となる。このような作業を進めるには、行政だけでなく、住民、地権者、事業者、専門家等、幅広い人々の参加が不可欠となってこよう。

このような手順を踏んで策定されたマスタープランには、個々の都市計画を方向付ける機能（**「方向付け」機能**）、市民の間で目指すべき都市像の共有を図る機能（**「合意形成」機能**）があるほか、土地利用規制の適用に際して基準を提供する機能（**「基準提供」機能**）も持ち得るものと考えられる。

### 2）都市計画法には、どのようなマスタープランが定められているか

都市計画法には、マスタープランの性格を持つものが幾つか定められている。これらの中には、後述の市町村マスタープランのように、都市計画法上、都市計画の位置付けが与えられていないものもあるが、理論的な意味では都市計画であることに変わりはないので、その点にこだわる必要はないだろう。以下では、代表的な2つのマスタープランを見ていくことにしたい。

#### A. 市町村マスタープラン（正式名称は「市町村の都市計画に関する基本的な方針」）

わが国の都市計画法には、当初マスタープランの発想はなかったが、1992年になって、それまでの都市計画にビジョンが欠落していたことに対する反省から、市町村に対して、マスタープランを定めることが義務付けられた[17]（18条の2）。これが、市町村マスタープランである（都市計画法では、「市町村の都市計画に関する基本的な方針」と呼ぶ）。市町村マスタープランは、住民に最も近い立場にある市町村が策定するものなので、各市町村の創意工夫の下に住民の意見やニーズを集約し、住民に理解しやすい形でまちづくりのビジョンを示すことが求められている。

市町村マスタープランに何を盛り込むかは各自治体の判断に任されているが、一般的に言えば、①当該市町村のまちづくりの理念や都市計画の目標、②全体構想（目指すべき都市像とその実現のための主要課題、課題に対応した整備方針等）、③地域別構想（あるべき市街地像等の地域像、実施されるべき施策）、④その他社会的課題への対応等が考えられている（都市計画運

---

17）市町村マスタープランの導入の意義については、渡辺俊一「1992年都市計画法改正の意義――マスタープラン論との関連において」法律時報66巻3号（1994年）46頁以下参照。

用指針参照)。なお、近年導入された立地適正化計画も、市町村マスタープランの一環として定められることになっている（⇒第6章（5））。

都市計画法によれば、市町村マスタープランは、議会の議決を経て定められた「市町村の建設に関する基本構想」並びに都道府県のマスタープランである「都市計画区域マスタープラン」（後述）に即していなければならず(18条の2第1項)、また当該市町村の都市づくりの目標を示すものであるから、その策定にあたっては、公聴会の開催等、住民の意見を反映するために必要な措置をとらなければならない（同条2項)。

さらに都市計画法は、市町村マスタープランが個々の都市計画に及ぼす影響についても規定する。それによると、市町村マスタープランは、私人に対して直接法効果を及ぼすものではないが、市町村の「都市計画に関する基本的な方針」を定めるものであるから、市町村が定める都市計画は、「市町村マスタープランに即したもの」でなければならないとされている（同条4項)。

＜市町村マスタープランの体系＞

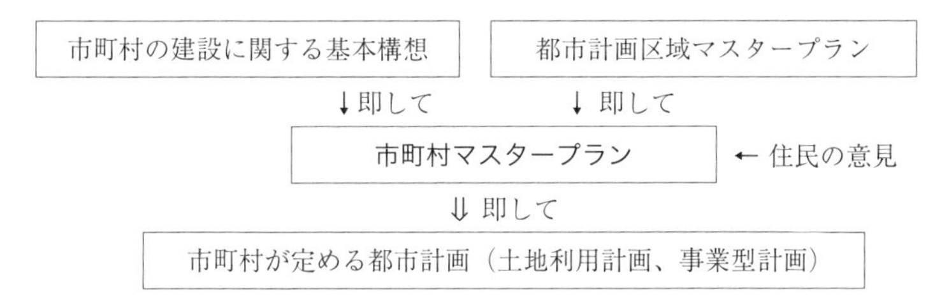


## B. 都市計画区域マスタープラン（「都道府県マスタープラン」とも呼ばれる。正式名称は「都市計画区域の整備、開発及び保全の方針」）

都市計画区域マスタープランは、それまでの「市街化区域及び市街化調整区域の整備、開発又は保全の方針」が実務上のツールに止まりマスタープランとしての機能が乏しかったことから、2000年の都市計画法改正でその内容を刷新し、マスタープランとして策定することを都道府県に義務付けたものである。

都市計画区域マスタープランは、都市計画区域ごとに都道府県が策定する

(6条の2第1項、15条1項1号)。都市計画区域マスタープランには、区域区分の決定の有無及びその方針、都市計画の目標、主要な都市計画の決定方針が定められる(6条の2第2項)。都市計画区域において定められる都市計画(都道府県の計画か市町村の計画かを問わず)は、都市計画区域マスタープランに即したものでなければならない(同条3項)。

＜都市計画区域マスタープランの体系＞

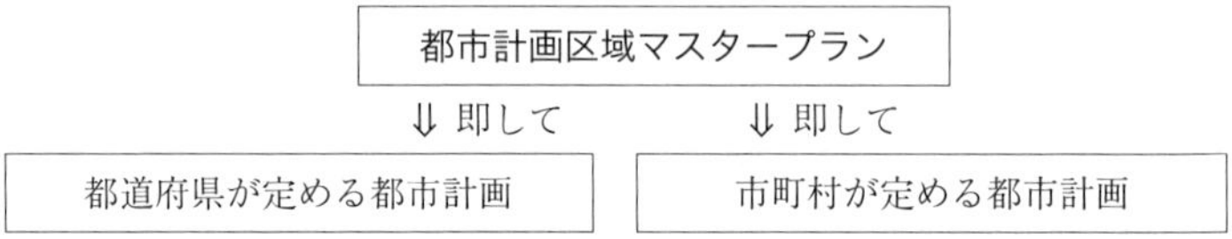

都市計画区域マスタープラン

⇓ 即して　　⇓ 即して

都道府県が定める都市計画　　市町村が定める都市計画

### ○マスタープランの課題

今日の都市計画制度は、全体を統括するマスタープランと個々の都市計画(土地利用計画、事業型計画)の2層構造からなっており、個々の都市計画の内容は、マスタープランによって制御され方向付けられる仕組みとなっている。マスタープランの多くが、中長期的な計画として位置付けられるのも(通常20年程度といわれる)、マスタープランの持つかような「方向付け」機能と整合するものといえよう。

かつてのマスタープランには、絵物語のような理想の街を描くだけのものも少なくなかったが、近年のマスタープランは、地域の具体的な課題を拾い上げながら、将来への処方箋を積極的に提示するものが増えてきたように思う[18]。今後は、さらに多くの住民の参加を得てマスタープランの内容をより充実させていくことが求められよう。また、マスタープランは中長期の計画であるため、その内容が「時の経過とともに時代遅れになる」という宿命も持ち合わせている。計画の見直しをどのように行うか、この点も課題として残されている。

他方で、今後は、出来上がったマスタープランの活用についても、本格的

18) 一例として、筆者の関わった「渋谷区まちづくりマスタープラン」(2019年)をあげておく(https://www.city.shibuya.tokyo.jp/kusei/shisaku/shibuyaku-design-plan/machi_mas.html)。

に目を向けていくべきだろう。「都市計画はマスタープランに即したものでなければならない」という命題をどのように現実のものにするか、この点は今後の大きな課題になってくるものと思われる。これに関連して、土地利用規制の複雑化が予想されるこれからの時代には、参照基準としてのマスタープランの役割にも注目していく必要があるものと思われる。

## (4) 都市計画は、誰がどのような手続で決定するのか

### 1) 都市計画の決定主体

○国の事務から地方公共団体の事務へ

旧都市計画法(1919年)においては、都市計画は内務大臣が決定するものとされていたが、戦後日本国憲法が制定されると、このやり方は憲法が定める地方自治の理念にそぐわないとして改められることになった。旧法に替えて制定された現行の都市計画法(1968年)は、都市計画の権限を地方(都道府県知事、市町村)に委譲したが、なお不徹底な面を残したため(いわゆる機関委任事務)、知事等の権限行使は国の統制を免れることができなかった。

このような状況は、1999年の地方分権改革によって改められることになった。今日では、都市計画は地方公共団体の事務とされ、地方公共団体の判断で処理されることになっている(詳細は、第8章で取り上げる)。

○都道府県と市町村の間の権限配分

都市計画法は、都市計画が地方公共団体の事務であることを前提に、都道府県と市町村の間で権限配分を行っている(表5参照)。権限配分の基本的な考え方は、広域的な都市計画は都道府県が処理し、それ以外の都市計画は市町村が処理するというものである(15条1項)。ただし、都市計画が複数の都府県にわたる場合は、国(国土交通大臣)の権限となる(22条)。

### 2) 都市計画の決定手続

都市計画は、都市のあり方を決める重要な決定であるから、その決定にあたっては、住民や利害関係者の意見を反映する手続がとられるべきである。

**（表5）都市計画の決定権者**

| 都市計画の種類 | | 都道府県決定 | 市町村決定 |
|---|---|---|---|
| 都市計画区域の整備、開発及び保全の方針 | | ○ | |
| 市街化区域と市街化調整区域の区分 | | ○ | |
| 地域地区 | 用途地域 | | ○ |
| | 特別用途地区、高度地区等 | | ○ |
| | 風致地区 | ○（10ha以上で複数市町村にわたるもの） | ○（それ以外） |
| | 都市再生特別地区 | ○ | |
| 地区計画 | | | ○ |
| 都市施設 | 一般国道、都道府県道 | ○ | |
| 市町村道 | | | ○ |
| 都市高速鉄道 | | ○ | |
| 公園、緑地、広場、墓苑 | | ○（10ha以上で国・都道府県設置） | ○（それ以外） |
| 流域下水道 | | ○ | |
| 公共下水道 | | ○（複数市町村にわたるもの） | ○（それ以外） |
| 産業廃棄物処理場 | | ○ | |
| ごみ焼却場、ごみ処理施設 | | | ○ |
| 一級河川、二級河川 | | ○ | |
| 準用河川 | | | ○ |
| 大学、高専、その他 | | | ○ |
| 病院、保育所、医療施設、社会福祉施設 | | | ○ |
| 市街地 | 土地区画整理事業 | ○（50ha超で国・都道府県施行） | ○（それ以外） |
| 開発事業 | 市街地再開発事業 | ○（50ha超で国・都道府県施行） | ○（それ以外） |

このような手続は、聴聞手続に代表されるような権利保護手続（特定の者の権利を保護するための手続）に対して、民主主義的な意見の反映に重点を置くものであることから、一般に「**参加手続**」あるいは「**合意形成手続**」と呼ばれてきた[19]。

では、都市計画について参加手続をとることには、どのような意義がある

19）もっとも、都市計画には特定の住民の権利利益に関わる側面もあるので、単なる参加手続と割り切ることはできず、こうした利害関係者に対しては、より手厚い手続が保障されるべきであろう。この点を含め、参加手続の詳細については、大田直史「まちづくりと住民参加」芝池義一ほか編『まちづくり・環境行政の法的課題』（2007年）154頁以下、西田幸介「計画策定手続と参加」同書171頁以下参照。

のだろうか。これについては、参加手続が持つ次の機能に着目する必要がある。

ある地域にどのような都市計画を定めるかについては、あらかじめ決まった答えがあるわけではなく、実際には非常に広い選択肢がある（⇒**計画裁量**（後述（5）1））。そのことを踏まえると、適切な都市計画を導くためには、できるだけ多くの者の意見を聴いて、公益に最もよく適合する計画はどれなのかを見極める必要がある。この意味で、参加手続にはまず、公益発見に資する機能があるといえよう（**公益発見機能**）。さらに、このような手続を経ることは、都市計画の民主的正当性を高めることにもつながってこよう（**民主的正当化機能**）。

一方、住民の側にとっても、参加手続は、個々の住民の権利利益の保護に役立つものであることは間違いない（**利益保護機能**）。土地所有者はもちろん、それ以外の住民にとっても、都市計画はその者の権利や生活環境に大きな影響を与えるものなので、計画決定手続への参加は、権利利益の防御を図る上で重要な意義を持つと考えられる。参加手続にはかような諸機能があるので、都市計画の決定にあたっては、できるだけ多くの者の参加する手続をとることが何より求められるのである。

都市計画の内容を定める際に、行政や専門家らに任せればよいという考え方はすでに過去のものになっている。今日では、行政と住民・事業者らが、互いに協力しながらまちづくりを進めていくことが求められている。都市計画についても、住民その他の利害関係者の意見を踏まえて、その内容を作り上げていくことが必要であろう。

### 1．都市計画法の定める手続

では、都市計画法の定める手続はどのようなものであろうか。都市計画法は、都市計画の決定に必要な手続として、都道府県または市町村に、次のような手続をとることを求めている。

①都市計画の案を作成しようとするときは、必要に応じて公聴会の開催等住民の意見を反映させる手続をとる（16条1項）。

②都市計画を決定しようとするときは、あらかじめその旨を公告し、都市計画の案を、当該公告の日から2週間公衆の縦覧に供する（17条1項）。ま

た公告があったときは、関係市町村の住民および利害関係人は、縦覧期間満了の日までに、意見書を提出することができる（17条2項）。

③都道府県または市町村は、都市計画決定をするときは、都市計画審議会の議を経なければならない（18条1項、19条1項）。

④都道府県は、国の利害に重大な関係がある政令で定める都市計画[20]を決定するときは、あらかじめ国土交通大臣と協議し、その同意を得なければならない（18条3項）。市町村が都市計画決定をするときは、都道府県知事との協議を要す（19条3項）。

⑤都道府県または市町村は、都市計画を決定したときは、その旨を告示し、関係図書を公衆の縦覧に供しなければならない（20条1項、2項）。

＜都市計画の決定手続（都道府県の場合）＞

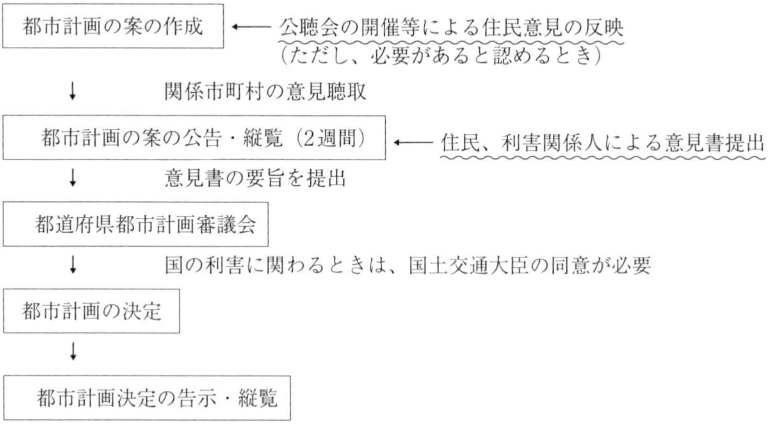

都市計画の案の作成 ←― 公聴会の開催等による住民意見の反映（ただし、必要があると認めるとき）

↓ 関係市町村の意見聴取

都市計画の案の公告・縦覧（2週間） ←― 住民、利害関係人による意見書提出

↓ 意見書の要旨を提出

都道府県都市計画審議会

↓ 国の利害に関わるときは、国土交通大臣の同意が必要

都市計画の決定

↓

都市計画決定の告示・縦覧

### ○上記の手続にはどのような問題があるか

①〜③の手続は、意見反映の手続として一応の体裁は整えているが、実際には極めて形式的なもので、意見反映を図る手続としては不十分であるとさ

---

20）政令で定める都市計画には、都市計画区域マスタープラン、区域区分、都市再生特別地区、歴史的風土特別保存地区、緑地保全地域等、および高速道路、一般国道、都市高速鉄道、主要空港、一級河川等の都市施設に関する都市計画が含まれる（都市計画法施行令12条）。

れてきた。

①についていえば、公聴会の開催は法律上の義務とされておらず、また公聴会といっても質問に応ずることや意見交換は必ずしも想定されていない。②③についても、縦覧・意見書提出の期間はわずか2週間にとどまり、また意見書に対する応答が予定されていない[21)]。

さらに根本的な問題として、住民参加がなされる時期の問題があげられる。意見書の提出は手続の最終段階でなされるため、住民が意見を述べたとしても、既に都市計画の案は大方固まっていて、受け入れられる余地は乏しいように思われる。

かような手続のあり方は、住民が積極的に「まちづくり」に関わる時代にふさわしいものとはいえない。住民参加の手続を、既に決まったことに対する「追認の儀式」に終わらせず、「有用な意見反映の場」として機能させるには、都市計画の案の作成段階で住民に対して必要な情報を提供し、住民との間で協議を尽くす必要があるのではなかろうか[22)]。

以上のほかに、都市計画の決定は自治体にとって重要マターであるにもかかわらず、議会の関与がないままでよいのかという問題も残されている。法治主義の観点からすれば、議会の議決事項として位置付けるのが筋であろう。

## 2. 2000年以降の都市計画法改正による手続面の補強

上記のような手続規定のあり方に対して、2000年以降の都市計画法改正は、2点にわたって補強を試みている[23)]。

---

21）提出された意見書は、都市計画審議会に議事資料として送付されることになっているが、そこでどう取り扱われるかは定めがない。ちなみに行政手続法では、行政が行政立法や行政基準を定めるときは、意見公募手続（いわゆるパブリック・コメントのこと）をとることとされており（39条）、そこでは、事前に広く一般に意見を求めた上で、提出された意見に対して行政に考慮義務（42条）及び応答義務（43条）が課されている。これと比べて都市計画の決定手続は「時代遅れ」の感が否めない。

22）事業型計画については、近年、「構想段階からの手続」が、実務において試みられるようになっており注目される。これについては、第4章で取り上げることにしたい。

23）このほか、この改正では、計画案の縦覧に際して理由書の添付が義務付けられた（17条1項）。見落としがちな文言挿入であるが、参加の前提となる情報提供を義務付けたという意味で注目しておきたい。

第1に、2000年の都市計画法改正によって、**条例による手続の追加**が認められるようになったことである（17条の2）。上記（①～③）の手続に満足できない場合は、自治体の判断で条例を定めて、手続の上乗せを図ることができるようになったのである（逆に、手続を緩和することは許されない）。自治体による住民参加の上乗せに配慮した重要な改正であり、今後の手続条例の進展が注目されよう。

第2に、2002年の都市計画法改正によって、**都市計画の提案制度**が設けられたことである（21条の2）。従来は、都市計画の発議（変更も含む）は行政側しかなしえなかったが、この改正によって、土地所有者等（土地所有者、借地権者）や、まちづくりＮＰＯ等に、都市計画の提案権が与えられたのである。公私協働による「まちづくり」の理念からみて、望ましい法改正ということができよう。

都道府県または市町村は、都市計画の提案がなされたときは、遅滞なく、都市計画の決定・変更をする必要があるかどうかを判断し、必要があると認めるときはその案を作成しなければならない（21条の3）。なお、提案権を行使するには、当該区域の土地所有者等の3分の2以上の同意（面積の上でも、同意者の持ち分が総面積の3分の2以上なければならない）が必要となる（21条の2第3項2号）[24]。

### 3. 都市計画の変更とその手続

最後に、都市計画の変更とその手続について述べておく。都市計画の決定後、社会状況の変化等で当該計画を維持することが不適切となった場合は、都市計画の変更を行うことが必要になる。都市計画法21条1項は、都道府県または市町村は、①都市計画区域または準都市計画区域が変更されたとき、

---

24）このほか、2018年の都市計画法改正では、都市施設の整備に関して、事業者との協定に基づいて計画決定権者が計画案を作成する仕組みも設けられている（**都市施設等整備協定**（都計75条の2以下。⇒第4章（5））。この協定が締結されると、計画決定権者である自治体は、協定に基づいた計画案の作成を義務付けられるが、計画決定そのものまで義務付けられるわけではない。なお、協定を締結したときは、その旨を公告し、協定の写しを公衆の縦覧に供しなければならないが（75条の2第2項）、協定締結の段階では、公衆の意見を聴く機会が設けられているわけではない。行政の中立性・公正性の見地からすれば、制度の運用にあたっては、早い段階で市民の意見を聴く機会を設けることが望ましいように思われる。

②都市計画に関する基礎調査等の結果都市計画を変更する必要が明らかとなったとき、③遊休土地転換利用促進地区に関する都市計画についてその目的が達成されたと認めるとき、④その他都市計画を変更する必要が生じたときは、遅滞なく、当該都市計画を変更しなければならないと定めている。都市計画の変更にあたっては、都市計画決定の手続が準用される（同条2項）。

## (5) 都市計画の適正さはいかに担保されるか

本章では、都市計画制度の基本的な仕組みについて述べてきた。ここで最後に、「都市計画の適正さをいかに担保するか」という問題にふれておくことにしたい。

### 1）都市計画決定の法的規律の困難さ（計画裁量）

都市計画とは、平たくいえば、健康で文化的な都市生活及び機能的な都市活動を確保するため、土地利用の方法や公共施設の整備について法的ルールを定めるものである。都市計画は、都市の利便性、産業、交通、住居、環境等、多様な事項に関わるため、その内容は、相当に複雑かつ技術的なものとならざるを得ない。また、将来の都市のあり方を展望して定められるので、政策判断と密接に関わるものとならざるを得ない。

このため、都市計画決定について法律で要件を定めることは容易でない。例えば、用途地域の指定を考えると、ある地域に用途地域を指定するかどうか、また指定するとしてどのような用途地域を指定するかを、法律に要件の形で規定することは容易でないだろう。法律はむしろ、計画決定の要件を定めるよりも、それぞれの計画の目標や一般的な指針を記述するにとどめている。その結果、どのような地域にどのような計画を定めるかは、もっぱら計画決定権者の広範な裁量に委ねられることにならざるを得ない。これは、行政法学において「計画裁量」と呼ばれ、かねてから法的コントロールのあり方をめぐって議論のあるところであった[25]。

25）古典的な論文として、芝池義一「行政計画」雄川一郎ほか編『現代行政法大系2巻』

だが、都市計画の最適解を見出すことは容易でないとしても、都市計画法には、都市計画の適正さを担保するための一定の仕組みが用意されていることに注意を向ける必要があろう。以下、これについて述べることにしたい。

### 2）都市計画の適正さを担保する仕組み――手続面からのコントロールと内容面からのコントロール

まず、都市計画は多数の者の利害に結びついているので、計画裁量の権限が適正に行使されなければならないことは言うまでもない。計画決定にあたっては、総合的利益衡量や多元的利益衡量が不可避となるが、これらの利益衡量を適正に行わせるために、法律は、計画決定権者が遵守すべき2つの作法（システム）を定めていると考えられる。

一つは、住民や利害関係者の意見を聴く機会を設けることや、専門家らによる公正・中立な立場からの審議手続をとることである。住民等の多様な意見を利益衡量に反映させることは、都市計画に正当性を付与するだけでなく、その内容の適正化を図ることにも貢献しよう。これは、都市計画決定を手続面からコントロールしようとするもので、「**民主性担保システム**」と呼ぶことができる。

もう一つは、複雑多様な利益衡量が、合理的に行われることを保障するための作法である。これについては、都市計画法13条の「**都市計画基準**」に注目する必要がある。都市計画基準は、都市計画の内容や定め方の基準を示すことを通じて、都市計画の適正さを内容面から担保しようとするものである。こちらの方は、都市計画決定を内容的合理性の面からコントロールしようとするものであるから、「**合理性担保システム**」と呼ぶことができる[26)]。前者については既に述べたので、以下では、後者についてみていくことにしたい。

**○都市計画基準への着目**

都市計画基準の内容は多岐にわたるが、ここでは重要な項目に絞ってみて

---

（1984年）333頁以下がある。

26）なお、都市計画基準のほか、マスタープランとの整合を求める規定も、合理性担保システムの一翼を担うものとなっている（都計6条の2第3項、18条の2第4項）。

いく（後記の条文参照）。

まず初めに、都市計画は国土形成計画を初めとした上位計画に適合しなければならないこと、また、各都市計画ごとに定められた基準に従って、「当該都市の健全な発展と秩序ある整備を図るため必要なものを、一体的かつ総合的に定めなければなら（ず）」、この場合において、自然的環境の整備・保全に対する配慮もなされなければならないことが定められている（13条1項柱書き）。

次に、各都市計画ごとに順守すべき基準を定めている。地域地区の例をあげると、「地域地区は、土地の自然的条件及び土地利用の動向を勘案して、住居、商業、工業その他の用途を適正に配分することにより、都市機能を維持増進し、かつ、住居の環境を保護し、商業、工業等の利便を増進し、良好な景観を形成し、風致を維持し、公害を防止する等適正な都市環境を保持するように定めること。この場合において、市街化区域については、少なくとも用途地域を定めるものとし、市街化調整区域については、原則として用途地域を定めないものとする。」（13条1項7号）とされている。

さらに、上記諸基準の適用にあたっては、おおむね5年ごとに行われる基礎調査（6条1項）の結果に基づかなければならないとされている（13条1項19号）。また、基礎調査の結果、都市計画を変更する必要が明らかになったときは、遅滞なく、都市計画を変更しなければならないとの規定もある（21条1項）。これらの規定から、基礎調査は、都市計画の客観性・合理性を担保する役割を果たしていることがわかる。過去の裁判例の中には、基礎調査の結果が客観性・実証性を欠くために、土地利用、交通等の現状の認識及び将来の見通しが合理性を欠くことになったとして、道路拡幅のための都市計画変更決定を違法としたものがある（東京高判平成17年10月20日判例時報1914号43頁⇒第4章（4）3）。

以上のことから、都市計画の内容は、法律上は「開かれている」のであるが、その決定方法については、一定の「しばり」がかけられているということが理解できよう。都市計画が裁判で争われる場合には、上記のような適性担保手段が正常に機能しているかが問われることになるだろう。

計画裁量の統制に関しては興味深い判例があるが、いずれも事業型計画に関わる事案なので、第4章「都市計画事業」のところで取り上げることにしたい。なお、この論点とは別に、都市計画決定の争い方（どのような訴訟で争えるか）については、第10章「都市法上の紛争とその解決方法」において取り上げる予定である。

（都市計画基準）
都市計画法13条1項（傍線は筆者）
「都市計画区域について定められる都市計画（…）は、国土形成計画、首都圏整備計画、近畿圏整備計画、中部圏開発整備計画、北海道総合開発計画、沖縄振興計画その他の国土計画又は地方計画に関する法律に基づく計画（当該都市について公害防止計画が定められているときは、当該公害防止計画を含む。…。）及び道路、河川、鉄道、港湾、空港等の施設に関する国の計画に適合するとともに、当該都市の特質を考慮して、次に掲げるところに従って、土地利用、都市施設の整備及び市街地開発事業に関する事項で当該都市の健全な発展と秩序ある整備を図るため必要なものを、一体的かつ総合的に定めなければならない。この場合においては、当該都市における自然的環境の整備又は保全に配慮しなければならない。

1号　都市計画区域の整備、開発及び保全の方針は、当該都市の発展の動向、当該都市計画区域における人口及び産業の現状及び将来の見通し等を勘案して、当該都市計画区域を一体の都市として総合的に整備し、開発し、及び保全することを目途として、当該方針に即して都市計画が適切に定められることとなるように定めること。

2号　区域区分は、当該都市の発展の動向、当該都市計画区域における人口及び産業の将来の見通し等を勘案して、産業活動の利便と居住環境の保全との調和を図りつつ、国土の合理的利用を確保し、効率的な公共投資を行うことができるように定めること。

7号　地域地区は、土地の自然的条件及び土地利用の動向を勘案して、住居、商業、工業その他の用途を適正に配分することにより、都市機能を維持増進し、かつ、住居の環境を保護し、商業、工業等の利便を増進し、良好な景観を形成し、風致を維持し、公害を防止する等適正な都市環境を保持するように定めること。この場合において、市街化区域については、少なくとも用途地域を定めるものとし、市街化調整区域については、原則として用途地域を定めないものとする。

19号　前各号の基準を適用するについては、第6条第1項の規定による都市計画に関する基礎調査の結果に基づき、かつ、政府が法律に基づき行う人口、産業、住宅、建築、交通、工場立地その他の調査の結果について配慮すること。」

# 第2章　開発規制

〈本章の概要〉

都市法の基本手法として、2番目に取り上げるのは規制手法である。都市法における規制手法とは、私人の土地所有や土地利用に対して、都市的公共性の見地から制限を加える手法のことをいう。規制手法は開発規制と建築規制の2つに分けられる。本章ではこのうち開発規制を取り上げ、建築規制については次章で扱う。都市計画法では、開発規制は開発許可制度を通して行われるので、以下では、開発許可の仕組みを中心にみていくことにしたい。

(1) 開発規制とはどのようなものか
(2) 開発許可の許可基準
(3) 開発許可のプロセス
(4) 残された課題

## (1) 開発規制とはどのようなものか

### 1) 開発規制の概要

都市における市街地の拡大は、田畑や雑木林を切り開くことからスタートする。立木を伐採し、切土・盛土等の造成工事を行い、区画を整え、街路を整備する。これらの行為は**開発行為**と呼ばれ、その後なされる**建築行為**とは区別される。言い換えるなら、開発行為とは、建築行為の前提となる土地基盤を整える行為である。開発行為が適切に行われないと、地盤の安全性が損なわれたり交通路の整備に支障をきたすなど、都市にとって深刻な問題が生じかねない。それゆえ、開発行為に対する規制は、良好な市街地を形成する上で欠かせない重要な役割を果たすものなのである。

わが国では、開発規制を行うために**開発許可**の制度がとられている。開発許可は、市街化区域と市街化調整区域の区分と関連付けられて、現行都市計画法（1968年）において新たに導入された制度である。開発許可の役割は、良好な宅地水準を確保することと、市街化調整区域での開発を制限することによって立地の適正性を確保することにある[1)]。

## 2）開発許可の対象——「開発行為」とは

開発許可の対象となるのは開発行為である（都計29条1項）。都市計画法によると、開発行為とは、「主として建築物の建築又は特定工作物[2)]の建設の用に供する目的で行なう土地の区画形質の変更」と定義されている（同4条12項）。

この定義の核心をなす「**区画形質の変更**」については、実務上、次のような解釈が与えられてきた。

まず「区画」の変更とは、土地の分合筆等、建築物の敷地の変更のことをいう（図1の図A）。これに対し「形質」の変更とは、切土、盛土または整地のことをいう（図1の図B、C)。ただし、いずれの場合も建築目的で行われることが前提となるので、建築目的を持たない区画形質の変更は、開発行為に該当しない（したがって、建築を伴わない単なる分合筆等は、規制の対象とならない)。

**（図1）「区画形質の変更」のイメージ**

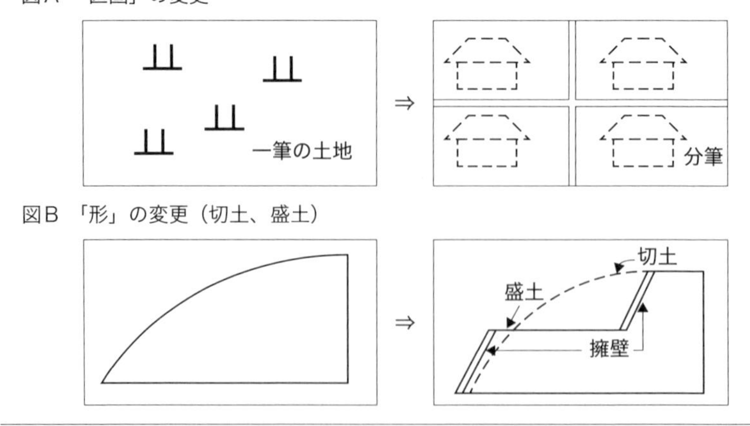


---

1） 開発規制のあり方は、自然災害（土砂崩れ、河川氾濫等）との関係でも問題となるが、これについては、第7章「都市防災」のところで扱う。

2）「特定工作物」とは、コンクリートプラント、ゴルフコース、野球場、遊園地、墓園等の特殊な工作物を指す（都計4条11項、同施行令1条)。

図C 「質」の変更（整地）

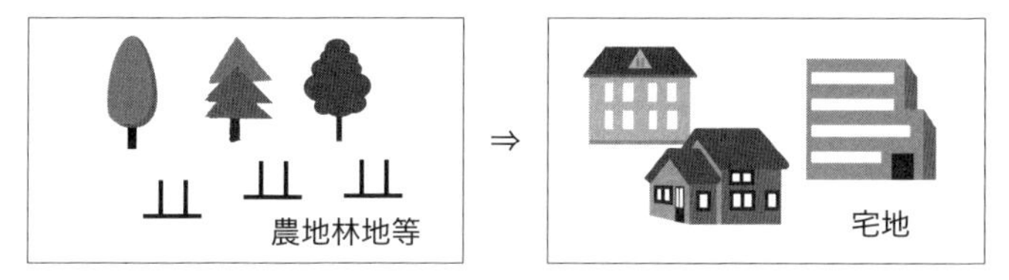


### 3）開発許可の適用区域

開発許可は、都市計画区域または準都市計画区域で行われる開発行為に適用されるのが原則である[3)]（都計29条1項）。

ただし、この原則にはいくつかの例外（適用除外）が定められている。このうち特に問題となるのは、**小規模開発の適用除外**である。市街化区域でいえば、1,000$m^2$未満の開発行為がこれに当たり、その場合は開発許可が免除される。（同29条1項1号、同施行令19条。表1参照）。

小規模開発の適用除外は、開発事業者の負担軽減のために設けられたものだが、実際には、基盤整備の不十分なミニ開発を生み出す温床となってきた。このため、多くの自治体では、条例や開発指導要綱を定めて、最低敷地面積の確保や開発予定地の恣意的分割（開発許可の適用を免れるため開発予定地を恣意的に分割すること）の抑制を開発事業者に求めている。

**（表1）開発許可を要しない開発行為の規模**

市街化区域……1,000$m^2$未満の開発行為（ただし、条例で300$m^2$まで引下げ可）
なお、三大都市圏の既成市街地、近郊整備地帯等では500$m^2$未満となる。
市街化調整区域……小規模開発の適用除外なし。
非線引き都市計画区域……3,000$m^2$未満の開発行為
準都市計画区域……3,000$m^2$未満の開発行為
都市計画区域外の区域（ただし、準都市計画区域を除く）……1ha未満の開発行為

3）なお、これらの区域以外の土地においては、開発許可は原則として必要とされないが、市街地形成が見込まれる政令で定める規模（1ha）以上の開発行為がなされる場合は、例外的に開発許可が必要とされる（都計29条2項）。

## (2) 開発許可の許可基準

開発許可の許可基準には、良好な宅地水準を確保するための**技術基準**と立地の適正化を図るための**立地基準**がある。技術基準は市街化区域・市街化調整区域の区別なく適用される基準であるのに対し、立地基準は市街化調整区域のみに適用される基準である（表2参照）。

**（表2）開発許可の許可基準**

| | 技術基準（33条） | 立地基準（34条） |
|---|---|---|
| 市街化区域 | ○ | × |
| 市街化調整区域 | ○ | ○ |

### 1）市街化区域における開発許可基準（技術基準）

都市計画法33条1項は、「都道府県知事は、開発許可の申請があった場合において、当該申請に係る開発行為が、次に掲げる基準（…）に適合しており、かつ、その申請の手続がこの法律又はこの法律に基づく命令の規定に違反していないと認めるときは、開発許可をしなければならない。」と定めている（傍線は筆者）。この規定が依拠する考え方は、市街化区域では都市基盤の整備は一応なされていると考えられるので、法令の基準を満たしさえすれば、開発許可は与えなければならないというものであろう（いわゆる「開発自由」の考え方である。⇒この考え方の問題点については、後述（4）で扱う）。

ここでいう基準は「**技術基準**」と呼ばれるもので、その内容は、①用途制限との適合、②道路、公園、給排水施設等の規模・構造・配置の適切さ、③地区計画等との適合、④地盤沈下・崖崩れ・出水等の災害を防止するための措置、⑤環境保全上の措置、⑥当該土地の権利者の相当数の同意等からなる（33条1項各号）。

これらの技術基準は抽象的なものにとどまるため、その適用に必要な**技術的細目**は政令に委任されている（33条2項）。当初、この技術的細目は、全国に適用される統一的基準とされていたが、地域の事情に応じて対応する必要があることから、2000年の都市計画法改正で、地方公共団体が条例を定めることによって、技術的細目にかかる制限を強化ないし緩和することが認められるようになった（33条3項）[4]。その結果、例えば道路幅員の最低基準あるいは公園の設置面積の最低基準を一定の限度内で引き上げることが可能になった。地域のニーズに応える改正といえるが、制限の強化・緩和は、「政令で定める基準に従（って）」行われるとの歯止めがかかっていることに注意したい。

### 2）市街化調整区域における開発許可基準（立地基準）

市街化調整区域においては、上述の基準（技術基準）を満たすことに加えて、市街化調整区域に固有の基準（立地基準）を満たす必要がある（都計34条）。市街化調整区域は当面開発を凍結すべき地域であるから、立地基準の内容は厳格なものになっており、例外事由に当たらない限り開発許可は下りない[5]。

なお、市街化調整区域では、開発許可を受けた区域を除き、建築行為（用途変更も含む）についても都道府県知事の許可を要するものとされており、開発規制と同様の厳しい建築制限を受ける（43条）。

---

4）都市計画法33条3項は、次のように定める。「地方公共団体は、その地方の自然的条件の特殊性又は公共施設の整備、建築物の建築その他の土地利用の現状及び将来の見通しを勘案し、前項の政令で定める技術的細目のみによっては環境の保全、災害の防止及び利便の増進を図ることが困難であると認められ、又は当該技術的細目によらなくとも環境の保全、災害の防止及び利便の増進上支障がないと認められる場合においては、政令で定める基準に従い、条例で、当該技術的細目において定められた制限を強化し、又は緩和することができる。」。

5）都市計画法34条は、「前条の規定にかかわらず、市街化調整区域に係る開発行為（…）については、当該申請に係る開発行為及びその申請の手続が同条に定める要件に該当するほか、当該申請に係る開発行為が次の各号のいずれかに該当すると認める場合でなければ、都道府県知事は、開発許可をしてはならない。」と規定する。同条によれば、例外的に開発許可が与えられるのは、周辺居住者の利用に供する政令で定める公益上必要な建築物等（1号）、農林漁業の用に供する建築物（4号）、危険物の貯蔵・処理に供する建築物（8号）等の建築を目的とした開発行為に限られる。

なお、市街化区域にあっても、立地適正化計画の下で居住調整地域に指定された地域では、市街化調整区域とみなして立地基準が適用されることになっている（都市再生90条⇒第6章（5）2））。

**コラム　市街化調整区域では、開発行為・建築行為が原則として禁じられるので、補償の必要はないのか**

日本国憲法は財産権を保障するとともに、「私有財産は、正当な補償の下に、これを公共のために用ひることができる。」としている（29条3項）。市街化調整区域における土地利用権の制限は、公共の利益のために加えられるものであるから、憲法との関係で、補償（「損失補償」と呼ばれる）の要否が問題となってこよう。

このような問題は、用途地域等においても生じうるものであるが、財産権制限の厳しさでいえば、市街化調整区域の場合が群を抜いているだろう。だが、結論からいえば、いずれの場合も補償は認められていない。その理由は、権利制限の一般性・広範性と権利制限の必要性・合理性にある。これに加えて、市街化調整区域の場合は、現状変更を求めるものでないこと（農耕等であれば続けられる）、未来永劫制限が及ぶものでないこと（将来、市街化区域に編入される可能性がある）等も、補償不要の理由付けとなろう。一方、用途地域の場合は、これらの理由に加えて、土地所有者にとって、用途地域の制限は利益となる面もあるからだとされている（例えば、住居系地域では、居住環境の保護に資する面を持つし、商業系地域では、営業者の利益保護に資する面を持つ）。

都市計画制限（都市計画による財産権制限）が補償を要するかどうかについては、諸外国においても問題にされてきたが、いずれの国においても補償不要が一応の原則となっているのは、以上のような理由からであろう。問題は、この原則がいかなる場合にも貫かれるのかという点にある。これについては、都市計画道路の「長期未着手」をめぐって興味深い議論があるので、そちらを参照してほしい（⇒ 第4章（2）3）【コラム】）。

## (3) 開発許可のプロセス

開発許可のプロセスは次の通りである。

| ①公共施設の管理者との協議・同意⇒ ②開発許可の申請⇒ ③開発許可⇒ ④完了検査 |
|---|

### ①公共施設の管理者との協議・同意（都計32条）

開発許可を申請しようとする者は、あらかじめ当該区域の公共施設（道路、水路、教育施設等）の管理者（通常は市町村）と協議しその同意を得なければならず（1項）、また、開発行為によって新たに公共施設が設置される場合は、その公共施設を管理することとなる者と協議しなければならない

(2項)。協議・同意を求める趣旨は、開発行為に関連する公共施設の管理の適正を図るためである。公共施設の管理者等は、公共施設の適切な管理を確保する観点から協議を行うものとされている(3項)。

なお、公共施設管理者の同意は開発許可の前提条件となるので、同意を欠く場合は開発許可を取得することができない(不同意とされた場合の争い方については、⇒ 後掲の【関連判例】①参照)。

②開発許可の申請(30条)　略

③開発許可(29条)

開発許可の権限は、都道府県知事(政令市・中核市の場合は市長)にある(1項)。

開発許可には条件を付すことができるが(災害防止措置等)、相手方に不当な義務を課すものであってはならない(79条)。

開発許可の法効果は、開発行為に着手できるようになることである。無許可で開発行為をした者には罰則が課される(92条3号)。許可規定や許可条件に反して開発行為が行われた場合は、許可の取消・停止あるいは是正命令等が発せられる(81条1項)。このほか、開発許可を受けると、完了検査があるまでは、当該土地における建築物の建築や特定工作物の建設が禁じられる(37条)。

都道府県知事は、開発許可をしたときは、その旨を開発登録簿に登録し、公衆の縦覧に供しなければならない(47条1項、5項)。

④完了検査(36条)

開発許可を受けた者は、開発工事が完了したときは、都道府県知事に届け出て完了検査を受けなければならない(1項)。都道府県知事は、検査の結果、当該工事が開発許可の内容に適合していると認めたときは、検査済証を交付しその旨を公告しなければならない(2、3項)。

完了検査の公告があると、予定建築物等の建築が可能になるとともに(42条1項)、開発工事により設置された公共施設は市町村の管理に属する(39条)。このほか、公共施設の用に供する土地の帰属についても定めがある(40条)。

**コラム　開発許可を受けた場合（あるいは受けなかった場合）の建築確認の申請はどうなるか**

建築確認の申請にあたって、当該敷地が開発許可を受けて整備されたものであるときは、適合証明書（都計法29条1項又は2項に適合していることの証明書）の添付が求められる（建築基準法施行規則1条の3表2、76）。このため、建築確認を申請する者は、開発許可の適合証明書の交付を開発許可権者に対して求めることができる（都計法施行規則60条）。

一方、開発行為に当たらないため開発許可を受けずに建築確認を申請するときは、開発行為に該当しない旨の判断を記載した「開発行為非該当証明書」を開発許可権者に求めることができる。なお、開発許可不要の判断を近隣住民が争う場合の方法については議論がある（⇒ 後掲の【関連判例】④参照）。

### (4) 残された課題

開発許可制度は、都市のスプロール化防止に一定の貢献をなしてきたが、その一方で、様々な課題が残されていることも指摘されてきた。以下では、そのうち代表的なものを取り上げる。

①開発許可の適用範囲が狭いこと

小規模開発の適用除外については、すでに述べたので繰り返さない。このほかにも、開発許可の対象が「建築等の目的を伴うもの」に限定されるため、建築等を伴わない開発行為は開発許可の対象から抜け落ちるという問題がある（例えば、「資材置場」の名目で開発が進められる場合等）[6]。

近年よく見られる工場跡地の再開発（土地利用転換）に関して、国は、切土・盛土等の造成工事を伴わず、かつ敷地の境界変更についても既存建築物等の除却にとどまり公共施設の整備の必要がないものは、建築行為と一体のものであるとして、開発行為に該当しないという立場をとってきた（開発許可制度運用指針）。これに対しては、敷地境界の変更・塀等の設置は「区画

6）開発行為の本質を非都市的土地利用（農地、山林等）から都市的土地利用（宅地等）への転換に見出す立場からは、開発許可とは市街化のコントロールであると捉えられる（生田202頁）。この立場からは、開発行為を「周辺環境に変更を加える行為」と広く捉えて、コントロールを加えていくことが立法論的課題となるだろう。

の変更」に当たるので、それが建築物の建築を目的とするものである限り、開発行為に該当すると解すべきだとする批判がある[7]。

②開発許可の技術基準（33条）が必要最小限規制にとどまること

市街化区域においては、市街地にとって必要な最低水準を確保することが基準とされ、この基準を満たせば許可は与えなければならないものとされてきた。これは「開発自由」の考え方に立脚するもので、開発許可を、裁量のない伝統的な警察許可と同一視する見方に立つものといえよう。

しかし、最低限の基準を満たすだけでは良好な市街地の形成は期待できないので、このような見方は適切とはいえない。このため、多くの自治体では開発指導要綱を定めて、行政指導によって市街地環境の整備・充実を図ってきたが、行政指導であるが故の限界を免れることはできなかった（⇒要綱行政については、第8章「自治体による都市行政」(2)【コラム】参照)。

2000年の都市計画法改正で、技術的細目にかかる制限ついては、条例による強化・緩和が一定範囲で許されるようになったことは一歩前進といえる(ただし、制限の緩和に関しては慎重にみていく必要があるだろう)。今後はさらに、自治体による基準設定をより広範に認めていくとともに、基準を満たした場合であっても、生活環境を損なうおそれがあるような場合は、開発許可を与えない裁量が認められないか、検討していく必要があるだろう。

③開発許可の手続において、周辺住民の意見を聴く機会が設けられていないこと

開発行為の多くは、それまで田畑や雑木林だった土地を市街地に改変しようとするものであるから、周辺住民の生活環境に影響を及ぼす可能性は極めて大きいものといえる。このため、周辺住民の生活環境への配慮が欠かせないはずだが、都市計画法には周辺住民の手続参加を認める規定は置かれていない。

この場合の対処法として、行政手続法10条（公聴会の開催等）の活用も考えられるが、この規定は適用要件が絞られており、また要件を満たす場合であっても、公聴会の開催等は努力義務にとどめられているなどの難点があ

---

7) 安本81～82頁。

る。このため、自治体によっては独自の手続条例を定めて、開発事業に対する住民参加の機会を確保しているところもみられる（⇒ 下記【コラム】参照）。

このほか、訴訟との関係では、開発許可がなされた場合に、周辺住民にこれを争う原告適格が認められるかという論点もある（⇒ 後掲の【関連判例】②参照）。

**コラム　開発規制の不足を補う自治体の取り組み――鎌倉市の例**

鎌倉市では、大規模開発事業を予定する事業者に、早い段階から事業の届出と住民への説明をなすことを求めるとともに（以上は、まちづくり条例）、周辺の土地利用との調和を図るため、開発許可の申請に先立って、市独自の事前相談および適合審査の手続をとることを求めている（以上は、開発事業における手続及び基準等に関する条例）。このうち事前相談は、標識の設置、近隣住民への説明・説明内容の報告・市長の確認等からなり、適合審査は、市の定める開発基準に適合するか否かを審査するものである。この開発基準は、敷地面積の最低限度、緑化、樹木の保存、駐車場、駐輪場、まちづくり空地、中高層共同住宅の個数、文化財保護、防災措置等、多様な事項に及ぶものである。法令による開発規制の不足を補う試みとして注目されよう。

独自の取り組みをなす自治体はほかにもあるだろう。それらの自治体の条例をネット等で検索し、どのような仕組みがとられているのか、またそこに問題点はないか調べてみるとよいだろう。

【関連判例】

開発許可に関する重要判例として下記①～④がある。ただし、いずれも取消訴訟の論点に関わるものなので、第10章「都市法上の紛争とその解決方法」で取り上げることにする。

①公共施設の管理者の不同意の争い方　⇒第10章（4）1）取消訴訟の対象（処分性）

②開発許可と周辺住民の原告適格　⇒第10章（4）2）誰が原告になれるか（原告適格）

③開発工事の完了と訴えの利益　⇒第10章（4）3）工事の完了と訴えの利益

④開発許可不要判断の違法を建築確認の取消訴訟で主張できるか　⇒第10章（6）建築確認の前提行為の争い方

# 第3章　建築規制

〈本章の概要〉

本章では、都市計画決定を受けて行われる建築規制を取り上げる。建築基準法によれば、家を建てるためには、安全・防火・衛生面での基準を満たし、かつ都市計画の内容に適合するものでないと、建築確認（建築するのに必要な許可のこと）を得ることができない。このため、わが国の建築規制の仕組みを理解するには、①建築基準（建築物が備えるべき基準）とはどのようなものか、②建築確認とはどのようなものかを、まず初めに知っておく必要がある。本章ではこれらの点を中心に、建築規制に関わる問題を次の順序でみていくことにしたい。

(1) 建築規制の概要
(2) 建築基準とはどのようなものか
(3) 建築確認とはどのようなものか
(4) 例外許可とはどのようなものか
(5) 違反建築物に対してどのような措置がとれるか
(6) 建築協定とはどのようなものか
(7) 既存不適格とはなにか

## (1) 建築規制の概要

### 1) 建築規制はなぜ必要とされるのか

そもそも論からすると、自分の土地の上にどんな建物を建てるかは本人が決めるべき問題であって、かりに隣人との間で建築紛争が生じたとしても、それは当事者間で解決すればすむ話であって、国家が嘴（くちばし）をはさむような問題ではない、との考え方も成り立つかもしれない。だが、都市化の進んだ今日の社会では、このような考え方をとることはできないだろう。

なぜなら、大勢の人々が限られた都市空間に住まう今日の社会では、建築をめぐるトラブルは日常的に起こりうるものだから、こうした問題については紛争が起きてから事後的に対応するよりも、紛争が起きる前に予防的に対応する方が望ましいと考えられるからである。このことに加えて、安全面や防火面で問題のある建物は、私人間の関係を超えて、地域全体（公共のレベル）で対応すべきものであることも指摘しておく必要があるだろう。このような理由から設けられるようになったのが建築規制である。建築規制とは、公共の利益を保護するために建築物に対して加えられる公法上の規制のことをいう。

○建築基準法の目的、建築物の適正化を図る他の法律

わが国では建築規制に関わる法律として、第2次大戦前には市街地建築物法（1919年）があったが、戦後はこの法律に替えて**建築基準法**（1950年）が制定され今日に至っている。建築基準法の目的は、「建築物の敷地、構造、設備及び用途に関する最低の基準を定めて、国民の生命、健康及び財産の保護を図り、もって公共の福祉の増進に資すること」に置かれる（1条）。ここでいう「最低の基準」とは、公共の福祉の見地から最低限満たさなければならない基準のことである。したがって、この基準を満たさない限り建築物を建てることはできない。

建築物の適正化を図る法律としては、建築基準法以外にもいくつかあげることができる。例えば、建築士法では、一定規模以上の建築物について、その設計・工事監理に建築士の関与を義務付けている（3条～3条の3）。これは、専門家の関与によって建築物の適正化を図ろうとするものである。また、住宅品質確保促進法は、住宅性能評価（契約により付けることができる）を通して住宅の品質確保の促進を図ろうとするもので、市場原理を活用する点に特色を持つ。だが、建築物の適正化の上で最も大きな役割を果たすのは、建築規制について定める建築基準法ということになろう。以下では、建築基準法の基本的な仕組みについてみていくことにしたい。

### 2)「建築物」および「建築」の語の定義

建築基準法でいう「**建築物**」とは、次のものをいう（2条1号）。

①土地に定着する工作物のうち、屋根及び柱若しくは壁を有するもの、②これに付属する門や塀、③観覧のための工作物、④地下又は高架の工作物内に設ける事務所、店舗等（なお、これらの建築設備も含む）。

また、同法でいう「**建築**」とは、建築物の新築だけでなく、増築、改築または移転も含む（2条13号）。

### 3)「建築基準」の意義――単体規定と集団規定

建築基準法は、建築物が備えるべき一定の基準を定めている。これを「建築基準」という。建築物を建てるには、建築基準を満たすことについて、あらかじめ行政の確認を得ておかなければならない（建基6条）。これを「建築確認」という。「建築基準に適合していることの確認」という意味である。建築確認を得なければ家を建てることができないという点では、建築確認は建築を行うための「許可」という意味合いを持っている。

建築基準を定める建築基準法の規定は、「**単体規定**」（建基法第2章に定められた規定）と「**集団規定**」（建基法第3章に定められた規定）に分けられる。単体規定とは、単体としての建築物に着目して、安全・防火・衛生の確保の見地から定められた規定のことである。これに対して集団規定とは、集団としての建築物（都市環境の中での建築物）に着目して、都市機能・都市環境の確保の見地から定められた規定のことである。単体規定は、都市計画区域の内外を問わず、全国どの地域の建築物にも適用されるのに対して、集団規定は、都市計画区域および準都市計画区域内の建築物にのみ適用される[1]（建基41条の2）。それぞれの内容は、次のようなものからなっている。

<単体規定>――敷地の衛生・安全（19条）、構造耐力（20条）、屋根（22条）、外壁（23条）、防火壁（26条）、居室の採光・換気（28条）、石綿の飛散防止（28条の2）、地下居室（29条）、長屋・共同住宅の各戸の界壁（30条）、便所（31条）、電気設備（32条）、被雷設備（33条）、昇降機（34条）、特殊建築物等の避難・消火基準（35条）、建築材料の品質（37条）等

<集団規定>――接道（43条）、壁面線（46条）、用途規制（48条）、容積率（52条）、建ぺい率（53条）、敷地面積（53条の2）、外壁後退距離（54条）、高さ制限（55条）、斜線制限（56条）、日影規制（56条の2）等

単体規定については、建築技術に関わる問題が主になるので、本書ではこれ以上ふれないことにする。以下では、法律問題として議論の多い集団規定についてみていくことにしたい。

---

1） ただし例外として、これらの区域以外でも、都道府県知事が関係市町村の意見を聴いて指定する区域では、条例で定めることにより、集団規定に関わる事項について必要な制限を定めることができる（建基68条の9）。

## (2) 建築基準とはどのようなものか

建築基準（ただし、集団規定に当たるものに限る）は、1）接道義務、2）用途規制、3）形態規制の3つからなる。このうち後2者は、都市計画法上の用途地域に連動している。順にみていこう。

### 1）接道義務

建築物の敷地[2]は、一定のルールに従って外部の道路と接していなければならない。これを「接道義務」という。接道義務を定めた趣旨は、建築物の敷地が十分な形で道路に接していることが、通行路や避難路の確保の上で必要とされるからである。接道義務の内容は、次の通りである（図1参照）。

建築物の敷地は、原則として、道路に2メートル以上接していなければならない（43条1項）。ここでいう「道路」には、①道路法上の道路（高速道路、国道、都道府県道、市町村道等）、②都市計画法、土地区画整理法等による道路、③建築基準法の適用時に現に存する道路、④予定道路、⑤位置指定道路が含まれるが、いずれも幅員4メートル以上のものでなければならない[3]（42条1項）

（図1）接道義務のイメージ

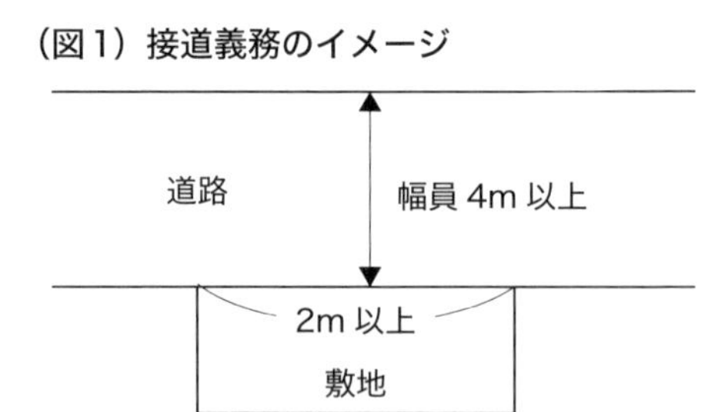


2） 建築物の敷地は、個々の建築物ごとに設けられるのが原則である（一敷地一建築物の原則）。ただし、複数の建築物が「用途上不可分」の関係にある場合はこの限りでない（建基法施行令1条1号）。例えば、住宅と車庫の関係は「用途上不可分」とみなされるので、両者は一つの敷地に建築できる。

3） いわゆる私道（道路敷地が私人の所有地からなる道路）であっても、建築基準法42条1項の条件を満たすものは、建築基準法上の道路に該当する。なお、私道をめぐる法律問題については、安本123頁以下参照。

○接道義務を満たさない場合の救済規定

接道義務の内容は以上のとおりであるが、現実には様々な理由から、接道義務を満たさない敷地が全国に数多く存在する（戦前の市街地建築物法では、道路幅が9尺（2.7メートル）あれば足りるとされていたため、現在でも幅員4メートルを満たさない道路が全国にたくさん残されている）。このような現実に対応するため、建築基準法には次の2つの救済規定が置かれている。

①幅員要件の緩和（2項道路）…接道する道路が幅員4メートルに満たない場合の救済規定。建築基準法の適用時に既存道路となっており、かつ特定行政庁[4)]の指定があった道は、幅員4メートルを満たさない場合であっても、幅員要件を満たした道路とみなされる。このような道路は、建築基準法42条2項に救済規定が置かれたことから「2項道路」と呼ばれる。2項道路の指定があると、その道路の中心線から水平距離2メートルの線がその道路の境界線とみなされ、建築物はその境界線を越えて建てることはできない。

> （建築基準法42条2項）
> 「…この章の規定が適用されるに至った際現に建築物が建ち並んでいる幅員4メートル未満の道で、特定行政庁の指定したものは、前項の規定にかかわらず、同項の道路とみなし、その中心線からの水平距離2メートル（…）の線をその道路の境界線とみなす。」

2項道路の一括指定をめぐる問題

2項道路の指定は、本来個々の道路ごとになされるべきであったが、実際には市町村で一括して指定されることが少なくなかった（例えば、「幅員4メートル未満1.8メートル以上の道」などといった指定の仕方）。その結果、ある道路が2項道路に当たるかどうかをめぐって紛争が生ずることもあった。この点の反省から、2007年の建築基準法施行規則の改正により、個別指定が義務付けられるようになった（なお、一括指定の争い方については、

4）特定行政庁とは、建築主事を置く市町村の区域については当該市町村の長をいい、その他の市町村の区域については都道府県知事をいう（2条35号）。

第10章「都市法上の紛争とその解決方法」(4) 1) で扱う)。

**②接道距離の緩和**…接道距離が2メートル未満のときの救済規定（建基43条1項)。敷地の周囲に広い空地があり、特定行政庁が交通上、安全上、防火上および衛生上支障がないと認めて**建築審査会**[5] の同意を得て許可した場合は、接道距離が2メートル未満であっても、接道義務は満たされたものとされる。

**広大な敷地を持つ場合の特例**

大規模マンション等のように広大な敷地を持つ建築物の場合は、2メートル以上の接道距離を求めるだけでは避難・通行の安全を確保することは困難である。建築基準法は、通常の接道ルールによるのでは避難・通行の安全を確保しがたいと認められる場合は、条例で必要な制限を付加することができるとしている[6] (43条2項)。

### 2) 用途規制

用途規制は、建築物の用途によって「住み分け」を図ることにより、異なる土地利用の間で生ずる矛盾や衝突を回避するとともに、それぞれの用途に応じた安定した土地利用を確保する目的を持つものである。

用途地域の概要については、すでに第1章 (2) 2) で説明したが、ここでは用途規制について、もう少し詳しくみていくことにしたい。建築基準法には、各用途地域ごとに、どのような用途の建物が建てられるか、あるいは建てられないかについての定めが置かれている（48条および同法の別表第2)。それを一覧表にまとめたのが、**(表1) 用途規制の一覧**である。

ここで注目したいのは、建築基準法の規定の仕方には、建築可能な建築物

---

5) 建築審査会とは、建築主事を置く市町村または都道府県に設けられた専門家からなる第三者機関のことで、建築基準法に規定する同意や不服審査の処理にあたる（78条)。建築審査会については、第10章 (2)「行政不服審査（審査請求)」のところで詳しく取り上げる。

6) 例えば、東京都建築安全条例では、延べ面積が1,000平方メートルを超える建築物の敷地に対しては、延べ面積に応じて接道距離の延長を義務付けている（1,000 ～ 2,000平方メートルで6メートル以上、2,000 ～ 3,000平方メートルで8メートル以上、3,000平方メートル超で10メートル以上)。

## （表1）用途規制の一覧（『都市計画ハンドブック2022』より）

用途地域内の建築物の用途制限

○：建てられる用途
×：原則として建てられない用途
①、②、③、④、▲、△、■：面積、階数などの制限あり

| 用途 | | 第一種低層住居専用地域 | 第二種低層住居専用地域 | 第一種中高層住居専用地域 | 第二種中高層住居専用地域 | 第一種住居地域 | 第二種住居地域 | 準住居地域 | 田園住居地域 | 近隣商業地域 | 商業地域 | 準工業地域 | 工業地域 | 工業専用地域 | 用途地域の指定のない区域※ | 備考 |
|---|---|---|---|---|---|---|---|---|---|---|---|---|---|---|---|---|
| 住宅、共同住宅、寄宿舎、下宿、兼用住宅で、非住宅部分の床面積が、50㎡以下かつ建築物の延べ面積の2分の1未満のもの | | ○ | ○ | ○ | ○ | ○ | ○ | ○ | ○ | ○ | ○ | ○ | ○ | × | ○ | 非住宅部分の用途制限あり |
| 店舗等 | 店舗等の床面積が150㎡以下のもの | × | ① | ② | ③ | ○ | ○ | ○ | ① | ○ | ○ | ○ | ○ | ④ | ○ | ①：日用品販売店、食堂、喫茶店、理髪店及び建具屋等のサービス業用店舗のみ。2階以下。<br>②：①に加えて、物品販売店舗、飲食店、損保代理店・銀行の支店・宅地建物取引業者等のサービス業用店舗のみ。2階以下。<br>③：2階以下。<br>④：物品販売店舗、飲食店を除く。<br>■：農産物直売所、農家レストラン等のみ。2階以下。 |
| | 店舗等の床面積が150㎡を超え、500㎡以下のもの | × | × | ② | ③ | ○ | ○ | ○ | ■ | ○ | ○ | ○ | ○ | ④ | ○ | |
| | 店舗等の床面積が500㎡を超え、1,500㎡以下のもの | × | × | × | ③ | ○ | ○ | ○ | × | ○ | ○ | ○ | ○ | ④ | ○ | |
| | 店舗等の床面積が1,500㎡を超え、3,000㎡以下のもの | × | × | × | × | ○ | ○ | ○ | × | ○ | ○ | ○ | ○ | ④ | ○ | |
| | 店舗等の床面積が3,000㎡を超えるもの | × | × | × | × | × | ○ | ○ | × | ○ | ○ | ○ | ○ | ④ | ○ | |
| | 店舗等の床面積が10,000㎡を超えるもの | × | × | × | × | × | × | × | × | ○ | ○ | ○ | × | × | × | |
| 事務所等 | 1,500㎡以下のもの | × | × | × | ▲ | ○ | ○ | ○ | × | ○ | ○ | ○ | ○ | ○ | ○ | ▲：2階以下 |
| | 事務所等の床面積が1,500㎡を超え、3,000㎡以下のもの | × | × | × | × | ○ | ○ | ○ | × | ○ | ○ | ○ | ○ | ○ | ○ | |
| | 事務所等の床面積が3,000㎡を超えるもの | × | × | × | × | × | ○ | ○ | × | ○ | ○ | ○ | ○ | ○ | ○ | |
| ホテル、旅館 | | × | × | × | × | ▲ | ○ | ○ | × | ○ | ○ | ○ | × | × | ○ | ▲：3,000㎡以下 |
| 遊戯施設・風俗施設 | ボーリング場、水泳場、ゴルフ練習場、バッティング練習場等 | × | × | × | × | ▲ | ○ | ○ | × | ○ | ○ | ○ | ○ | × | ○ | ▲：3,000㎡以下 |
| | カラオケボックス等 | × | × | × | × | × | ▲ | ▲ | × | ○ | ○ | ○ | ▲ | ▲ | ▲ | ▲：10,000㎡以下 |
| | 麻雀屋、パチンコ屋、勝馬投票券発売所、場外車券場等 | × | × | × | × | × | ▲ | ▲ | × | ○ | ○ | ○ | ▲ | × | ▲ | ▲：10,000㎡以下 |
| | 劇場、映画館、演芸場、観覧場、ナイトクラブ等 | × | × | × | × | × | × | △ | × | ○ | ○ | ○ | × | × | ▲ | ▲：客席10,000㎡以下　△客席200㎡未満 |
| | キャバレー、料理店、個室付浴場等 | × | × | × | × | × | × | × | × | × | ○ | ▲ | × | × | ○ | ▲：個室付浴場等を除く |
| 公共施設・学校等 | 幼稚園、小学校、中学校、高等学校 | ○ | ○ | ○ | ○ | ○ | ○ | ○ | ○ | ○ | ○ | ○ | × | × | ○ | |
| | 病院、大学、高等専門学校、専修学校等 | × | × | ○ | ○ | ○ | ○ | ○ | × | ○ | ○ | ○ | × | × | ○ | |
| | 神社、寺院、教会、公衆浴場、診療所、保育所等 | ○ | ○ | ○ | ○ | ○ | ○ | ○ | ○ | ○ | ○ | ○ | ○ | ○ | ○ | |
| 工場・倉庫等 | 倉庫業倉庫 | × | × | × | × | × | × | ○ | × | ○ | ○ | ○ | ○ | ○ | ○ | |
| | 自家用倉庫 | × | × | × | ① | ② | ○ | ○ | ■ | ○ | ○ | ○ | ○ | ○ | ○ | ①：2階以下かつ1,500㎡以下<br>②：3,000㎡以下<br>■：農産物及び農業の生産資材を貯蔵するものに限る。 |
| | 危険性や環境を悪化させるおそれが非常に少ない工場 | × | × | × | × | ① | ① | ① | ■ | ② | ② | ○ | ○ | ○ | ○ | 作業場の床面積　①：50㎡以下、②：150㎡以下<br>■：農産物を生産、集荷、処理及び貯蔵するものに限る。<br>※著しい騒音を発生するものを除く。 |
| | 危険性や環境を悪化させるおそれが少ない工場 | × | × | × | × | × | × | × | × | ② | ② | ○ | ○ | ○ | ○ | |
| | 危険性や環境を悪化させるおそれがやや多い工場 | × | × | × | × | × | × | × | × | × | × | ○ | ○ | ○ | ○ | |
| | 危険性が大きいか又は著しく環境を悪化させるおそれがある工場 | × | × | × | × | × | × | × | × | × | × | × | ○ | ○ | ○ | |
| | 自動車修理工場 | × | × | × | × | ① | ① | ② | × | ③ | ③ | ○ | ○ | ○ | ○ | 作業場の床面積<br>①：50㎡以下、②：150㎡以下、③：300㎡以下<br>原動機の制限あり |

注　本表は建築基準法別表第2の概要であり、全ての制限について掲載したものではない
※　都市計画法第七条第一項に規定する市街化調整区域を除く。

を列挙する方式（**積極的規定方式**）もあるが、むしろ多くの場合は、建築が許されない建築物を列挙する方式（**消極的規定方式**）がとられていることである[7]（前者の方式は、住居系の用途地域に限られる）。このようなやり方がとられる結果、わが国の市街地では、「用途の混在」が広い範囲で見られるようになっている。言い換えるなら、建築基準法の定める用途規制は、この点で不徹底なものにとどまっているわけである。「用途の混在」をめぐっては、今日様々な議論のあるところであるが（⇒第1章（2）4））、地域のニーズを踏まえて個性豊かなまちづくりを進めていくには、消極的規定方式よりも、積極的規定方式によって市街地像を明確にしていく方が望ましいように思われる。

**○用途の例外許可**

用途規制が課されていても、実際には様々な事情から、用途規制の例外を認めなければならない場合があるだろう。このような場合に備えて、建築基準法では、特定行政庁の許可（「例外許可」という）を受けることにより、用途規制の適用を免れることを認めている。

許可の要件は、それぞれの用途地域ごとに定められている。第1種低層住居専用地域についていうと、特定行政庁が「良好な住居の環境を害するおそれがないと認め」または「公益上やむを得ないと認めて」許可した場合は、例外的に用途規制の適用を免れるとしている（48条1項ただし書き）。なお、許可を与える場合は、①利害関係人の出頭を求めて公開による意見聴取を行い、かつ②建築審査会の同意を得ることが必要となる（同条15項）。

### 3）形態規制

#### 1．形態規制はどのようなものからなるか

形態規制は、①容積率、②建ぺい率、③敷地面積の最低限度、④外壁後退距離の限度、⑤高さの限度（絶対高さ制限）、⑥斜線制限、⑦日影規制からなる。このうち、①②は、形態よりもむしろ密度に関わる制限なので、「密度規制」と呼ばれることもある[8]。順にみていこう。

---

7） 生田教授は、「積極規制」方式、「消極規制」方式の語を用いる。生田59～60頁。
8） 安本126頁、生田89頁。

**（表2）指定容積率・指定建ぺい率の一覧**

<table>
<tr><th></th><th>指定容積率（%）</th><th>指定建ぺい率（%）</th></tr>
<tr><td>第1種・第2種低層住居専用地域<br>田園住居地域</td><td>50、60、80、100、150、200</td><td rowspan="2">30、40、50、60</td></tr>
<tr><td rowspan="3">第1種・第2種中高層住居専用地域<br>第1種・第2種住居地域、準住居地域<br>近隣商業地域</td><td rowspan="3">100、150、200、300、400、500</td></tr>
<tr><td>50、60、80</td></tr>
<tr><td>60、80</td></tr>
<tr><td>商業地域</td><td>200、300、400、500、600、700、800、900、1000、1100、1200、1300</td><td>80</td></tr>
<tr><td>準工業地域</td><td>100、150、200、300、400、500</td><td>50、60、80</td></tr>
<tr><td rowspan="2">工業地域<br>工業専用地域</td><td rowspan="2">100、150、200、300、400</td><td>50、60</td></tr>
<tr><td>30、40、50、60</td></tr>
<tr><td>用途地域指定のない区域</td><td>50、80、100、200、300、400</td><td>30、40、50、60、70</td></tr>
</table>

＊なお、前面道路の幅員が12メートル未満のときは、容積率制限がさらに強まる可能性がある（52条2項）。

①容積率（建基52条）＝建築物の延べ床面積/敷地面積×100

容積率の制度は、1970年の建築基準法改正で高さ制限に替えて導入されたもので、容積率の最高限度を定めて、それを超える建築物の建築を禁止するものである。容積率とは、「建築物の延べ面積の敷地面積に対する割合」のことで、例えば、1階の床面積が60平方メートル、2階の床面積が30平方メートルで、敷地面積が120平方メートルの2階建て住宅の場合は、その容積率は、(60+30)÷120×100＝75%ということになる。

容積率の最高限度は、用途地域の種類ごとにいくつかの数値によってあらかじめ定められており（指定容積率）、自治体が用途地域を定めるときに、その中のいずれかの数値を選択することになっている（1項）。容積率の一覧は、表2にある通りである（後述の建ぺい率についても同様に、指定建ぺい率が定められている）。

○容積率制限によって高さ制限は不要になるか

容積率制限は、より自由な建築を可能にするために、高さ制限に替えて導入されたものである。その狙いは、建築物の規模を、公共施設（道路、交通機関、上下水道等）のキャパシティの面からコントロールする点にあるとされている。このため、容積率制限によって高さのコントロールがある程度期待できるとしても、高さ制限に完全に取って代わるものとまではいえないだろう（ペンシル・ビルの例を考えよ）。このような見方からすれば、高さ制限については、その必要性についてあらためて検討を加えるべきだと思われるが、現行法では、高度地区の指定がある場合は別として、絶対高さ制限は、第1種・第2種低層住居専用地域等にしか定められていない（後述⑤）。この点は、問題を残すところとなっている[9]。

**②建ぺい率（建基53条）＝建築物の建築面積/敷地面積×100**

建ぺい率とは、「建築物の建築面積の敷地面積に対する割合」のことで、例えば、建築面積（1階の床面積）が60平方メートルで、敷地面積が120平方メートルの住宅の場合は、その建ぺい率は、60÷120×100＝50%ということになる。

建ぺい率制限の趣旨は、建築物の敷地に一定の空地を確保することにより、建築物の安全、防火、衛生に関する良好な環境を維持することにある。容積率と同様に、建ぺい率についても、その最高限度は用途地域の種類ごとにあらかじめいくつかの数値が定められており（指定建ぺい率）、自治体が用途地域を決定する際に、その中のいずれかの数値を選択することになっている（1項、表2参照）。

**③敷地面積の最低限度（建基53条の2）**

敷地の狭小化は市街地環境の悪化につながることから、必要な場合、用途地域において敷地面積の最低限度を定めることができる（1項）。ただし、所有権に対する過度な制限とならないよう、敷地面積の最低限度は200平方メートルを超えてはならないものとされている（2項）。

**④外壁後退距離の限度（建基54条）**

第1種・第2種低層住居専用地域または田園住居地域においては、建築物

9）生田94頁は、「容積率規制は、建築自由の原則の下で、建築物の高さや形という面で自由な土地利用を認めながら、土地利用密度が不適切なものとならないようにコントロールする必要最低限の手段として、採用されたものである。それだけに、町並み全体の景観の維持形成や周囲の日照、通風等の確保といった面から空間コントロールを行う上では不十分な面が見られる。」とする。

の外壁又はこれに代わる柱の面から敷地境界線までの距離（外壁後退距離）は、都市計画においてその限度（1.5メートルまたは1メートル）が定められたときは、当該限度以上でなければならない[10]。

### ⑤高さの限度（絶対高さ制限）（建基55条）

第1種・第2種低層住居専用地域または田園住居地域においては、建築物の高さは、10メートルまたは12メートルのうち都市計画で定められた限度内でなければならない。

### ⑥斜線制限（建基56条）

斜線制限には、道路斜線制限、隣地斜線制限、北側斜線制限の3つがある。いずれも、隣接する建物の建築によって、道路や建物の採光、通風、空間がさえぎられること（圧迫感）を防止する目的を持つ。

### ⑦日影規制（建基56条の2）

中高層建築物によって生ずる日影を規制することで、周辺の日照条件を確保する制度である。日照紛争の増加に対処するため、1976年の建築基準法改正で導入された。対象区域等は条例によって指定されるが、商業地域、工業地域、工業専用地域には適用がないものとされている。

## 2. 容積率制限の緩和特例――総合設計制度

建築基準法には、容積率制限を緩和する特例として、総合設計制度が定め

（図2）総合設計のイメージ（国交省HPより）

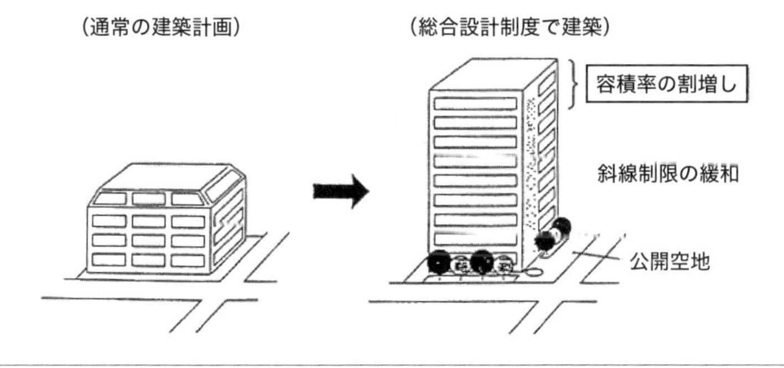


10）この制度は、良好な住環境の確保の観点から、隣地境界線および道路との関係で空地の確保を図るものである。これと類似の制度として「壁面線の指定」（建基46条）があるが、こちらは、街並み整備の観点から、道路との関係で壁面の位置に制限を加えるものである。生田93頁。

られている（59条の2）。容積率の緩和は、今日では、規制緩和型地区計画（⇒ 第1章（2））や都市再生法制（⇒ 第6章）で広く用いられるようになっているが、総合設計はその走りとなるもので、容積率緩和の問題点が凝縮されているように思われるので、ここで詳しくみておくことにしよう[11]。

○総合設計とはどのような制度か

総合設計は、市街地環境の整備改善を目的として、建築主が公開空地等を設けることを条件に、特定行政庁が容積率、高さ制限、斜線制限等の割増しを許可する制度で、1970年に導入されたものである。いわば、公開空地の提供に対する「ボーナス」として、容積率等の特例的緩和を認めるものといえる。

許可の要件は、a）敷地内に政令で定める空地を有すること、b）敷地面積が政令で定める規模以上であること、c）交通上、安全上、防火上及び衛生上支障がないと認められること、d）建ぺい率、容積率及び各部分の高さについて総合的な配慮がなされていること、により市街地の環境の整備改善に資すると認められることである（1項）。このうち、とくに問題となるのはd）の認定であり、「市街地環境の整備改善に資する」かどうかの判断に関しては、特定行政庁に広い裁量権が認められているといえるだろう。このため、特定行政庁が許可をするにあたっては、あらかじめ建築審査会の同意を得ることになっている（2項）。

（建築基準法59条の2第1項）
「その敷地内に政令で定める空地を有し[a]、かつ、その敷地面積が政令で定める規模以上[b]である建築物で、特定行政庁が交通上、安全上、防火上及び衛生上支障がなく[c]、かつ、その建蔽率、容積率及び各部分の高さについて総合的な配慮がなされていること[d]により市街地の環境の整備改善に資すると認めて許可したものの容積率又は各部分の高さは、その許可の範囲内において、第52条第1項から第9項まで、第55条第1項、第56条又は第57条の2第6項の規定による限度を超えるものとすることができる。」（傍線は筆者）
＊52条、57条の2は容積率の規定、55条、56条は高さ制限の規定である。

11）総合設計を素材に規制緩和の手法に批判を加えるものとして、見上崇洋「規制緩和とまちづくりの課題」芝池義一ほか編『まちづくり・環境行政の法的課題』（2007年）68頁以下参照。

○総合設計制度の課題

総合設計をめぐっては、住宅地などで周辺環境にそぐわない高い建物が建つとして、これまで建築紛争の火種となることがしばしば見られた。法律上は、各事案ごとに特定行政庁の裁量判断（とくに問題となるのは、上記d)の判断であろう）を踏まえることになっているが、行政実務においては、総合設計許可要綱で面積等の具体的な数値基準を定め（容積率の割増しも数値で決められている）、これを満たす場合はほぼ機械的に許可判断を下す取り扱いをする例が多く、このことが、紛争増加の背景要因の一つとなっていた。自治体の中には、その後、条例で高さ制限を設けて対応したところもあったが、いずれにしても、数値基準に頼るだけでなく、周辺の住環境に対する質的な配慮を怠らないようにすることが肝心であろう。

総合設計とよく似た制度に、**特定街区**[12]（都計8条1項4号）の制度がある。どちらも、公開空地の提供を条件に、容積率制限の緩和を認めるものだが、特定街区は都市計画（地域地区の1つ）に位置付けられているのに対し、総合設計は都市計画ではなく、特定行政庁の許可によって認められるものである。都市計画で定めた容積率等が、都市計画制度外の仕組みを通して緩和されることに対しては、批判もないわけではない[13]。都市計画に位置付けられると、周辺住民の意見を聴く機会が設けられるなど実際上のメリットも大きい。

12）特定街区は、都市計画法の地域地区の一つで、「市街地の整備改善を図るため街区の整備又は造成が行われる地区について、その街区内における建築物の容積率並びに建築物の高さの最高限度及び壁面の位置の制限を定める街区」とされている（都計9条20項）。特定街区内の建築物は、特定街区に関する都市計画で定められた容積率制限、高さ制限、壁面の位置に従わなければならない（建基60条1、2項）。

このほか、建築基準法には、規制緩和に関わる制度として、**一団地の総合的設計**（「一団地認定」ともいう）というものがある（86条）。これは、複数の建築物であっても、総合的に設計されたものと認定されれば、一つの敷地にあるものとみなす制度である。これが適用されると、斜線制限等の適用を免れることができるほか、建築物相互間で容積率を移すことも可能になる。総合設計と名前が似ているので、注意したい。

13）安本130頁。

## (3) 建築確認とはどのようなものか

建築物を建築しようとするときは、当該建築計画が建築基準法の定める建築基準を満たすものであることにつき、あらかじめ**建築主事**[14]の確認を得ておかなければならない。これを「**建築確認**」という。また、建築工事が完了したときは**完了検査**を受けなければならない。

### 1) 建築確認の概要

建築確認は、都市計画区域または準都市計画区域外の小規模建築物を除き、原則としてすべての建築物に対して求められる(6条1項)。建築確認を受けないで建築に取りかかると罰則が科される(99条1項1号)。

都市計画区域・準都市計画区域…すべての建築物に建築確認が必要
それ以外の区域……………………大型建築物等にのみ建築確認が必要

建築確認のプロセスは、まず建築主[15]による建築確認の申請からスタートする。確認申請に対する建築主事の応答は、一定の建築物(1号～3号)については35日以内、それ以外の建築物(4号)については7日以内にしなければならない(6条4項)。行政庁が、建築確認を拒否する処分をするときは、その理由を記載した通知書を申請者に交付しなければならない(6条7項)。

建築確認がなされると確認済証が交付され(6条4項)、建築工事に着手できるようになる。建築工事が完了すると完了検査を受け検査済証が交付される(7条)[16]。

---

14) 建築主事とは、建築確認事務をつかさどらせるために市町村(人口25万以上の市で必置)又は都道府県に置かれる職のことで、一定の資格を得て登録を受けた者(公務員)の中から選ばれる(4条)。

15) 建築主とは、建築工事の発注者または自ら建築工事をする者のことをいう(2条16号)。

16) 本文では、基本的なことのみ説明した。ここで2点ほど補足しておきたい。一つは、防火面でのチェックである。共同住宅や防火地域等での建築物については、防火面のチェックは建築主事が行うのでなく、当該地域を管轄する消防長が行い、建築確認は、消防長の同意を得ないとなし得ない仕組みとなっている(93条)。もう一つは、構造計算適合性判定である(6条の3)。こちらの方は、耐震偽装事件(2005年)をきっかけ

〈建築確認のプロセス〉

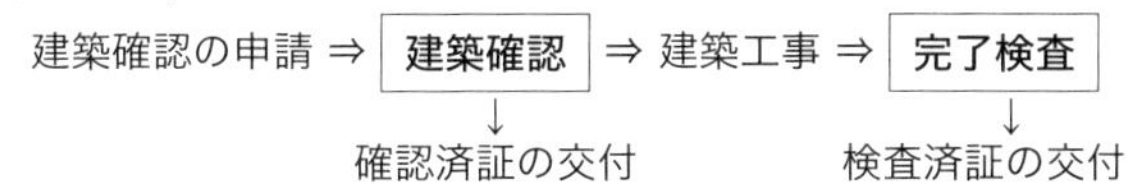


（建築基準法6条1項）
「建築主は、第1号から第3号までに掲げる建築物を建築しようとする場合…、これらの建築物の大規模の修繕若しくは大規模の模様替をしようとする場合又は第4号に掲げる建築物を建築しようとする場合においては、当該工事に着手する前に、その計画が建築基準関係規定（この法律並びにこれに基づく命令及び条例の規定（以下「建築基準法令の規定」という。）その他建築物の敷地、構造又は建築設備に関する法律並びにこれに基づく命令及び条例の規定で政令で定めるものをいう。以下同じ。）に適合するものであることについて、確認の申請書を提出して建築主事の確認を受け、確認済証の交付を受けなければならない。…（以下、略）」
＊同項は、1号～4号の建築物として、おおよそ次のようなものをあげている。
1号　一定の特殊建築物（学校、病院、百貨店、共同住宅等）で、床面積合計が100平方メートルを超えるもの
2号　木造建築物で3階以上、又は延べ面積500平方メートル、高さ13メートル若しくは軒高9メートルを超えるもの
3号　木造以外の建築物で2階以上、又は延べ面積200平方メートルを超えるもの
4号　都市計画区域・準都市計画区域等における1～3号以外の建築物

## 2）建築確認を行う機関

建築確認を行う権限は、かつては自治体の建築主事にだけ与えられていたが（6条）、今日では、建築主事に加えて、国土交通大臣から指定を受けた民間機関（「指定確認検査機関[17]」という）にも与えられている（6条の2）。いずれの機関に申請をするかは、建築主の選択に任されている。

---

に、安全性チェックを強化するため、一定規模以上の建築物について義務付けられたものである。

17）指定確認検査機関とは、建築確認の業務を担う指定を受けた民間機関のことである（77条の21）。指定確認検査機関が建築確認をしたときは、確認審査報告書を特定行政庁に提出し、要件適合性について一定のチェックを受けることになっている（6条の2第5項、第6項）。

**コラム　指定確認検査機関——建築確認業務の民間開放**

指定確認検査機関の制度は1998年の建築基準法改正で導入されたもので、建築確認業務の民間開放などと呼ばれている。立法の背景には建築主事の負担過重があり、建築主事の負担を減らして違法建築の取り締まりに当たらせることが立法理由としてあげられていた。

行政事務の民間委託は今日、様々な行政分野にみられるが、建築確認業務の民間委託は、建築確認という「公権力の行使」そのものを民間に委ねる点で大きな特色を持つ。この制度が導入された背景には、建築確認は裁量を伴わない技術的判断なので、民間機関に委ねても問題はないとの考え方があったとされる。だが、このような考え方に対しては、民間機関に確認業務を委ねることで適正な都市環境が確保できるのかという批判も投げかけられている。この問題については、ここで直ちに答えを出すことはできないが、今後も注意してみていく必要があるだろう。

法解釈論上の問題としては、指定確認検査機関が行った建築確認に瑕疵があるとき、損害賠償責任を負うのは当の指定確認検査機関か、それとも確認権限を有する建築主事の置かれた自治体かという問題がある。判例は、行政事件訴訟法21条1項の訴えの変更が問題となったケースであるが、「建築確認に関する事務は自治体の事務である」との立場に立って、損害賠償訴訟の被告となるのは自治体であると判示している（最決平成17年6月24日判例時報1904号69頁、百選Ⅰ・5事件）。これに対して、指定確認検査機関が建築確認を行った場合は、そこから生ずる賠償責任は指定確認検査機関が負うべきであるとし、指定確認検査機関に対する監督権限の懈怠があるときは、自治体も国家賠償法上の責任を負うとする裁判例もある[18]（横浜地判平成24年1月31日判例時報2146号91頁参照）。

### 3）建築確認の要件

建築主事等は、建築主の建築計画が「**建築基準関係規定**」に適合することを確認したときは、確認済証を交付しなければならない（6条4項）。このことから、建築確認の要件は、「建築主の作成した建築計画（設計図）が、建築基準関係規定に適合すること」ということになる。建築確認は、要件を満たすときは拒否する裁量はないと解されているので、建築基準関係規定に適

18）安本161頁は、指定確認検査機関が賠償責任を負うのはもちろん、訴えの変更のケースでも、同機関が行訴法21条の「公共団体」に当たるのであって、それを被告とした賠償請求訴訟への変更を認めるべきであるとする。

合する限り、建築確認が与えられることになる。

○建築基準関係規定とは何か

そこで次に問題となるのは、建築基準関係規定とは何かということである。建築基準法6条1項によれば、建築基準関係規定とは、①建築基準法並びにこれに基づく命令及び条例の規定、②建築物の敷地、構造又は建築設備に関する法律並びにこれに基づく命令及び条例の規定で政令（同施行令9条）で定めるものとされている。②にいう政令には、いくつかの個別法の規定が列挙されている（都市計画法でいえば、開発許可の規定など）。

建築基準関係規定 ＝ ①建築基準法、これに基づく命令（施行令、施行規則）、条例<br>②建築物の敷地・構造・建築設備に関する法律・命令・条例で、政令で定めるもの

建築基準関係規定に適合するときは、他に法令違反があったとしても、原則として建築確認を拒否することはできないと解されている。この点はよく問題となるところなので、設問を用意した。これを解くことで、建築確認の果たす役割には、どのような限界があるかを考えてみよう。

<設問――次のケースで建築確認を拒否できるか>

Q1. 民法の相隣関係の定めによれば、建築物は隣地境界線より50cm以上距離を取らなければならないが（234条）、この規定に反して建築計画が立てられている場合に、建築主事は建築確認を拒否することができるか。

Q2. 駅前に、新たにタワーマンションが建てられることになった。マンション予定地のすぐ隣にある一戸建て住宅に住むXは、マンションが建つと自宅が丸見えになるのでプライバシー侵害が生ずると主張して反対運動を展開している。このような場合に、建築主事は建築確認を拒否することができるか。

（解説）

Q1は、民法の規定に違反する場合であるが、民法の規定は建築基準関係規定に当たらないとするのが判例・通説である。実際に問題となるのは、敷地境界をめぐって争いがあるような場合であるが、かような紛争は、建築主事が判断を下すよりも、私人間の紛争として裁判所に委ねる方が適切だと考え

られるからである。

Q2も、プライバシーは建築基準関係規定に当たるものではないので、その違反（違反の認定自体容易でないが）を理由に建築確認を拒否することはできないだろう。建築確認を出したとしても、プライバシー面でのお墨付きを与えるものではないので、Q1の場合と同様、建築確認とは別個に当事者間の問題として処理していけばよいだろう。

日照、通風、景観、騒音、プライバシー、電波障害、静音阻害、風紀等の事項は、良好な生活環境を保障する上で重要な問題であるため、これまでしばしば、建築確認でチェックできるかが問題とされてきた。だが、日照は別にして（北側斜線制限（56条1項3号）、日影規制（56条の2））、その他の事項は、これを直接保護する規定が建築基準関係規定に設けられていないため、これを理由に建築確認を拒否することは困難であるとされてきた[19)]。このような場合に自治体としては、行政指導を行うぐらいしか対応する術（すべ）がないのである。もっとも、景観保護については、景観法が制定されたのでだいぶ状況が変わってきた（詳細は、第5章で取り上げる）。

### 4）建築確認の法効果

建築主は、建築確認がなされ確認済証の交付を受けた後でなければ、建築工事に取りかかることができない（6条8項）。したがって、建築確認の法効果は、建築工事の禁止を解除し適法に建築工事をなしうるようにすることにある。いわば、建築工事のゴーサインの役割を果たすものなのである。

このことに関連して、建築確認を取消訴訟で争っているうちに建築工事が完了してしまった場合、訴えの利益は失われるとの判例がある（最判昭和59年10月26日民集38巻10号1169頁、百選Ⅱ・170事件）。詳細は、第10章「都市法上の紛争とその解決方法」（4）3）で説明することにしたい。

## （4）例外許可とはどのようなものか

建築基準法には、建築確認のほかに行政庁が発するいくつかの許可があ

19）この問題については、小宮賢一ほか『建築基準法』（1984年）98頁以下参照。

る。代表的なものは、**例外許可**といわれるものである。これは、建築基準を満たさない場合であっても、この許可を得ることによって、例外的に建築確認が取得できるようになるものである。次の①②がその代表例である（いずれも、本章で既に出てきたもの）。

①接道距離に関する例外許可（43条1項ただし書き）

②用途に関する例外許可（48条各項ただし書き）

例外許可の付与には広い裁量権が認められることから、その権限は建築主事でなく特定行政庁（自治体の長）に与えられている。また裁量権を適正に行使させるため、例外許可の付与にあたっては、専門家からなる建築審査会の同意を得ることとされている（以上、43条1項ただし書き、48条15項）。

なお、総合設計の許可（59条の2第1項）は、例外許可とは性格が異なるが、権限・手続の面では例外許可の場合と同様、特定行政庁が建築審査会の同意を得て許可することになっている（同条2項）。

**（表3）建築確認と例外許可・総合設計許可の比較**

| | 処分庁 | 裁量の有無 | 手　続 |
|---|---|---|---|
| 建築確認 | 建築主事 | 裁量権なし | 通常の申請処理手続 |
| 例外許可 | 特定行政庁 | 広い裁量権 | 建築審査会の同意を要す（②は公開による意見聴取も必要） |
| 総合設計許可 | 特定行政庁 | 広い裁量権 | 建築審査会の同意を要す |

## (5) 違反建築物に対してどのような措置がとれるか

特定行政庁は、建築法令に違反した建築物の建築主等に対して、工事の停止、除却、移転、改築等の是正措置を命じることができる（9条1項。以下、「**是正命令**」という）。ただし、是正命令を出すか否か、またどのような是正命令を出すかは、特定行政庁の裁量とされている。

このほか、違反建築（物）に関連して、罰則、関係者の処分等が用意されているが[20]、以下では、是正命令を中心に述べることにしたい。

20）建築確認を受けないで建築した場合は、建築主・工事施行者は、1年以下の懲役また

### ○是正命令の手続

特定行政庁は、是正措置を命じようとするときは、あらかじめ、相手方に意見書を提出する機会を与えなければならない（2項）。この場合、相手方は、意見書の提出に代えて、**公開による意見聴取**の手続を求めることができる（3項）。なお、緊急の必要がある場合は、これらの手続によらないで仮命令を発することができる（7項）。

> （違反建築物に対する措置）
> 第9条1項「特定行政庁は、建築基準法令の規定又はこの法律の規定に基づく許可に付した条件に違反した建築物又は建築物の敷地については、当該建築物の建築主、当該建築物に関する工事の請負人（…）若しくは現場管理者又は当該建築物若しくは建築物の敷地の所有者、管理者若しくは占有者に対して、当該工事の施工の停止を命じ、又は、相当の猶予期限を付けて、当該建築物の除却、移転、改築、増築、修繕、模様替、使用禁止、使用制限その他これらの規定又は条件に対する違反を是正するために必要な措置をとることを命ずることができる。」
> 2項「特定行政庁は、前項の措置を命じようとする場合においては、あらかじめ、その措置を命じようとする者に対して、その命じようとする措置及びその事由並びに意見書の提出先及び提出期限を記載した通知書を交付して、その措置を命じようとする者又はその代理人に意見書及び自己に有利な証拠を提出する機会を与えなければならない。」
> 3項「前項の通知書の交付を受けた者は、その交付を受けた日から三日以内に、特定行政庁に対して、意見書の提出に代えて公開による意見の聴取を行うことを請求することができる。」
> （4項以下、略）。

### ○行政代執行の活用とその限界

特定行政庁は、上記の是正措置を命じた場合において、相手方がその措置を履行しないときは、行政代執行法の定めるところに従い、みずから義務者のなすべき行為をし、または第三者をしてこれをさせることができる（12項。以下、「**代執行**」という）。なお、建築物等の所有者が不明のときは是正措置をとることができないが、違反を放置することが著しく公益に反する場

は100万円以下の罰金に処せられる（99条1項1号、2号）。また、是正命令が出た場合は、その建築物の設計者や工事関係者に対して、免許取消、業務停止処分等の措置を取ることができる（9条の3）。

合は、あらかじめ公告をした上で、代執行をなすことができる（11項）。

もっとも、代執行は行政にとって負担の重い仕事であるうえ、違反建築物に対する代執行はどの部分を是正するか特定が困難なケースが少なくないため、実際に代執行が活用されるケースは限られてこざるを得ない。

**○建築基準法の執行不全——違反建築物を減らすにはどうすればよいか**

わが国には、建築基準法違反の建築物が多数存在する。その中には、必要な建築確認を受けずに建てられた建築物もあれば、建築確認を受けていても違反工事を行って建築基準を満たさない建築物もかなりある（なお、完了検査の実施率は高くない）。建築基準法は、必ずしも条文通りに執行されているわけではないのである[21)]。

現行法では、違反建築物に対する措置として、罰則や代執行が用意されているが、これらの措置は執行のコストが過大であるため、十分に機能しているとはいえない。このため、将来的な改善方策として執行罰の活用等が検討されているが、まだ成案を得るまでには至っていない[22)]。

## (6) 建築協定とはどのようなものか

これまで述べてきたように、建築基準法には建築基準が定められており、この基準を満たす限り建築確認を得ることができる。もっとも、建築基準法に定められた建築基準は、建築物が満たすべき最低限の基準であるから、土地所有者らがより良い住環境を求めて（あるいは商店主たちが商店街の魅力アップを求めて）、彼らの所有する土地の区域において、より高度な基準を取り決めることは妨げられるものではない（これに対して、建築基準の引き下げは、所有者の合意があっても許されない）。建築基準法は、かような土

---

21）もっとも、違反建築物が生み出される背景にはさまざまな事情がある。例えば、当初は建築基準法を満たしていたが、子供部屋を増築するために建ぺい率を超えてしまったなど。違法行為が許されないのは当然であるが、このような違反を生み出す背景（ミニ開発の横行、住宅政策の貧困等）にも目を向けていく必要があるだろう。

22）この問題については、大橋洋一「建築規制の実効性確保」『対話型行政法学の創造』（1999年）196頁以下参照。

地所有者間の合意を「**建築協定**」と呼んで、一定のルールを定めている[23)]（69条以下）。

建築協定は、住環境の改善や商店街の利便増進等を図る目的で定められるもので、地権者間の合意（私法上の合意）が基礎になる[24)]。合意の内容は、建築物の敷地、位置、構造、用途、形態、意匠、建築設備等、多様な事項に及びうる（69条）。だが、この合意が私法上のものにとどまる限り、当該土地の承継人に対して合意の効力を及ぼすことができない。この弱点を克服するために、建築基準法は、特定行政庁（市町村長等）がこの合意を認可し公告すると、合意に承継効（合意の効力が権利の承継人にも及ぶ）が生ずるものとした（75条）。

なお、建築協定を締結するには、あらかじめ市町村の条例が定められていなければならない（69条）。また、当該区域の土地の権利者全員（借地権者も含む）の合意が必要である（70条3項）。建築協定には有効期間が設けられるのが普通である（20年ぐらいが多い）。この期間が終了すると、改めて合意形成が必要となる（その際には、協定からの離脱や協定内容の改定が可能である）。

（建築協定の目的）
第69条　「市町村は、その区域の一部について、住宅地としての環境又は商店街としての利便を高度に維持増進する等建築物の利用を増進し、かつ、土地の環境を改善するために必要と認める場合においては、土地の所有者及び借地権を有する者（…）が当該土地について一定の区域を定め、その区域内における建築物の敷地、位置、構造、用途、形態、意匠又は建築設備に関する基準についての協定（以下「建築協定」という。）を締結することができる旨を、条例で、定めることができる。」
（建築協定の認可の申請）

23）建築協定については、長谷川貴陽史『都市コミュニティと法』（2005年）参照。
24）建築協定は、良好なまちづくりのために、きめ細かなルールを定めるものである点では、地区計画と類似したところがあるが、私人間の合意を基礎とする点で、自治体が都市計画として定める地区計画とは区別される。ただし、建築協定の法的性格をめぐっては、これを地域住民の同一方向に向けた意思の合致（公法上の合同行為）とみて、準条例的性格を有するものとする学説もあることを付記しておく（荒秀『建築基準法論（1）』（1976年）161頁以下）。

第70条1項 「前条の規定による建築協定を締結しようとする土地の所有者等は、協定の目的となっている土地の区域（以下「建築協定区域」という。）、建築物に関する基準、協定の有効期間及び協定違反があった場合の措置を定めた建築協定書を作成し、その代表者によって、これを特定行政庁に提出し、その認可を受けなければならない。」

3項 「第1項の建築協定書については、土地の所有者等の全員の合意がなければならない。…（以下、略）」

（建築協定の認可）

第73条1項 「特定行政庁は、当該建築協定の認可の申請が、次に掲げる条件に該当するときは、当該建築協定を認可しなければならない。…（以下、略）」

2項 「特定行政庁は、前項の認可をした場合においては、遅滞なく、その旨を公告しなければならない。…（以下、略）」

（建築協定の効力）

第75条 「第73条第2項又はこれを準用する第74条第2項の規定による認可の公告（…）のあった建築協定は、その公告のあった日以後において当該建築協定区域内の土地の所有者等となった者（…）に対しても、その効力があるものとする。」

○建築協定の課題

建築協定は、私人間の合意を基礎に地域空間の形成を図るものであるから、まちづくりの観点から魅力的な手法といえるが、その普及の度合いは必ずしも十分なものとはいえない。その理由として、土地の細分化が進んだ既成市街地などでは、建築協定に必要な権利者の合意が得にくいことがあげられよう（逆に、新規の開発分譲においては、権利者が一人であれば「一人協定」を設けることが可能であり、実際にも、建築協定付き分譲住宅はよく目にする）。このため、今後は、既成市街地において、どのように合意形成を図っていくかが課題となってこよう。

もう一つ問題となるのは、現状の建築協定には法効果の面で限界がみられることである。建築協定違反に対しては、損害賠償など民事上の手段で争うことはできるが、建築協定は建築基準関係規定に含まれないので、建築協定違反の建築物の建築を、建築確認の拒否によって阻止することはできないのである。建築協定を建築確認とリンクさせ、その法効果を高めていくことも今後の課題となろう。

## (7) 既存不適格とはなにか

建築基準法の改正によって、規制基準が従来のものより厳しくなった場合に、新たな基準に適合しない既存建築物はどのように扱われるのであろうか(例えば、耐震基準の強化によって、耐震基準不適合となった建築物の扱い等)。

この問題について、建築基準法は、建築主が負う負担に配慮して、新基準を満たさない既存建築物には新基準の適用を免除した[25)](建基3条2項。新基準の適用を免れた既存建築物のことを「**既存不適格建築物**」と呼ぶ)。既存不適格建築物は、その代に限り違反建築物の扱いは受けないが、将来において建替えや増改築が行われるときは、当然のことながら新基準が適用されることになる。

> (建築基準法3条2項)
> 「この法律又はこれに基づく命令若しくは条例の規定の施行又は適用の際現に存する建築物若しくはその敷地又は現に建築、修繕若しくは模様替の工事中の建築物若しくはその敷地がこれらの規定に適合せず、又はこれらの規定に適合しない部分を有する場合においては、当該建築物、建築物の敷地又は建築物若しくはその敷地の部分に対しては、当該規定は、適用しない。」

### ○既存不適格と法律の不遡及原則

既存不適格は、法律の不遡及原則の当然の帰結とみる向きもあるが、正確にいえば、過去の行為に対する新規法令の適用問題(行為責任)というより、新規法令の制定時に既に存在する物件をどう扱うかという問題(状態責任)として把握する方が適切であろう。この見地からすれば、新規法令の適用免除は、関連利益の比較衡量(公益の確保vs建築主の負担)から導かれ

---

25) なお、既存不適格建築物であっても、建築物の敷地、構造、建築設備が、そのまま放置すれば著しく保安上危険となりまたは著しく衛生上有害となるおそれがある場合は、その建築物または敷地の所有者等に対して、是正措置が命ぜられることがある(建基10条)。これは、既存不適格の扱いをすることによって生ずる不都合を避けるための規定といえよう。

た帰結ということになる[26]。

【関連判例】

建築確認に関しては、本文で述べたもののほか、取消訴訟との関係および国家賠償との関係で、いくつか重要な判例がある。

1. 取消訴訟との関係では、次の①〜③に関わる判例があるが、これらについては、第10章「都市法上の紛争とその解決方法」で取り上げることにする。

①建築確認と近隣住民の原告適格　⇒第10章（4）2）誰が原告となれるか（原告適格）

②建築工事の完了と訴えの利益　⇒第10章（4）3）工事の完了と訴えの利益

③建築確認と例外許可等との関係　⇒第10章（6）建築確認の前提行為の争い方

2. 国家賠償との関係では、本章（3）のコラムで取り上げた指定確認検査機関に関する判例があるほか、耐震偽装に係る事件で、建築確認申請を行った建築主が、建築確認の違法を理由に国家賠償を求めることはできるかという問題を扱った判例がある（最判平成25年3月26日裁判所時報1576号8頁、百選Ⅱ・215事件）。最高裁は、「建築主の利益が同法（建築基準法）における保護の対象とならないとは解し難い」として、信義則違反に当たるような場合（建築主自身が違法を知りながら確認申請を行ったような場合）は別として、国家賠償を求めることはできるとの判断を下している。

26）安本145頁以下。生田120頁も同様の見地から、「遡及適用とは本質を異にする立法政策上の問題と解すべき」とする。

# 第4章　都市計画事業

〈本章の概要〉

生活環境の整った住みやすい都市を形成していくためには、道路、公園、上下水道を始めとした都市施設（都市インフラ）を整備し、安全で快適な市街地を作り出していかなければならない。かような事業は一朝一夕にはなしえないため、都市計画に位置付けて計画的に実現を図っていく必要がある。このような事業は都市計画事業と呼ばれ、都市法の基本手法の一つをなすものとなっている。

わが国の都市計画法は、都市計画事業を、①都市計画施設の整備事業と②市街地開発事業の2つに分けて規定している。以下では、この2つの制度の基本的な仕組みを押さえた上で、都市計画事業の適性確保や今後のあり方についてみていくことにしたい。

(1) 都市計画事業とはどのようなものか
(2) 都市計画施設の整備事業
(3) 市街地開発事業
(4) 都市計画事業の適正確保
(5) 都市計画事業の今後のあり方

## (1) 都市計画事業とはどのようなものか

第1章でみたように、都市計画には、事業を伴わず土地利用規制のみを行う土地利用計画のほかに、事業の実施を目的とした「**事業型計画**」と呼ばれるものがある。事業型計画とは、都市に必要な公共施設の整備や市街地の開発に関わる計画のことであり、これらの計画に基づいて実施される事業を「**都市計画事業**」と呼ぶ。

都市計画法は、都市計画事業として、**①都市計画施設の整備事業**と**②市街地開発事業**の2つの類型を定めている（4条15項）。

都市計画
- 土地利用計画（第1章で取り上げた用途地域など）
- **事業型計画**⇒
  - ①**都市計画施設の整備事業**（道路・公園・上下水道等の整備事業）
  - ②**市街地開発事業**（土地区画整理事業、市街地再開発事業等）

このうち、①は、道路、公園、上下水道等、都市に必要な公共施設の整備を目的とする事業であるのに対し、②は、土地区画整理事業、市街地再開発事業のように、一定の面的広がりを持つ区域の開発・再開発を目的とする事業である（①は「点的事業ないし線的事業」、②は「面的事業」をイメージするとわかり易い。⇒ 図1参照）。

（図1）都市計画事業のイメージ
（＿＿は都市計画施設の整備事業、﹏﹏は市街地開発事業）

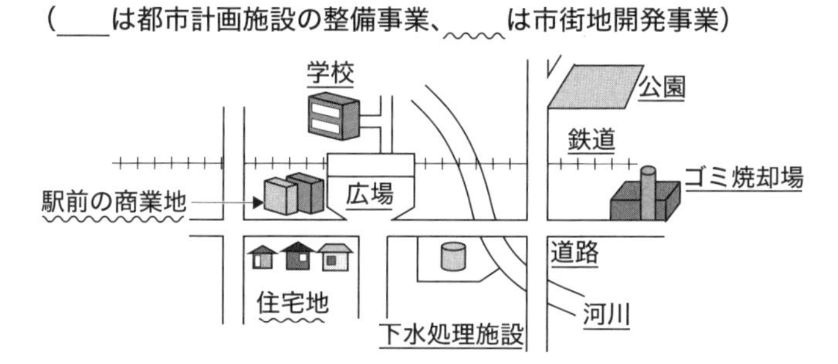


## (2) 都市計画施設の整備事業

### 1）都市施設とは

都市の健全な発展と秩序ある整備を図るには、道路、公園、上下水道等を初めとした都市基盤となる公共施設（いわゆる都市インフラ）の整備が欠かせない。このため、都市計画法11条1項は、「都市計画区域については、都市計画に、次に掲げる施設を定めることができる」として、多数の公共施設

（表1）代表的な都市施設

| ・交通施設…道路、都市高速鉄道、駐車場、自動車ターミナル等 |
|---|
| ・公共空地…公園、緑地、広場、墓園等 |
| ・供給施設・処理施設…上下水道、電気・ガスの供給施設、ごみ焼却場等 |
| ・水路…河川、運河等 |
| ・教育文化施設…学校、図書館、研究施設等 |
| ・医療施設・社会福祉施設…病院、保育所等 |
| ・市場・と畜場・火葬場 |
| ・一団地の住宅施設 |

を列挙している（表1参照）。

これらの施設は「**都市施設**」と呼ばれるが（4条5項）、都市計画に位置付けられると「**都市計画施設**」と呼ばれるようになる（4条6項）。

都市施設は、都市において必要とされる施設のことなので、都市高速鉄道、電気・ガスの供給施設等のように、民間が整備・運営する施設であっても都市施設に含まれる。「一団地の住宅施設」のように、最終的には個々人の所有に帰する施設についても、こうした施設を設けることには公共性があると判断されるため、都市施設に位置付けられる。

**〇都市施設の整備は、都市計画事業として行わなければならないのか**

都市施設の整備は、常に都市計画事業の形で行われるわけではない。これらの施設は、個別法（道路法、都市公園法、下水道法等）に基づいて整備することもできるからである。都市計画事業として行うことのメリットは、①土地収用の手続に接続することで用地取得が容易になること（後述⇒3）2）、②建築制限がかかることで円滑な事業遂行が期待できること（後述⇒3）1、2）、③国庫補助が期待できること等にあるとされてきた。もっとも、これらのメリットは絶対的とはいえないので、現実には、法律で都市計画決定が義務付けられているもの（道路、公園、下水道等）を除き、都市計画決定がなされるケースはさほど多くないと言われている[1)]。

### 2）都市計画事業の施行者

都市計画事業は、市町村が、都道府県知事の認可を受けて施行する（＝実施する）のが原則であるが（59条1項）、市町村が施行することが困難ないし不適当な場合は、都道府県が、国土交通大臣の認可を受けて施行することができる（同条2項）。

このほか、例外的に、国が施行者となる場合（国の利害と密接にかかわるとき）や、民間機関（電気・ガス・鉄道事業者等）が施行者となる場合がある（同条3項、4項）。

---

1）安本194頁によれば、実際に体系的に計画決定されているのは、ほとんどが道路計画だという。

### 3）都市計画事業のプロセス

都市計画事業は、次のようなプロセスで進行する。以下、順にみていこう。

| 1. 都市計画決定 ──→ 2. 事業認可──→ 3. 事業の施行 |
|---|

#### 1. 都市計画決定

都市施設を都市計画に定めるときは、都市計画区域内に定めるのが原則であるが、とくに必要があるときは、都市計画区域外でも定めることができる（11条1項）。

どこにどのような都市施設を定めるかは、法律で具体的に規定されているわけではないが、だからといって、どこに定めてもよいというものでもないだろう。この点については、**都市計画基準**（13条）に一定の指針が定められている[2)]。

それによると、「都市施設は、土地利用、交通等の現状及び将来の見通しを勘案して、適切な規模で必要な位置に配置することにより、円滑な都市活動を確保し、良好な都市環境を保持するように定めること。この場合において、市街化区域及び区域区分が定められていない都市計画区域については、少なくとも道路、公園及び下水道を定めるものとし」、さらに住居系の用途地域では、義務教育施設をも定めるものとしている（13条1項11号）。また、都市計画基準の適用にあたっては、都市計画に関する基礎調査の結果に基づくことを要求している（同項19号）。

以上のことからすると、これらの指針に適合しない都市計画決定がなされたときは、裁量権の範囲を超えるものとして違法と解される可能性が高いだろう。判例においても、事業型計画の決定に関して裁量権の逸脱・濫用を認めた例がある。これについては、後記（4）で扱うことにしたい。

**○事業型計画の決定手続──「構想段階からの手続」の必要性**

都市計画決定の手続については、第1章（4）で一般的な問題点を指摘しておいたが、事業型計画の決定手続については、近年注目すべき動きがみら

---

2） 都市計画基準の意義や役割については、すでに第1章（5）で説明を加えておいた。

れるので、ここで取り上げておくことにしたい。

これは、都市計画の「**構想段階からの手続**」と呼ばれるもので、国の都市計画運用指針[3]において推奨されているものである。その狙いは、都市計画の構想を練る段階から一定の手続を踏ませることによって、市民の合意を得ながら計画の熟度を高めていくことができる点にある。この手続の概要は、①複数の都市計画の概略の案を設定し、②それぞれの案について評価を加えた上で（このとき、住民等の意見聴取も行う）、③評価の結果および住民意見等を踏まえて都市計画の概略の案を決定する、というものからなる。この中で注目されるのは、代替案の提示と評価を求めている点（①②）、および早期の住民参加を認めている点（②③）である。いずれも、都市計画の内容の適正化に貢献するものとして評価に値しよう。

このような手続が推奨される背景には、環境影響評価法の改正により、都市計画決定権者に配慮書手続が求められるようになったことがあるようだが、より本質的な問題としては、早期の住民参加の要請に応える必要性が認識されるようになってきたことがあげられよう（下記【コラム】参照）。

**コラム　パブリック・インボルブメントとはどういうものか――フランスの例から学ぶこと**

都市計画事業は、周辺環境に影響を及ぼす場合が少なくないので、事業を円滑に進めるためには、住民の理解を得ることが不可欠となってくる。ところがこれまでは、計画案の作成はもっぱら行政内部で行われ、それが出来上がった段階で住民の意見を聴くというやり方がとられてきた。このため、住民がせっかく意見を述べても、すでに固まっている計画案を動かすのは実際上困難であるということが指摘されてきた。またさらに、計画案の公表の遅れは住民の不信を招くことにつながり、反対運動が起きて訴訟で争われるようなケースも少なくなかった。

このような悪循環を断ち切るには、事業の構想段階から住民の意見を聴いて、計画案づくりに活かしていくことが欠かせないだろう。かような参加手続の早期化は、「パブリック・インボルブメントの計画構想段階への適用」（あるいは単に「パブリック・インボルブメント」）と呼ばれ、欧米諸国にお

3）都市計画運用指針とは、都市計画制度の運用について国の推奨する考え方を示したものである（ただし、地方分権の観点から、自治体に対して法的拘束力を持つものではない）。

いて取組みがなされてきた。ここでは、その一例として、フランスの「公開討議（débat public）」と呼ばれる制度について紹介しておこう[4]。

フランスの公開討議は、大規模公共事業を対象にするものであるが、そこには、いくつか注目すべき特色があげられる。第1に、公開討議の手続は、構想段階での公衆一般に開かれた手続であり、その中では（単なる意見の表明だけでなく）議論の機会も保障されていることである。第2に、公開討議の目的は、事業の妥当性等を公衆と協議し、公衆の意見を事業計画に反映させることにあるが、事業の是非について判断を下すものではないことである。事業の是非について判断を下すのは、次段階の手続に委ねられている。つまり、討議過程を応答・審査過程から分離することにより、利害関係に縛られない自由な意見表明の機会を確保しようとしているのである。第3に、独立第三者性のある行政機関[5]が手続管理に当たることである。第三者性をもった独立機関による手続管理は、公開討議の公正な運営と制度に対する信頼を確保する上で、重要なポイントになるものといえよう。わが国の「構想段階からの手続」を考える際には、これらの点も参考にして、よりよい制度づくりを目指すべきではなかろうか。

### ○都市計画決定の法効果――建築制限

最後に、都市計画決定の法効果についてみておこう。都市計画法によれば、都市計画事業についての都市計画決定がなされると、後に行われる事業の妨げにならないよう、事業区域内での建築には都道府県知事の許可が必要となる（53条1項）。つまり、**建築制限**がかかるわけである[6]。

このことに関連して問題となるのは、都市計画決定がなされても、通常は事業開始までに相当の年月を要するので、建築制限が長期にわたって課される結果となることである。このため、不当に長期間にわたって建築制限を受けた場合は、損失補償を認めるべきだとする議論もある。判例は、今のところ損失補償を認めていないが、問題の残るところであろう（下記【コラム】参照）。

---

4) 公開討議の詳細については、久保茂樹『都市計画と行政訴訟』（2021年）117頁以下参照。

5) これは、公開討議国家委員会と呼ばれるもので、議員（地方議員を含む）、裁判官、弁護士、NPO、専門家等、多様な分野の出身者から構成される。

6) 許可基準（54条）に照らすと、木造2階建て程度の建物であれば許可はおりるが、それを超えるような場合（3階建て以上、鉄筋コンクリート造り、地下室あり等）は、許可を得ることは難しいだろう。

## コラム　都市計画道路の「長期未着手」問題

都市計画事業は用地取得に時間がかかるため、都市計画決定がなされた後も、事業が開始されるまでに長期間を要することが少なくない。とくに道路の建設事業にあっては、都市計画決定がなされた後、数十年にわたって事業に着手できないといったケースも稀ではなかった。このような状況を背景に生まれてくる問題が、**都市計画道路の「長期未着手」問題**と呼ばれるものである。これには、2つの大きな論点がある。

第1の論点は、都市計画の見直しの必要性である。「長期未着手」問題を解決するには、まず問題となる道路建設事業が、今日においてもなお必要なものかを見直してみる必要があるだろう。都市計画の見直しについては、都市計画法21条1項に次のような規定が置かれている。

「都道府県又は市町村は、…都市計画に関する基礎調査又は…政府が行う調査の結果都市計画を変更する必要が明らかとなったとき、…その他都市計画を変更する必要が生じたときは、遅滞なく、当該都市計画を変更しなければならない。」

これまでの実務においては、「いったん決定された都市計画は変更することができない」という考え方が強かったように思われるが、今後は、この条文の趣旨を踏まえて、適宜、計画の見直しを行い、必要な場合には、遅滞なく都市計画の変更（廃止も含む）を行っていくことが求められよう。

第2の論点は、権利制限を受ける者に対する損失補償の要否である。道路建設事業の計画区域内に不動産を所有する者は建築制限を受けることになるわけだが、その負担の程度や制限を受ける期間の長さによっては、損失補償が認められる場合もあり得るのではないか。判例は今のところ損失補償を認めていないが、常にそう言えるかについては議論がある。昭和13年の旧都市計画法に基づく都市計画決定によって道路区域に組み込まれた土地の所有者が、60年以上にわたる権利制限を争った事件（最判平成17年11月1日判例時報1928号25頁、百選Ⅱ・248事件）で、最高裁（法廷意見）は、特別の犠牲に当たらないとの理由で損失補償の請求を退けたが、この判決に付された藤田裁判官の次の補足意見が注目される。

「公共の利益を理由としてそのような制限（建築制限:筆者注）が損失補償を伴うことなく認められるのは、あくまでも、その制限が都市計画の実現を担保するために必要不可欠であり、かつ、権利者に無補償での制限を受忍させることに合理的な理由があることを前提とした上でのことというべきであるから、そのような前提を欠く事態となった場合には、都市計画制限であることを理由に補償を拒むことは許されないものというべきである。そして…受忍限度を考えるに当たっては、制限の内容と同時に、制限の及ぶ期間が問題とされなければならないと考えられるのであって、…これが60年をも超える長きにわたって課せられている場合に、この期間をおよそ考慮することなく、単に建築制限の程度が上記（…）のようなものであるということから損失補償の必要は無いとする考え方には、大いに疑問がある。」（ただし、本件土地は高度利用が行われる土地でないこと等から、結論としては、補償請求は認められないとしている）。

## 2. 事業認可

事業認可とは、事業の施行者（市町村、都道府県等）に対して、都道府県知事または国土交通大臣が事業の施行を許可する行為のことである。

事業認可の要件は、申請手続が法令に違反せず、かつ事業が次の2要件を満たすときである（61条）。①事業の内容が都市計画に適合しかつ事業施行期間が適切であること、②事業の施行に必要な免許等を受けていること。

事業認可がなされたときは、省令の定めるところに従い直ちにその内容は告示されなければならない（62条）。事業認可の告示には、次のような法効果が結び付けられている：ア）建築等の制限、イ）先買い・買取請求、ウ）収用手続との接続。順にみていこう。

### ア）建築等の制限（65条）

事業認可の告示があった後、当該事業地内で事業の施行の障害となるおそれのある行為（開発、建築その他）をしようとするときは、都道府県知事の許可を受けなければならない。この段階での建築等の制限は、都市計画決定段階での建築制限より厳しいものとなる。

### イ）先買い・買取請求（67条、68条）

事業認可の公告の日の翌日から起算して10日を経過すると、施行者は先買権を取得する。即ち、事業地内の土地・建物を譲渡しようとする者は、譲渡予定価額とその相手方を施行者に届け出なければならず、それを受けて施行者から買取通知があると、施行者との間で予定価額での売買が成立したものとみなされる。また、土地所有者の側からの買取請求も認められている。この場合、土地の価額は土地所有者との協議によって決まる（協議不成立の場合は、収用委員会の裁決による）。

### ウ）収用手続との接続（69条以下）

都市計画事業については、土地収用法の規定に基づく事業認定を行わなくても、事業認可の告示があれば、収用の事業認定があったものとみなされる

(70条)。土地収用の手続は、①**事業認定**（事業の公益性を認定する行為)、②**収用裁決**（最終的な権利移転を行う行為）の2段階のプロセスからなるが、事業認可の告示があれば、①の事業認定があったものとみなされ、収用手続に接続することができるのである。

<土地収用の手続>
①事業認定（事業の公益性認定）⟶ ②収用裁決（権利移転）
＊都市計画事業の事業認可が告示されると、①の事業認定があったとみなされる。

### 3. 事業の施行（略）

## (3) 市街地開発事業

市街地開発事業は、都市施設の整備事業とは異なり、都市の面的開発を行う事業である。都市計画法は、市街地開発事業として次の7種のものをあげている（12条1項)。これらの事業については、都市計画法に代わって個別の法律（下記カッコ内にあげたもの）の中に詳細な定めが置かれている。

①土地区画整理事業（土地区画整理法)、②新住宅市街地開発事業（新住宅市街地開発法)、③工業団地造成事業（工業団地造成事業等に関する法律)、④市街地再開発事業（都市再開発法)、⑤新都市基盤整備事業（新都市基盤整備法)、⑥住宅街区整備事業（住宅供給の促進に関する特別措置法)、⑦防災街区整備事業（密集市街地整備法)。

これらのうち代表的なものは、①**土地区画整理事業**と④**市街地再開発事業**なので、以下、この2つの事業についてみていく（⇒⑦については、第7章(2) 2)【コラム】参照)。

### 1) 土地区画整理事業

土地区画整理事業とは、都市計画区域内で公共施設の整備改善及び宅地の利用の増進を図るため、土地の区画形質の変更や公共施設の新設・変更を行う事業のことをいう（土地区画整理法2条1項)。

土地区画整理事業の沿革は、農地を対象とした耕地整理事業に遡るが

（1899年の耕地整理法)、その後、旧都市計画法（1919年）によって、都市にも適用できる制度に改められた。関東大震災（1923年）後の帝都復興事業では、土地区画整理事業が用いられ、今日の東京下町の都市構造の基盤は、これによって形作られたと言われている。第2次大戦後、土地区画整理法（1954年）が制定され今日に至っている。

○土地区画整理事業の施行者

土地区画整理事業の施行者は、通常は**土地区画整理組合**[7]または**市町村**であるが、そのほかに、個人施行の場合や、区画整理会社（一定の要件を満たす株式会社のこと)、都道府県、国土交通大臣（国)、都市再生機構、地方住宅供給公社が施行者となる場合もある（土地区画整理法3条〜3条の3)。

○土地区画整理事業の特色――換地方式、減歩の役割、換地照応の原則

土地区画整理事業の特色は、何といっても用地取得の方式のユニークさにある。この事業では、用地の取得は収用方式によるのでなく、「**換地（かんち)**」という独特の方式をとる。換地とは、既存の土地所有者の土地を別の土地に変換（権利変換）することによって、公共用地等を生み出す仕組みである。

図2を例に説明すると、A、B、C…の各所有者の土地は、事業の施行後、A'、B'、C'…の土地に変換される。これが換地である。換地に際しては「減歩

**(図2) 土地区画整理事業のイメージ**

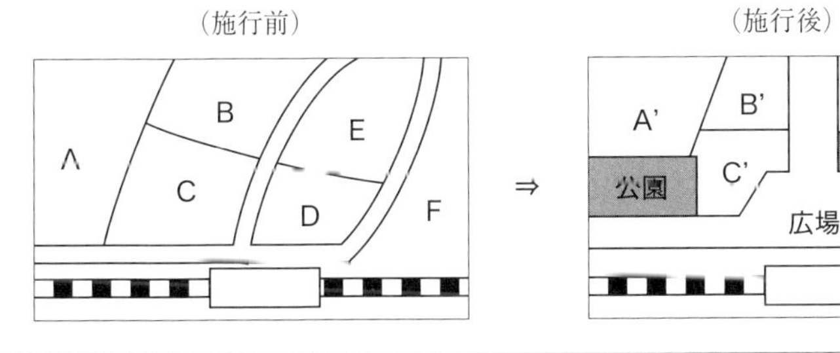


7) 土地区画整理組合は、7名以上の地権者（土地所有者、借地権者等）が発起人となり定款および事業計画を定め、施行区域の地権者の3分の2以上の同意を得た上で、知事の認可によって設立される（14条1項、18条)。土地区画整理組合は強制加入制（施行区域の地権者は、強制的に組合に加入させられる）がとられ、組合費の強制徴収が認められるなど公権力が与えられるので、行政主体の一つである「公共組合」に位置付けられている。

(げんぶ)」、即ち、土地面積の縮小が行われ、それによって浮いた土地は、公共施設の用地(道路用地、公園用地等)や保留地(事業費を捻出するための販売用土地)に充てられる。

換地における重要な法原則として、「**換地照応の原則**」と呼ばれるものがある(土地区画整理法89条)。これは、換地にあたって、位置・地積等が従前の宅地と照応していなければならないことを求めるもので、地権者の権利保護と地権者間での平等確保を目的とするものである。指定された換地が、位置・地籍等の面で従前の土地と符合するものでなかったとしても直ちに違法になるわけではないが、合理的な理由なく従前の土地と比べて著しく劣った条件が与えられたり、他の権利者よりも不利に扱われたりする場合は、照応原則違反が疑われることになるだろう。

**○減歩と財産権保障**

換地に関して注意を要するのは、換地には減歩が伴うことである。前述のように、減歩とは、換地に際して公共施設の用地や保留地を捻出するため、各人の宅地面積を減らすことである。区画整理においては、公共施設の整備・拡充が求められるので、その用地を確保するとともに、事業費を用地の売却によって賄うために、減歩がなされるのである。問題はこの減歩が、憲法29条1項で保障された財産権に対する侵害に当たらないかどうかである。だがこの点については、換地の前後で財産価値の減少が生じていなければ、問題はないと解されてきた。なぜなら、面積が減ってもそれを補う程度の地価上昇があれば、トータルにみたとき財産価値の減少は生じていないと考えられるからである。実際これまでは、事業が実施されると地価の上昇が見込めたので、財産価値の減少が問題になることはほとんどなかった。だが、近年は地価の低迷によって従来のような地価上昇を期待することが困難になってきており、土地区画整理事業は一つの転機を迎えていると言われている[8]。

**○土地区画整理事業の進行プロセス**

土地区画整理事業は、次のようなプロセスによって進められる(以下、市町村施行の場合を例に説明する)。

---

8) 安本226頁以下参照。

①都市計画決定 ⟶ ②施行規程・事業計画の決定、施行の認可⟶ ③仮換地の指定、建物の移転・除却 ⟶ ④換地処分、精算

①土地区画整理事業は、都市計画に定めることを原則とする[9]。

②土地区画整理事業を施行するには、施行規定および事業計画を定め、都道府県知事等による**施行の認可**を受けなければならない[10]（土地区画整理法52条1項）。施行規程は、条例で事業の概要を定めるもの（同53条）。事業計画は、施行地区、設計の概要、事業施行期間及び資金計画、公共施設及び宅地に関する計画等、事業の施行に必要な諸事項を定めるもので（同53条、6条）、通常は用地取得がある程度進み事業施行のめどが立った段階で定められる。

③工事のため必要があるときは、換地処分を行う前に、施行地区内の宅地について**仮換地**を指定することができる（同98条1項）。仮換地の指定によって、住前地の使用収益権は停止し、暫定的に別の土地に使用収益権が設定される（同99条1項）。

④工事がすべて完了したときは、施行者によって遅滞なく**換地処分**がなされなければならない（同103条2項）。換地処分が公告されると、換地計画に定められた土地が従前の宅地とみなされ、従前の土地に対する権利は消滅する（同104条1項）。なお、換地処分において不均衡が生ずるときは、金銭によって清算がなされる（同94条）。

### 2）市街地再開発事業

市街地再開発事業とは、「市街地の土地の合理的かつ健全な高度利用と都市機能の更新」を図る目的で行われる建築物や公共施設の整備事業のことをいう（都市再開発法2条1号）。われわれがよく見聞きする例としては、駅前

9） 市町村、都道府県、国、独立行政法人等が施行者となる場合は、必ず都市計画に定めなければならない。これに対して、組合施行、個人施行の場合は、都市計画に定めることは求められていない（ただし、この場合にあっても、都市計画事業として施行するときは、都市計画に定めなければならない）。

10） 都道府県が施工者となる場合は、国土交通大臣の認可となる。

再開発があるだろう。このような場所では権利関係が複雑に入り組んでいることが多いため、土地区画整理事業は使いづらい。これに対して、市街地再開発事業の場合は、立体的な換地を行うため保留床の売却によって事業費の捻出がしやすい。市街地再開発事業がこのような場所でよく用いられるのは、以上のような事情によるものである。

**○第1種市街地再開発事業と第2種市街地再開発事業**

市街地再開発事業には、**第1種市街地再開発事業**と**第2種市街地再開発事業**の2種類がある。第1種市街地再開発事業では、**公用権利変換**という手法が用いられる。これは、多数の権利者がいる土地の上にビルを建て、各権利者に元の所有地に換えて区分所有権（権利床）を付与するものである（「立体換地」ともいう）。事業費は保留床（権利床以外の床）の売却をもって当てる。

これに対して、第2種市街地再開発事業では**収用方式**がとられる。これは、元の権利をいったん事業者が買収・収用し、後でその対価・補償金に換えて、ビルの床を権利者に与えるものである。この方式は、密集市街地などで合意形成が難しい場合を想定して設けられたもので、そのまま放置しておくと火災や地震被害の危険が大きく再開発の必要性が高いときなどに適用する制度として、1975年に都市再開発法に追加されたものである。

**○市街地再開発事業の進行プロセス**

市街地再開発事業の施行者は、個人（土地所有者等）、市街地再開発組合、再開発会社、地方公共団体、都市再生機構、地方住宅供給公社である。個人施行の場合を除いて、市街地再開発事業は、都市計画に定められなければな

**（図3）市街地再開発事業のイメージ（第1種市街地再開発事業の場合）**

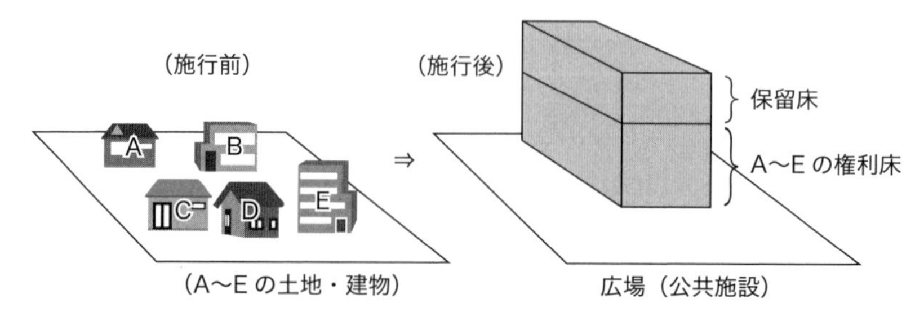

らない。なお、土地区画整理事業の場合と異なり、施行区域内の権利者で権利変換を希望しない者は、補償金を得て転出することが認められている（都市再開発法71条）。

事業計画等の決定・認可がなされると、第1種の場合は権利変換処分（第2種の場合は買収・収用）がなされ、建築工事へと進んでいく。

**コラム　修復型の再開発――再開発のもう一つのあり方**

わが国の市街地開発事業では、これまで、「全面リニューアル」方式に立ったスクラップ・アンド・ビルドが繰り返されてきたが、経済成長が鈍化する時代に入って、「全面リニューアル」方式を展開することは財政的にも厳しく、また時代の要請にも合わない面が出てきている。このような中で注目されるのは、近年欧米諸国で盛んになってきた「修復型の再開発」である。これは、国によってやり方に違いはあるものの、「古いものを生かしながら新しいニーズに応えていく」というコンセプトを持つ点では共通する。修復型の再開発は、伝統的な街並みの保全に親和的であること、生活環境の激変を緩和するものであること、事業費用を抑えることができること等の点で、わが国の市街地再開発においても参考にすべき点が多いように思われる。

ちなみにアメリカでは、1960年代に、ジェイン・ジェイコブズが、ニューヨーク市当局のリニューアル型再開発を批判して、古い建築と新しい建築が混じり合った街の魅力を指摘していた[11]。ニューヨークのマンハッタン等では、このような発想に近いまちづくりが見られるように思われる。

わが国でも、産業構造の変化によって廃れていた港の倉庫街を修復し、おしゃれなショッピング街に生まれ変わらせた例がよく知られている（小樽、

---

11）ジェイン・ジェイコブズ（1916～2006年）は、アメリカのジャーナリストであるが、近代都市計画の行き過ぎを批判して、ニューヨーク市当局の高速道路計画（1960年代）にストップをかけたことでよく知られている。彼女は、その著書の中で、都市にとっての天性である「都市の多様性」を生み出す条件として、次の4つのものをあげている（ジェイン・ジェイコブズ（山形浩生（訳））『［新版］アメリカ大都市の死と生』（2010年、原著は1961年）174頁）。

1. その地区や、その内部のできるだけ多くの部分が、2つ以上の主要機能（用途）を持つこと。できれば3つ以上が望ましい。
2. 街区は短くないといけない。つまり、街路や角を曲がる機会は頻繁でなくてはならない。
3. 地区は、古さや条件が異なる各種の建物を混在させなければならない。
4. 十分な密度で人がいなくてはならない。

彼女の理論に対しては、極論であるとの批判もあるが、近代都市計画の持つ脆さを、日常感覚で鋭く突いている点で参考になるのではないだろうか。

横浜等)。今後の再開発事業を考えるにあたっては、「全面リニューアル」方式一辺倒で事を進めるのではなく、修復型の再開発の可能性も視野に入れていく必要があるといえよう。

## (4) 都市計画事業の適正確保

都市計画事業の適正確保は、都市計画の段階および事業の実施段階のそれぞれについて考えられるが、訴訟等で争点となるのは、たいていの場合、根本にある都市計画の適法性である。第1章で述べたように、都市計画の適正確保を図るには、手続面からのコントロールを充実させることも重要であるが、これについては既に述べたので、以下では、裁判所による司法統制について述べることにする[12)]。

都市計画に関する判例は、これまでは処分性など訴訟要件に関するものが多かったが、近年では、計画裁量の中身に立ち入って審査を及ぼす例も見られるようになってきた。以下では、後者(本案)の問題に関わる判例を取り上げる。なお、前者(訴訟要件)の問題については、第10章「都市法上の紛争とその解決方法」(4)(5)で扱うことにする。

### 1. 計画裁量に対する司法審査の方法(一般論)

最高裁は、小田急線の高架化工事に関わる都市計画決定が争われた事件で、次のような判断を下している(傍線は筆者)。この事件は、都市計画事業として行われる鉄道の高架化事業が生活環境上の配慮を欠くなどとして、事業地の周辺住民が事業認可の取消しを求めて争ったものである。

「…都市施設の規模,配置等に関する事項を定めるに当たっては,当該都市施設に関する諸般の事情を総合的に考慮した上で,政策的,技術的な見地から判断することが不可欠であるといわざるを得ない。そうすると、このような判断は,これを決定する行政庁の広範な裁量にゆだねられているというべきであって,裁判所が都市施設に関する都市計画の決定又は変更の内容の適

12) この問題を扱ったものとして、久保茂樹『都市計画と行政訴訟』(2021年)293頁以下参照。

否を審査するに当たっては，当該決定又は変更が裁量権の行使としてされたことを前提として，その基礎とされた重要な事実に誤認があること等により重要な事実の基礎を欠くこととなる場合，又は，事実に対する評価が明らかに合理性を欠くこと，判断の過程において考慮すべき事情を考慮しないこと等によりその内容が社会通念に照らし著しく妥当性を欠くものと認められる場合に限り，裁量権の範囲を逸脱し又はこれを濫用したものとして違法となるとすべきものと解するのが相当である。」（最判平成18年11月2日民集60巻9号3249頁（小田急線高架化訴訟）、百選Ⅰ・72事件）。

この判決は、結論として裁量権の逸脱・濫用はなかったとしたが、計画裁量に対する司法審査の方式を、判例が一般的な形で定式化したものとして注目されるものである。その要点は、**行政庁の判断が、①重要な事実の基礎を欠く場合、②事実の評価が明らかに合理性を欠くこと、考慮すべき事情を考慮しないこと等により、その内容が著しく妥当を欠く場合は、裁量権の濫用として違法になる**ということにある。このようなアプローチ（とくに②）は、行政法学でいう「**判断過程の統制（考慮事項審査）**」に相当するものといえるだろう。

### 2. 所有権に対する配慮

計画裁量の行使にあたっては、所有権に対する配慮も必要な考慮事項となる。このことを示したのが、最判平成18年9月4日判例時報1948号26頁（林試の森事件）である。この事件は、旧農林省の林業試験場跡地を広域避難場所を兼ねた公園に整備する都市計画事業に対し、自己所有地を事業用地に編入された原告が、事業認可の取消しを求めて争ったものである。原告は、民有地に換えて隣接する国有地を活用すべきだと主張した。第1審判決は、民有地に換えて公有地の利用が考えられる場合には、公有地優先（活用）の原則があるとして原告の請求を認容したのに対し、控訴審判決は、都市施設をどのように配置するかの判断は行政庁の広範な裁量に委ねられるとして第1審判決を取り消した。これに対し、最高裁は次のように述べて、控訴審判決を破棄差戻した（傍線は筆者）。

「旧都市計画法は，都市施設に関する都市計画を決定するに当たり都市施設の区域をどのように定めるべきであるかについて規定しておらず，都市施設の用地として民有地を利用することができるのは公有地を利用することによって行政目的を達成することができない場合に限られると解さなければならない理由はない。しかし，都市施設は，その性質上，土地利用，交通等の現状及び将来の見通しを勘案して，適切な規模で必要な位置に配置することにより，円滑な都市活動を確保し，良好な都市環境を保持するように定めなければならないものであるから，都市施設の区域は，当該都市施設が適切な規模で必要な位置に配置されたものとなるような合理性をもって定められるべきものである。この場合において，民有地に代えて公有地を利用することができるときには，そのことも上記の合理性を判断する一つの考慮要素となり得ると解すべきである。」。

この判決では、公有地優先活用の原則は否定されたが、都市施設の区域設定が合理的なものといえるためには、所有権に対する配慮も考慮要素の一つになるとしたものである。

### 3. 基礎調査の客観性

都市計画基準の適用にあたっては、基礎調査の結果に基づくことが求められるが（都計13条1項14号）、基礎調査の結果が客観性を欠く場合は、基礎調査に基づいてとられる都市計画決定は違法になるとした判決がある（東京高判平成17年10月20日判例時報1914号43頁（伊東大仁線訴訟控訴審判決））。この事件は、都市計画道路の幅員を拡張する都市計画変更決定について、変更決定に係る建築制限に基づいて建築不許可処分を受けた原告が、変更決定の基となった基礎調査の方法に不合理があると主張して、不許可処分の取消を求めて争ったものである。判決は次のように述べて、建築不許可処分を取り消した（傍線は筆者）。

「(都市計画法は)、基礎調査の結果が客観性のある合理的なものでなければならず，かつ，その基礎調査の結果に基づいて土地利用，交通等の現状が正しく認識され，かつ，将来の見通しが的確に立てられ，これらが都市計画において勘案されることを要するものとしているというべきである。そうすると，当該都市計画に関する基礎調査の結果が客観性，実証性を欠くために土地利用，交通等の現状の認識及び将来の見通しが合理性を欠くにもかかわらず，そのような不合理な現状の認識及び将来の見通しに依拠して都市計画が決定されたと認められるとき，客観的，実証的な基礎調査の結果に基づいて土地利用，交通等につき現状が正しく認識され，将来が的確に見通されたが，都市計画を決定するについて現状の正しい認識及び将来の的確な見通しを全く考慮しなかったと認められるとき又はこれらを一応考慮したと認められるもののこれらと都市計画の内容とが著しく乖離していると評価することができるときなど法第6条第1項が定める基礎調査の結果が勘案されることなく都市計画が決定された場合は，客観的，実証的な基礎調査の結果に基づいて土地利用，交通等につき現状が正しく認識され，将来が的確に見通されることなく都市計画が決定されたと認められるから，当該都市計画の決定は，都市計画法第13条第1項第14号，第6号の趣旨に反して違法となると解するのが相当である。」

4. 上位計画との適合

道路拡幅事業に関する都市計画が、上位計画たる公害防止計画と適合するかが争われた事件がある（最判平成11年11月25日判例時報1698号66頁（環状6号線訴訟）、百選Ⅰ・53事件）。最高裁は、都市計画が公害防止計画でとられる施策を妨げるものであれば公害防止計画に適合しないことになるが、都市計画基準は、施策と無関係に公害を増大させないことを都市計画の基準として定めているとは解されないとして、適合性統制に消極的な姿勢を示している[13)]。

## (5) 都市計画事業の今後のあり方

都市計画事業は、「拡大する都市」の時代（戦後の高度成長期）において，都市基盤の整備を図る手段として大きな役割を果たしてきた。だが少子高齢化の時代を迎え、「都市の縮退」現象が見られるようになると、これまでのようなやり方は時代に合わないものになってくる。大規模ニュータウンのような市街地開発は、もはや過去のものになったと言われている。都市施設の

13) この判例の問題点については、前田雅子「公共事業と都市計画」芝池義一ほか編『まちづくり・環境行政の法的課題』（2007年）103頁以下参照。

整備についても、都市郊外に施設を設けて都市の拡散を招くようなやり方は、もはや時代に合わなくなったといえよう。これに代わってこれからの都市整備に求められることは、むしろ都市の内部（既成市街地）に目を向け、日常的な生活空間の質的改善を図っていくことなのだろう。

都市施設に関していえば、道路、公園、上下水道については、従来より都市計画決定がなされてきたが、それ以外のおもに民間が整備する都市施設（医療施設、社会福祉施設、教育文化施設、ごみ焼却場等）については、必ずしも積極的に都市計画に定められることはなかった。だが、「都市の縮退」がいわれる今日においては、民間が整備する都市施設についても、積極的に都市計画に位置付けて、日常的な生活空間の充実を図っていく必要があるものと思われる[14)]。

また、都市計画事業は、周辺環境に大きな影響を及ぼすものであることから、周辺の生活環境や都市景観等への配慮も、これまで以上に重視されなければならないだろう。なお、大規模な都市施設を都市計画に定める場合は、都市計画決定権者が事業施行者に代わって環境影響評価をなすことになっているので、この手続も活用して生活環境の配慮に努めることが求められよう。

市街地開発事業に関しても、土地区画整理事業のところでみたように、時代の変化の中で、これまでのやり方では通用しづらい面が出てきている。このため、今後は、従来の定型にとらわれず、柔軟な手法をとることが必要になってくるものと思われる。

2007年の社会資本整備審議会の答申「新しい時代の都市計画はいかにあるべきか」（第2次答申）では、「既成概念にとらわれない市街地整備手法の運用」として、「柔らかい土地区画整理事業」（減歩を伴わない事業、敷地の集約化を目的とした事業等）や「身の丈にあった市街地再開発事業」（事業

---

14）このような見地から、2018年に、自治体が民間事業者との間で協定を締結して、必要な都市施設の整備を進めるための新たな制度が設けられることになった（都計75条の2。この協定は「都市施設等整備協定」と呼ばれる。⇒第1章（4））。この制度は、民間事業者の要望を聴いて事業の促進を促すと同時に、都市施設の建設のみならず、その後の維持・管理も図ろうとするもので、縮退時代のまちづくりを意識した制度として注目されている。

規模の小規模化・複数連鎖的な事業の実施、景観への配慮から高層化にこだわらない事業等）が提案されている。市街地開発事業も、時代に合わせて、小回りの利くものに変わっていかなければならないのであろう。

# 第Ⅱ部
# 都市法の各論的課題

# 第5章　景観保護

〈本章の概要〉

ここから都市法の各論に入る。初回のテーマは景観保護である。景観保護は、わが国では長らく放置されてきた問題であった。わが国では、景観はいわば「ぜいたく品」であって、景観保護を理由に都市開発を妨げることは許されないとする考え方が、近年に至るまで支配的だったからである。このため、景観保護をめぐる紛争は絶えなかったが、2004年に景観法が制定されることによって、景観保護に向けての取組みは急展開を遂げることになる。本章では、まず「景観保護とはどのような問題か」を概観し、次いで「これまでの都市法制の問題点」と「新たに制定された景観法の仕組み」について説明を加える。最後に、「景観利益をめぐる判例の動き」と「景観保護の今後の課題」について述べることにしたい。

(1) 景観保護とはどのような問題か
(2) 景観保護とこれまでの都市法制
(3) 景観法とその仕組み
(4) 景観利益と判例
(5) 景観保護の今後の課題

## (1) 景観保護とはどのような問題か

### 1) 景観の概念、景観判断の主観性と客観性、景観の公共性

まず景観の概念であるが、広辞苑（第7版）によると、景観とは、「風景外観。けしき。ながめ。また、その美しさ。」を指すものとされている。つまり、風景や景色とほぼ同義ということになる。ただ、論理的にいえば、景観には「良い景観」もあれば「悪い景観」もあるはずだが、景観保護というときの景観は、一般に「良い景観（以下では、「良好な景観」と呼ぶことにする）」であることが含意されているといえよう。

そこで次に問題となるのは、何をもって「良好な景観」とみるかである。「良好な景観」といえるかどうかはその人の価値観に左右される面があるので、主観的な判断が入り込む余地は否定できない。

このため、かつては、「景観の良しあしは好みの問題である。また生命・身体・財産等に比べて切実さに欠ける。よって法的保護に値するものではな

い」とする考え方も根強かった。だが、景観の良しあしをめぐり人々の評価が分かれることはあるにしても、良好な景観についての人々の見方は、大方の場合、一致する傾向にあるということも確かであろう。また、歴史的文化的な景観については、学問的な見地から客観的な評価が確立しているものもある。このため今日では、景観の良しあしをめぐって、人々の間で完全な一致をみることは困難であるとしても、良好な景観をめぐる客観的な評価は一応成り立つものと考えられるようになってきた[1]。判例も、「都市の景観は、良好な風景として、人々の歴史的又は文化的環境を形作り、豊かな生活環境を構成する場合には、客観的価値を有するものというべきである。」と判示するようになっており（後述の国立マンション事件上告審判決）、良好な景観の客観的評価が可能であることは、今日、ほぼ異論のないところとなっている[2]。

ここで最後に、**景観の公共性**についても触れておこう。景観価値の客観的評価が論ぜられる背景には、一つの重要な前提事項があることに注意する必要がある。それは、「都市の美観は公共の関心事であって、決して私的所有者の自由な処分に委ねられてよい問題ではない」[3]という考え方が、人々の間で受け入れられているかどうかに関わっている。都市景観は多くの市民が関心を持つ問題であり、その意味で保護が必要とされるからこそ、建築物所有者の一存によって消失させられるものであってはならないのである。景観は、この意味で「コモンズ」に類似した公共的な性格を持つものと言えよう。景観保護への法的取組みは、景観の公共性を認めることによって初めてなされ得るものなのである。

---

1）　牛田297頁、安本162～163頁。

2）　ただし、景観価値の客観的評価が可能であるとしても、景観の評価には各人の主観的な価値判断と切り離せない面があるため、そのことに由来する景観評価の難しさは、この分野特有の問題としてなお残ることにも留意しておく必要があるだろう。

3）　フランスの美観法制の基底には、このような考え方が脈々と受け継がれてきた。大文豪ヴィクトル・ユゴーは、大革命後のヴァンダリスム（歴史的建造物に対する破壊行為）との闘いの中で、「建築物には2つのもの、即ち、その〈利用〉とその〈美〉がある。このうち、建築物の〈利用〉は所有者に帰属し、その〈美〉は万人に帰属する」という有名な言葉を残している。フランスの美観保護法制については、後述のコラム参照。

### 2）景観保護をめぐる紛争にはどのようなものがあるか

わが国ではこれまで、景観保護をめぐって様々な紛争が繰り広げられてきた。景観紛争にはいろいろなタイプのものがあるが、そのイメージを少しでも知っておくことは、景観保護の問題を考えていく上で有用なことと思われる。以下では、代表的な景観紛争を3つのタイプに分けて紹介しておこう。

①美しい山並みが、中高層の建築物が建つことによって遮（さえぎ）られるケース

このタイプの景観紛争は、これまで地方都市などでよくみられたものである。山並みの美しいシルエットが、たった一棟の高い建物によって台無しにされるのは、誰がみてももったいないことだろう。歴史的景観がらみで問題となった事件に、有名な京都ホテル事件がある。これは、三方を山で囲まれた京都の街の真ん中に、総合設計を使った高層ビルを建てることの是非が争われた事件である。かようなケースで問題となるのは、いうまでもなく建築物の高さである。その地域の相場を超えるような高い建物が建築されるときに、このような問題が生じてくるのである。

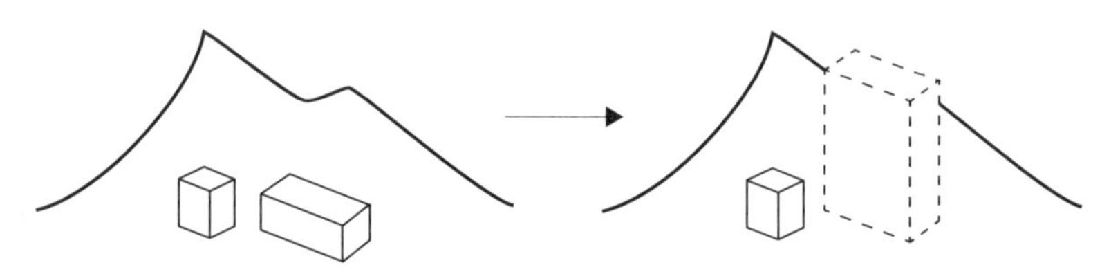

②歴史的建造物の周辺に、それとそぐわない建築物や工作物が設けられるケース

歴史的建造物との関りで景観が問題となるケースも少なくない。有名なものとしては、港湾を埋め立て橋を架ける事業の実施によって瀬戸内の歴史あ

歴史的建造物の1つである常夜灯

る港町の風情が害されるとして争われた鞆の浦事件があげられる。

③優れた都市景観を誇る街並みに、それとそぐわない建築物が建てられるケース

優れた街並みは、それ自体が客観的な価値を持つものであると同時に、地域の住民がそれを守り育ててきたことに対しても敬意が払われるべきだろう。このため、かような街並みにそぐわない建築物が建てられることは、住民にとって承服しがたいこととなろう。このことを示したのが、有名な国立マンション事件である。この事件では、地域住民が大切にしてきた美しい街並みの都市景観が、高層マンションの建築によって害されるとして争われた（後述の【コラム】参照）。

以上に紹介した3つのケースから読み取れるのは、①景観紛争の多くは、良好な景観の存続を求める地域住民と、新たな建築を持ち込もうとする私的事業者（あるいは公共事業の実施主体）との間で争われるものであること、そして、②紛争の原因をなしているのは、多くの場合、既存の景観との調和が問題となるような建築物とくに中高層の建築物であることである。景観紛争はこのようなものに限られるわけではないが（後述するように、景観問題のすそ野は広い）、典型的な景観紛争にかような特徴がみられることは注目しておいてよいだろう。

**コラム** 国立マンション事件

国立マンション事件は、わが国の代表的な景観紛争としてよく知られている。舞台となったのは、JR中央線国立駅から南に延びる「大学通り」と呼ば

れるメイン・ストリートである。この通りは、イチョウやサクラの並木が続く広い通りで、道の両側には低層住宅が立ち並ぶ美しい街並みとして東京都選定の「新東京百景」に選ばれるなど、優れた景観を持つ街路として知られていた。

1999年8月、この通りの南端に高層マンションを建てる計画が明らかになったことから、地元住民の間に、低層住宅からなる街並みにそぐわない高さの建物だとして反対運動が広がった。その後、国立市の行政指導もあって、建物の高さは18階建てから14階建て（高さ約44メートル）へと設計変更されたが、建築業者の側は、それ以上の高さ変更には応じられないとの姿勢を明確にした。このため住民側は、当該敷地および隣接する区域の建築物の高さを20メートル以下に抑える地区計画の策定を国立市に働きかけ、その方向で地区計画の策定手続が進められていった。一方、建築業者の側は、2000年1月5日に東京都から建築確認を取得し、直ちに建築工事に着手した。その後、地区計画（20メートルの高さ制限を内容とするもの）の方は、1月24日に告示され、また、地区計画に法効果を付与する建築制限条例も、2月1日付で施行された。

このような中で、住民側は、建築物の一部取壊し（20メートルを超える部分の撤去）等を求める民事訴訟、および東京都の建築指導事務所長が是正命令権を行使しないことの違法確認を求める行政訴訟を提起し、建築業者の側はそれに対抗して国立市に対する損害賠償訴訟を提起するなど、複数の訴訟が入り乱れて争われることになった。

このうち民事訴訟においては、最高裁が、景観利益の保護法益性を否定した原審判決と異なり、「景観利益は法律上保護される利益に当たる」との判断を下したことが注目される（最判平成18年3月30日）。この判決は、結論としては景観利益の侵害を認めなかったが、景観利益が訴訟において争える利益であることを、最高裁として初めて明確に示した点で重要な意義を持つものといえる。

他方、行政訴訟においても、東京地裁が、原告たる地権者の特殊な属性に着目して原告適格を導き出している点が注目される（東京地判平成13年12月4日）。この2つの判決については、後に改めて取り上げる（⇒（4））。

### 3）景観の構成要素の広がり――看板広告、自然景観、都市構造物等

景観問題をより広い視野からとらえてみると、都市や自然を構成する様々な要素が、景観とつながりを持っていることが理解されるだろう。

繁華街などでまず目につくのは、看板広告等の掲示物である。屋外広告物法では、「都道府県は、条例で定めるところにより、良好な景観又は風致を維持するために必要があると認めるときは」、一定の地域または場所につい

て、広告物の表示や掲出物件の設置を禁止・制限をすることができるとしている（3条、4条）。広告規制には、表現の自由との関係でデリケートな問題が潜んでいるが、現行法上は、屋外広告物法およびそれに基づく条例によって対応が図られることになっているのである。このほか重要な樹木の保存、電線の地中化なども、都市景観の面から問題となり得るものである。

一方、自然景観に関しては、里山や緑地の広がる風景などの保全が問題となるだろう。自然景観を保護する制度としてよく知られているものに、**風致地区**（地域地区の一つ）がある。これは旧都市計画法の時代からあるもので、現行の都市計画法によると、風致地区とは「都市の風致[4]を維持するため定める地区」のことをいい（9条22項）、この地区に指定されると、地区内における建築や宅地造成等に対して、条例で規制を設けることができることになっている（58条1項）。

このほか、河川・港湾、樹木、公園・広場等も、都市景観の重要な構成要素となるものである。このため、景観法では、良好な景観の形成に重要な役割を果たすものとして、景観重要建造物、景観重要樹木、景観重要公共施設の3つの制度が置かれている（⇒（3）3））。

## (2) 景観保護とこれまでの都市法制

### 1) これまでの都市法制のスタンス

景観法制定以前のわが国の都市法制は、歴史的景観等を保護するための特別な地域地区を除き、都市景観の問題にはほとんど関心を払ってこなかった。この点については、以下のことが指摘できるだろう。

---

4) 自然景観の分野では、「景観」の語よりも「風致」の語が用いられることが多い。風致とは、普段あまり使われない言葉だが、辞書によると「自然の風景などのもつおもむき」などとされている。外的存在としての風景だけでなく、それを受け止める人間の心のうちをも捉えた言葉だといえよう。

里山や雑木林は、歴史的建造物のように評価の確立したものではないが、その風景に慣れ親しんだ地域住民にとっては、心のよりどころとして重要な意味を持つものといえよう。このことは、都市景観についても当てはまることだろう。優れた街並みは、その地域で暮らす多くの住民にとって、強い愛着や誇りを感じさせるものだからである。

第1に、都市計画法には、優れた風致や歴史的景観を保護するための特別な地域地区として、**風致地区**（8条1項7号）、**歴史的風土特別保存地区**（同10号）、**歴史的風土保存地区**（同11号）、**伝統的建造物群保存地区**（同15号）が置かれている。このうち風致地区は、旧都市計画法の時代から存在していたものであるのに対し[5)]、他の3つは、第2次大戦後に設けられたものである。後者は、歴史的価値のある地域や街並みを、国民の共有資産として保護するもので、それぞれ特別の法律に規定が設けられている[6)]。

これらの地域地区は、特別な価値を持つ地域の景観保護に重要な役割を果たしてきたのであるが、他面で、保護が特に必要とされる地域のみに適用される特殊な制度にとどまっており、一般的な景観保護の制度というまでには至っていない。

第2に、都市計画の一般的な制度に関しては、次のようなことが指摘できる。まず用途地域制度については、用途規制の多くが消極的規定方式をとるため（第3章（2）2））、混在型の街並みが形成されやすく、街並みの統一性を維持することが容易でない。また、容積率制限についても、制限の程度が緩いため、戸建て住宅の街に辺りにそぐわない高い建築物が建つことも許容されてしまう（さらに、規制緩和による容積率の割増しまである）。高さ制限に

---

5）かつては風致地区のほかに美観地区もあったが、実際にはほとんど活用されておらず、景観法の制定に合わせて景観地区に取って代わられた。

6）歴史的風土特別保存地区は古都保存法（1966年）に根拠を持つもので、その適用地域は、京都、奈良、鎌倉その他政令で定められた市町村に限られている。地区内で建築、宅地造成等を行うときは都道府県知事の許可がいる。なお、古都保存法は、戦後、歴史的景観の破壊の危機に直面して起きた市民運動によってもたらされたものである。

歴史的風土保存地区は、明日香村特別措置法（1980年）に根拠を持つもので、対象地域も明日香村に限られている。

伝統的建造物群保存地区は、1975年の文化財保護法の改正によって定められた制度で、城下町、宿場町等の歴史的街並みを保存するために設けられたもの。歴史的建造物を単体でなく面的に保護する点で画期的とされる。条例による規制のほか、国からの管理費の補助も定められている。

このほか、地域地区ではないが、歴史まちづくり法（2008年）では、市町村の定める歴史的風致維持向上計画が国に認定されると、重点区域内にある指定建造物の保全や整備事業への支援が行われる。この法律は、歴史的価値のある建造物や市街地の保全に加えて、その地域における歴史・伝統を反映した人々の活動（伝統文化、伝統行事等）に対しても、一体として保護を与えようとする点に特色を持つ。

ついても、絶対高さ制限があるのは第1種・第2種低層住居専用地域および田園住居地域に限られる。なお、地域地区の一つに高度地区があるが、これはあくまで補完的な制度にとどまる。規制項目についても、建築物の形態、色彩、意匠（デザインのこと）等については規定がない。これに対して、地区計画は、建築物の形態・色彩・意匠への制限も含め、きめ細かな規制が可能な点で期待が持てるが、こうした点まで細かく定める地区計画はまだ多くない。

第3に、建築基準法に関しても、景観保護の手掛かりを見出すことは困難である。同法は、生命・健康・財産の保護を法目的に掲げるが、景観保護は法目的に掲げられていない。建築確認においては、周辺環境との調和は建築基準関係規定に含まれていないため、建築確認を景観保護のチェック手段とすることはできない[7)]。これに対して建築協定は、地区計画と同様きめ細かな取り決めが一応可能だが、建築協定自体が広く活用されているという程には至っておらず、また協定違反があっても建築確認のチェックが及ばない点で限界をもつ。

○まとめ——景観条例による対応も含めて

以上のことから、これまでの都市法制は、特別な地域は別として、景観保護に関しては極めて冷淡な態度をとってきたものといえよう。このため、多くの自治体では、景観の悪化に歯止めをかけるため、それぞれの地域の特色を踏まえた条例（一般に「**景観条例**」[8)] と呼ばれる）を制定して対応してきたが、これらの条例では、条例上の基準に反する行為が行われた場合に取られる措置が、指導・勧告（あるいはせいぜい氏名公表）にとどまるため、景観保護のための法制度としては限界を伴うものであった。

既存の法制度には、以上述べたような限界があることから、国による新た

---

7) 生田教授は、「現行の建築基準法は基本的に個々の建築物や個々の敷地を規制の対象としており、その周辺の状況を含む空間を考慮する基準を有していないだけでなく、周辺との調整の仕組みを有しない（建築確認は適法であることの確認に過ぎない）ことが、高さを巡る紛争の増加に対応できていない要因の一つと言える。」（生田109頁）と述べる。

8) 金沢市が1968年に制定した「伝統環境保存条例」が景観条例の先駆けとされている。有名なものとしては、神奈川県真鶴町の「美の条例」がある。五十嵐敬喜ほか『美の条例』（1996年）。

な法律の制定が待たれていた。このような要請に応えて制定されたのが、2004年の景観法である。景観法の中身については(3)で説明するが、その前に、わが国ではなぜこれまで景観保護が軽視されてきたのか、その背景について振り返っておくことにしたい。

### 2) 景観軽視の法制度に対する反省

わが国の都市景観は、欧米のそれと比べて著しく見劣りすると言われてきた。その背景には、経済成長を最優先する戦後の都市政策があったことは間違いなかろう。歴史的建造物である日本橋(お江戸日本橋)の真上に高速道路がのしかかる姿は、このことを象徴的に物語っている。

かような都市政策のあり方に対して反省の目が向けられるようになるのは、戦後半世紀を経てからである。次に引用するのは、景観法の制定前夜に

⇒

発せられた政府文書の一節である。

「戦後、我が国はすばらしい経済発展を成し遂げ、今やEU、米国と並ぶ3極のうちの1つに数えられるに至った。…その結果、社会資本はある程度量的には充足されたが、我が国土は、国民一人一人にとって、本当に魅力あるものとなったのであろうか?。都市には電線がはりめぐらされ、緑が少なく、家々はブロック塀で囲まれ、ビルの高さは不揃いであり、看板、標識が雑然と立ち並び、美しさとはほど遠い風景となっている。四季折々に美しい変化を見せる我が国の自然に較べて、都市や田園、海岸における人口景観は著しく見劣りがする。…国土交通省は、この国を魅力ある国にするために、まず、自ら襟を正し、その上で官民挙げての取り組みのきっかけを作るよう

努力すべきと認識するに至った。そして、この国土を国民一人一人の資産として、我が国の美しい自然との調和を図りつつ整備し、次の世代に引き継ぐという理念の下、行政の方向を美しい国づくりに向けて大きく舵を切ることとした。」（国土交通省「美しい国づくり政策大綱」平成15年（2003年）7月）。

ここには、景観を顧みないこれまでの国づくりに対する反省と、今後に向けての国の決意が率直に示されている。景観保護に向けての方針の切り替えは、これまでの国の姿勢からすると唐突な感じがしないではないが、景観法という景観保護に特化された法律が制定されたことは、やはり大きな前進ということができよう。

**コラム　景観保護の先進国――フランスの美観（esthétique）保護法制**

景観保護の先進国として知られるフランスでは、19世紀末に歴史的遺産の保護法制が成立して以来、20世紀を通じて様々な美観保護立法が展開する。代表的なものとしては、まず1887年および1913年の**歴史的記念碑の保護制度**があげられよう。この制度はその後、歴史的記念碑を眺望する視野に入る建築物で、記念碑の周辺500mの範囲内にあるものは、許可なく外観の変更をすることができないという画期的な制度へと発展する（1943年法）。次に1962年の**歴史的街区保全地区**の制度もよく知られている。こちらの方は、個々の歴史的建造物から離れて旧市街地全体の保護を目指す点に特色がある。

注目されるのは、こうした歴史的遺産の保護制度だけにとどまらず、一般的な都市法制のレベルにおいても美観保護に関する規定が設けられており、建築にあたって周辺環境との調和が求められていることである。このような法制度が設けられる背景には、「都市の美観は公共の関心事であって、決して私的所有者の自由な処分に委ねられてよい問題ではない」という考え方があると言われている。わが国の場合は、景観法という特別法の制定によって景観問題が処理されることになったが、一般都市法制のレベルでは、いまだ旧来の構造が維持されている点に注意する必要があろう。

なお、フランスの議論については、拙稿「都市の美観と法――フランスにおける美観論議覚書」青山法学論集48巻1・2合併号（2006年）123頁以下で紹介したことがあるので、興味のある方は参照されたい。

## (3) 景観法とその仕組み

景観法は、「都市、農山漁村等における良好な景観の形成」の促進を目的に、2004年に制定されたわが国初の景観保護に関する一般的な法律であり、わが国の景観の保全・形成にとって大きな意義を持つものである[9]。以下では、この法律の主要な内容を紹介していくことにしたい（以下、条文は景観法のそれ）。

### 1）景観保護の基本理念――「良好な景観」とは

景観法の内容に関してまず注目されるのは、冒頭の第2条において、「良好な景観」の語を介して、景観保護の基本理念が多岐にわたって述べられているところである。ただし、この規定の主語に当たる「良好な景観」の語には、明確な定義が与えられていない。その理由は、「良好な景観」の中身を固定的に定めてしまうよりも、将来に向けて開かれたものとする方が発展可能性の確保という点で好ましいと考えられたからである。

以下、第2条の各項についてみていくことにしたい。

（基本理念）
第2条1項 「良好な景観は、美しく風格のある国土の形成と潤いのある豊かな生活環境の創造に不可欠なものであることにかんがみ、国民共通の資産として、現在及び将来の国民がその恵沢を享受できるよう、その整備及び保全が図られなければならない。」
2項 「良好な景観は、地域の自然、歴史、文化等と人々の生活、経済活動等との調和により形成されるものであることにかんがみ、適正な制限の下にこれらが調和した土地利用がなされること等を通じて、その整備及び保全が図られなければならない。」
3項 「良好な景観は、地域の固有の特性と密接に関連するものであることにかんがみ、地域住民の意向を踏まえ、それぞれの地域の個性及び特色の伸長に資するよう、その多様な形成が図られなければならない。」
4項 「良好な景観は、観光その他の地域間の交流の促進に大きな役割を担うものであることにかんがみ、地域の活性化に資するよう、地方公共団体、事業者及び住民により、その形成に向けて一体的な取組がなされなければならない。」
5項 「良好な景観の形成は、現にある良好な景観を保全することのみならず、新たに良好な景観を創出することを含むものであることを旨として、行われなければならない。」

9） なお、景観法の制定に併せて、都市緑地保全法等の一部改正、景観法の施行に伴う関係法律の整備等に関する法律の制定（屋外広告物規制の強化等）がなされた（これらは「景観緑3法」と呼ばれている）。

第1項は、「良好な景観は、…国民共通の資産として、現在及び将来の国民がその恵沢を享受できるよう、その整備及び保全が図られなければならない。」としている。この規定は、良好な景観が、国民共通の資産として将来にわたって価値を持つことを、法律で初めて言明したものとして重要な意味を持つ。

第2項は、「良好な景観は、地域の自然、歴史、文化等と人々の生活、経済活動等との調和により形成されるものであることにかんがみ、適正な制限の下にこれらが調和した土地利用がなされること等を通じて、その整備及び保全が図られなければならない。」としている。この規定は、良好な景観の整備・保全のために、個人の財産権に一定の制約を及ぼすことができることを示したものとされているが、「地域の自然、歴史、文化」と「人々の生活、経済活動等」との調和をどのように図るかが課題となろう。

第3項は、「良好な景観は、地域の固有の特性と密接に関連するものであることにかんがみ、地域住民の意向を踏まえ、それぞれの地域の個性及び特色の伸長に資するよう、その多様な形成が図られなければならない。」としている。この規定は、良好な景観が地域特性を持つことから、地域住民の意向を踏まえ、それぞれの地域の個性及び特色の伸長に資するよう、多様なやり方で形成が図られるべきことを示したものである。

第4項は、「良好な景観は、…地域の活性化に資するよう、地方公共団体、事業者及び住民により、その形成に向けて一体的な取り組みがなされなければならない。」としている。良好な景観づくりに向けての関係者の一体的取り組みを意識したものといえよう。

第5項は、「良好な景観の形成は、現にある良好な景観を保全することのみならず、新たに良好な景観を創出することを含むものであることを旨として、行われなければならない。」としている。良好な景観の形成には、既存の景観の保全だけでなく、新たな景観の創出も含まれることを述べたものとして注目されよう。

### 2）景観行政の推進主体

景観行政の推進主体は「**景観行政団体**」と呼ばれ、指定都市、中核市及び都道府県（ただし、指定都市、中核市の区域は除く）によって構成される(7条1項)。景観行政団体を一地域に一つとしたのは、二重行政の弊を避けるためである。ただし、指定都市および中核市以外の市町村であっても、都道府県知事と協議をした上で、景観行政団体になることができる（同条1項ただし書き、98条1項、2項)。これは、やる気のある市町村には推進主体になってもらうとの考え方によるものである。

### 3）景観保護の仕組み——景観計画、景観地区

#### 1．概要

景観法の中心にあるのは、景観を保護するための2つの仕組み、即ち、**景観計画**（正式には、「良好な景観の形成に関する計画」という）と**景観地区**であるが、広く活用されているのは景観計画の方である[10]。両者の違いについては、表1を参照してほしい。

景観計画は、景観行政を進めるための基本的な方針を定めるもので、都市計画区域の内外を問わず、広い範囲で策定することができる。策定主体は景観行政団体であるが、住民等による景観計画の策定・変更の提案が可能である。景観計画区域内で建築行為等を行う場合は、景観行政団体の長への届出が必要となり、景観計画に適合しないと判断された場合は、設計変更等の勧告がなされる（ただし、形態意匠の制限に適合しない場合は、変更命令を出すこともできる)。

これに対して、景観地区は、都市計画（地域地区）の一つとして市町村が定めるもので、建築行為等がこれに適合するかどうかは建築確認によってチェックされる（形態意匠の制限については、市町村長が認定・是正命令を出す)。

---

10）国交省HP「景観法の施行状況」(2023年3月31日時点）によると、景観行政団体は、全国で806団体（都道府県40団体、政令市20団体、中核市62団体、その他の市町村684団体）あるが、このうち景観計画を定めている団体は、655団体（都道府県22団体、政令市20団体、中核市59団体、その他の市町村554団体）ある。これに対し、景観地区の設定は56地区（市区町村33)、準景観地区、地区計画等形態意匠条例を含めても、182地区にとどまる。

（表1）景観計画と景観地区の比較

| | 景観計画 | 景観地区<br>（都市計画の地域地区の一つ） |
|---|---|---|
| 策定主体 | 景観行政団体 | 市町村 |
| 策定区域 | 都市計画区域内に限られない | 都市計画区域内又は準都市計画区域内 |
| 計画に定めるべき事項 | ①景観計画の区域<br>②行為制限に関する事項（景観形成基準も定める必要あり）<br>③景観重要建造物・景観重要樹木の指定方針等<br>④屋外広告物の行為制限事項<br>⑤景観重要公共施設の整備事項 | ①建築物の形態意匠の制限<br>②建築物の高さの最高・最低限度<br>③壁面の位置<br>④敷地面積の最低限度<br>*②~④は、必要に応じて定める<br>その他、種類・位置・区域・面積（都計8条3項1号、3号） |
| 計画に適合しない場合 | 景観計画（行為制限）への不適合<br>→ 勧告<br>形態意匠の制限への不適合<br>→ 変更命令 | ②~④の不適合は、建築確認でチェック<br>①の不適合は、市町村長の認定・是正命令 |

## 2. 景観計画

〇景観計画の策定区域、景観計画に定める事項、他の計画との整合（8条）

景観計画は、景観行政団体が、良好な景観を保全・形成する必要のある区域等において策定するもので、その区域は都市部から農山漁村まで広い範囲に及びうる（1項）。

景観計画には、景観計画の区域、良好な景観の形成のための行為制限に関する事項、景観重要建造物又は景観重要樹木の指定方針、屋外広告物の表示等に関する行為の制限に関する事項、景観重要公共施設の整備に関する事項等を定めなければならない（2項）。このうち、行為制限に関する事項については、必要な規制基準（「景観形成基準」という。後述の【コラム】参照）を定めなければならない[11]（4項2号）。

---

11）景観法では、景観行政団体が、次に掲げる制限から必要なものを選択して、それについて景観形成基準を定めることになっている（8条4項2号）
　イ）建築物又は工作物の形態又は色彩その他の意匠の制限
　ロ）建築物又は工作物の高さの最高限度又は最低限度
　ハ）壁面の位置の制限又は建築物の敷地面積の最低限度

景観計画は、他の関連計画（国土計画、環境基本計画、都市計画のマスタープラン等）と整合するものでなければならない（5項～11項）。

**○景観計画の策定手続（9条）**

景観計画の策定手続は、都市計画の策定手続に準じたものである。まず景観計画を定めようとするときは、あらかじめ公聴会の開催等、住民の意見を反映させるために必要な措置を講ずるものとされ、その後は、都市計画審議会の意見聴取、関係市町村等との調整、公共施設等の管理者との協議・同意等の手続がとられ、景観計画を定めたときは告示・縦覧の措置がとられる。なお、以上の手続については、条例で必要な手続を付加することができる。このほか、土地所有者等やまちづくりNPOに、景観計画の策定・変更の提案権が与えられている（11条）。

**○行為制限とサンクション――届出・勧告（16条）、変更命令（17条）**

景観法は、良好な景観を形成するため、景観計画区域内で行われる建築行為や開発行為等に対して、一定の制限を定めている。これを**行為制限**と呼ぶ（その基準となるのが、前述の**景観形成基準**である）。行為制限に適合しない建築行為や開発行為等に対しては、一定のサンクションが加えられる。このサンクションには、勧告レベルのものと、命令（変更命令）レベルのものがある。

まず前者については、景観法16条に定めが置かれており、それによると、景観計画区域内で建築物・工作物の建築等（新築、増改築、移転のほか、外観変更も含む）、開発行為、その他条例で定める行為をしようとする者は、あらかじめ景観行政団体の長に届け出なければならず[12]（1項）、届出に係る行為が景観計画に定められた行為制限に適合しないと認められるときは、景観行政団体の長は、設計変更その他必要な措置をとることを、届出者に勧告することができるとされている（3項）。

後者については、景観法17条に定めが置かれており、それによると、建

---

ニ）その他第16条第1項の届出を要する行為ごとの良好な景観の形成のための制限

12）ただし、景観行政団体は、条例で届出対象行為から除外する行為を定めることができる（16条7項11号）。これにより、届出対象行為を大規模建築行為等に絞っているところが多いようである。

築物・工作物の建築等に関しては、届出に係る行為が景観計画に定められた形態意匠の制限に適合しないときは、景観行政団体の長は、設計変更その他必要な措置をとることを命ずることができるとされている（1項）。

＜景観計画に適合しない場合のサンクション＞

建築物・工作物の建築等<br>開発行為<br>条例で定める行為 ⇒ 届出 ⇒ 景観計画と適合しないとき ⇒設計変更等の勧告

建築物・工作物の建築等 ⇒ 届出 ⇒ 景観計画のうち、形態意匠の制限と適合しないとき ⇒ 設計変更等の命令

つまり、景観計画に適合しない建築物・工作物の建築等や開発行為等に対しては、勧告で対応するのが基本とされており、変更命令（法的強制力のある命令）を発することができるのは、建築物・工作物の建築等に関する形態意匠制限への不適合がある場合に限られているのである。景観法が、強制力の発動を形態意匠の制限に限定したのは、都市計画規制との重複を避けるためだと言われているが[13]、高さ制限など、形態意匠の制限以外の制限が変更命令の対象とされていない点は問題の残るところであろう。

**コラム　景観形成基準の具体例**

本文で述べたように、景観形成基準は、建築・開発等の行為に制限を加える際に重要な役割を果たすものである。では、景観形成基準には、具体的にどのようなことが定められているのだろうか。一例として、東京都渋谷区が定めた表参道沿道地区の景観形成基準をあげておく[14]（なお、マンセル値を用いた色彩基準もあるが、ここでは略す）。

13）生田279～280頁。なお、形態意匠の制限とは、建築物・工作物の「形態又は色彩その他の意匠」の制限のことで（8条4項2号イ）、本文にあげた立法趣旨や8条4項2号の規定ぶりからみて、用途地域でいうところの形態規制の内容をなす容積率制限や高さ制限等は含まれないものと解される。

14）表参道の沿道地域は、美しいケヤキ並木と低層の洗練された商店が立ち並ぶことで知られた商業地である。渋谷区では、この地域（表参道沿道地区）を、景観形成の推進が特に求められる地区（渋谷区独自の地域区分で、「景観形成特別地区」と呼ばれる）の一つに位置付け、他の一般地域とは異なる景観形成基準を適用している。

**〈表参道沿道地区の景観形成基準〉**

a）建築物の建築等（高さ30m以上又は延べ面積3,500m$^2$以上の建築物）

| | |
|---|---|
| (1)<br>形態又は色彩その他の意匠 | ①形態<br>・形態意匠は、建築物単体だけでなく、周辺の建築物や景観資源等との調和に配慮する。<br>・附帯する設備等は建築物と一体的な形態意匠とするか、目隠し等により修景を行うなど、歩行者からの見え方に配慮する。<br>・低層部は歩行者空間を意識して、ヒューマンスケールのデザインとなるよう配慮する。<br>・外構及び低層部においては坂道など地形の変化を生かす工夫をする。<br>・表参道に面する建築物の1階部分は、ショーウインドーなど賑わい景観に配慮したものとする。<br>・屋上には、表参道から見た街並みの調和を乱すような広告塔等の工作物等を設置してはならない。<br>②色彩<br>・外壁、建築物に附帯する設備、屋根の色彩は、色彩基準に適合するとともに、周辺景観との調和を図る。 |
| (2)<br>配置 | ・周辺からの見え方に配慮し、威圧感、圧迫感の軽減に努める。<br>・隣接する建築物群、オープンスペースとの連続性の確保に努める。<br>・道路などの公共空間と連続したオープンスペースの確保など、公共空間との関係に配慮した配置とする。<br>・敷地内に残すべき景観資源などがある場合は、これを活かした建築物の配置とする。 |
| (3)<br>高さ | ・高さ・規模については、周辺からの見え方に配慮し、外構や低層部のデザインの工夫等を含め、街並みとの調和を図る。 |
| (4)<br>壁面位置 | ・壁面の位置の連続性など、周辺の街並みに配慮した配置とする。 |
| (5)<br>緑等 | ・緑化の際は、周辺の緑との連続性を考慮し、継続的な維持管理が可能な樹種の構成、樹木の配置とする。<br>・外構計画は、隣接する敷地や道路など周辺景観との調和に配慮する。<br>・照明を行う場合は、周囲の環境や夜間の景観に配慮し、周辺の街並みと調和したものとする。 |

b）工作物の建設等（高さ15m以上又は築造面積30,000m$^2$以上の工作物等）

| | |
|---|---|
| (1)<br>形態又は色彩その他の意匠 | ・色彩は、色彩基準に適合するとともに、周辺景観との調和を図る（…略）。<br>・建築物屋上には、表参道から見た街並みの調和を乱すような広告塔等の工作物を設置してはならない。 |
| (2)<br>その他 | ・緑化の際は、周辺の緑との連続性を考慮し、継続的な維持管理が可能な樹種の構成、樹木の配慮とする。 |

c）開発行為（建築目的等で行う500m$^2$以上の土地の区画形質の変更）

| | |
|---|---|
| (1)<br>配置 | ・大幅な地形の改変を避け、長大な擁壁や法面が生じないようにする。<br>・開発区域内に歴史的な建造物や残すべき自然がある場合は、それらを活かした計画とする。<br>・事業地内のオープンスペースと周辺地域のオープンスペースが連続的なものとなるように計画するなど、周辺地域との土地利用と関連付けた土地利用計画とする。<br>・事業地内に景観資源がある場合、その資源を活用するようにオープンスペースの配置計画を行う。 |
| (2)<br>法(のり)<br>高・擁壁 | ・擁壁や法面は、壁面緑化等により、圧迫感の軽減に努める。 |

（「渋谷区景観形成マニュアル」より作成）

景観形成基準の内容としては、数量的な基準や特定の建築形態を求める基準も考えられるが、ここにあげた例では、数量的な基準や特定の建築形態を求める基準はほとんど用いられておらず、「…に配慮する」とか「…との調和を図る」といった定性的な基準が多く用いられていることがわかる。わが国の都市景観の現状を考えると、特有の景観（白壁の続く街並み等）を持つ地域は別として、かような定性的基準を採用する例は少なくないものと思われる（⇒なお、景観形成基準をめぐる課題については、後述（5）参照）。

### ○景観重要建造物の指定（19条）、景観重要樹木の指定（28条）、景観重要公共施設の整備（47条）

われわれの身の回りには、見事な建造物やシンボルとなるような樹木、美しい橋梁や街路など、地域の景観を形成する上で重要な役割を果たしている物件がたくさんある。景観法は、これらの物件を、**景観重要建造物**、**景観重要樹木**、**景観重要公共施設**として指定し、積極的に保全する制度を設けている。

それによると、景観行政団体の長は、景観計画に定められた景観重要建造物の指定の方針に即し、良好な景観の形成に重要な建造物で国土交通省令で定める基準に該当するものを、景観重要建造物として指定することができる（19条1項）。指定を受けると、現状変更をするには景観行政団体の長の許可が必要になる（22条1項）。景観重要樹木についても同様に、指定がなされると現状変更が制限される（28条1項、31条1項）。これらの指定に関しては、所有者等からの提案制度も設けられている（20条1項、2項、29条1項、

景観重要建造物
（法第19条）

景観重要樹木
（法第28条）

景観重要公共施設
（法第8条第2項）

（国交省HPより）

2項）。

このほか、景観計画区域内の公共施設で良好な景観の形成にとって重要なものは、景観重要公共施設として景観計画に定められ、当該計画に即して整備が進められる（8条2項4号ロ、47条）。

### 3. 景観地区

**○景観地区の位置付け、策定主体、策定区域、景観地区に定める事項（61条）**

市町村は、都市計画区域又は準都市計画区域内において、市街地の良好な景観の形成を図るため、都市計画の一つである景観地区を定めることができる。景観地区は、景観計画とは異なり、都市計画法上の地域地区の一つに位置付けられており、その策定主体は市町村とされている。また、景観地区の策定区域は、都市計画区域又は準都市計画区域とされており、景観計画よりも策定区域が限定されている（なお、これらの区域外であっても、例外的に準景観地区の指定ができる（74条））。

景観地区に関する都市計画には、次の事項を定めることとしている（61条2項。1号は必ず定めるもの、2~4号は必要に応じて定めるもの）。

1号　建築物の形態意匠の制限

2号　建築物の高さの最高限度又は最低限度

3号　壁面の位置の制限

4号　建築物の敷地面積の最低限度

これらの事項は、建築基準関係規定として建築確認のチェック対象となるが、1号の形態意匠の制限だけは、次に述べる通り、建築確認にはかからず別ルートでチェックされる。

○建築物の形態意匠の制限（62条）

景観地区内の建築物の形態意匠は、形態意匠の制限に適合するものでなければならないが（62条）、形態意匠の制限は裁量的判断を伴うことから、市町村長の認定に係らしめている。即ち、景観地区内において建築物の建築等をしようとする者は、あらかじめその（建築）計画が形態意匠の制限に適合するものであることについて、申請書を提出して市町村長の認定を受けなければならず、この認定を受けない限り建築工事に取りかかることはできない（63条）。この場合に、形態意匠の制限に適合しない建築物があるときは、市町村長は、工事主等に対し、違反を是正するために必要な措置をとることを命ずることができる[15]（64条1項）。

なお、景観地区では、条例を定めることによって、工作物等の設置や開発行為等に対しても、建築物に対するのと同じような制限を設けることができる（72条、73条）。

### 4）住民等による取組みへの支援

景観法には、住民やNPOが景観形成の活動に取り組むことを支援するための仕組みが用意されている。前述の計画提案もその一つであるが、ほかに次のような仕組みが注目される。

○景観協定（81条）

景観計画区域内の一団の土地について、その所有者らが全員の合意で締結する協定のこと。景観協定には、建築物の形態意匠に関する基準、建築物の敷地・位置・規模・構造・用途又は建築設備に関する基準、樹林地・草地等の保全又は緑化に関する事項、屋外広告物に関する基準等が定められる。景観行政団体の長が協定を認可しこれを公告すると、建築協定の場合と同様に承継効（協定の効力が土地の承継人にを及ぶ）が生ずる（86条）。

---

15）なお、この認定・是正命令のシステムは、地区計画に建築物等の形態意匠の制限が定められた場合にも適用できるものとされている（76条）。

○景観協議会（15条）

景観計画区域における良好な景観の形成を図るため、景観行政団体又は景観整備機構によって設けられる協議を行うための組織のこと。景観協議会には、関係行政機関及び観光関係団体、商工関係団体、農林漁業団体、電気事業・電気通信事業・鉄道事業等の公益事業を営む者、住民その他良好な景観の形成の促進のための活動を行う者を加えることができる。協議会の構成員は、協議の結果を尊重することが求められる。

○景観整備機構（92条）

景観行政団体の長が、景観保護の活動を行うNPOであって、その業務を適正かつ確実に行うことができると認められるものを、その申請により指定するもの。景観整備機構の業務は、専門家の派遣、情報提供、景観重要建造物・景観重要樹木の管理、景観重要公共施設等に関する事業の実施等である（93条）。

○管理協定（36条）

景観行政団体又は景観整備機構が、景観重要建造物又は景観重要樹木の適切な管理のため、それらの所有者との間で締結する協定のこと。管理協定が締結されると、景観行政団体等は景観重要建造物等の管理を行うことができる。管理協定は、景観行政団体の長の認可を受け公告されると承継効が生ずる（41条）。

## (4) 景観利益と判例

### 1) 当初の判例のスタンス

景観法制定以前の判例は、それまでの都市法制を反映して、景観保護に対して消極的なスタンスを取るものが少なくなかった。その理由として、景観の価値が客観的に把握しにくいこと、また経済的価値にも換算できないこと、要保護性の程度も生命・健康・財産ほど高いものとはいえないこと、法令においても景観利益を保護する規定が見出されないこと等があげられてきた。

その結果、民事訴訟では、景観利益の侵害を理由に建築差止や損害賠償責任を導くことは困難だとされてきた。また行政訴訟（抗告訴訟）においても、景観利益は一般公益にすぎず個々人に帰属する個別的利益とまではいえないとして、原告適格の付与基準となる「法律上の利益」（行訴9条1項）には当たらないとされてきた。だが、このような考え方をとる判決が多く見られる一方で、近年、注目すべき判決もみられるようになってきた。

### 2）近年の注目すべき判決

○民事訴訟

まず取り上げなければならないのは、国立マンション民事差止等請求事件に関する最高裁判決である（最判平成18年3月30日民集60巻3号948頁。事案の詳細は前掲【コラム】参照）。

この事件では、地区計画に定められた建築物の高さ制限への違反を理由に、違反部分の建築物の取壊しが求められた。最高裁は、「良好な景観に近接する地域内に居住し、その恵沢を日常的に享受している者は、良好な景観が有する客観的な価値の侵害に対して密接な利害関係を有するものというべきであり、これらの者が有する良好な景観の恵沢を享受する利益（…）は、法律上保護に値するものと解するのが相当である。」と判示して、景観利益が法律上保護すべき利益であることを初めて認めた。この判決は、景観法が制定されるなど景観保護に向けて社会の意識が切り替わっていく時期に下されたもので、景観利益の客観性や要保護性について最高裁が承認を与えた意味は大きいといえよう。

もっとも、この判決は景観利益の要保護性を認める一方で、「景観利益は、これが侵害された場合に被侵害者の生活妨害や健康被害を生じさせるという性質のものではないこと、景観利益の保護は、一方において当該地域における土地・建物の財産権に制限を加えることとなり、その範囲・内容等をめぐって周辺の住民相互間や財産権者との間で意見の対立が生ずることも予想されるのであるから、景観利益の保護とこれに伴う財産権等の規制は、第一次的には、民主的手続により定められた行政法規や当該地域の条例等によってなされることが予定されている」として、景観利益の侵害によって民事救済を得るには、少なくとも加害行為が刑罰法規や行政法規に違反するか、または公序良俗違反や権利濫用に当たるような場合でなければならないとしている。この判決が示した民事救済のハードルの高さについては議論の残るところであろう[16)]。

### ○行政訴訟

行政訴訟（抗告訴訟）の分野では、原告適格について注目すべき判決が出ている。上記と同じ国立マンション事件に関わるものであるが、除却命令等の発動義務の存否が争われた東京地裁判決がまず注目される（東京地判平成13年12月4日判例時報1791号3頁）。

東京地裁は、「景観は、景観を構成する空間を現に利用している者全員が遵守して初めてその維持が可能になるのであって、景観には、景観を構成する空間利用者の共同意識に強く依存せざるを得ないという特質がある」と述べて、地権者らが享受する景観利益は、法律上保護された利益に該当することを認めた（さらに本案請求も一部認容）。

この判決は、地権者らの視点から景観利益をとらえたもので（上記最高裁判決の景観利益は近隣住民一般の景観利益だったことと対照的である）、大学通りの良好な景観は、地権者らが高い建物の建築を控えるなどの自制によって守られてきたのであるから、他者による景観侵害に対しては、当然にこれを争う原告適格を持つという論理（「互換的利害関係論」と呼ばれる）に立つものとして注目されよう[17)]。

---

16）この判決が措定する景観利益の問題点については、角松生史「コモンズとしての景観の特質と景観法・景観利益」論究ジュリスト15号（2015年）26頁以下参照。

17）この判決は次のように述べている。

「本件高さ制限地区の地権者は，大学通りの景観を構成する空間の利用者であり，このような景観に関して，上記の高さ規制を守り，自らの財産権制限を受忍することによって，前記のような大学通りの具体的な景観に対する利益を享受するという互換的利害関係を有していること，一人でも規制に反する者がいると，景観は容易に破壊されてしまうために，規制を受ける者が景観を維持する意欲を失い，景観破壊が促進される結果を生じ易く，規制を受ける者の景観に対する利益を十分に保護しなければ，景観の維持という公益目的の達成自体が困難になるというべきであることなどを考慮すると，本件建築条例及び建築基準法68条の2は，大学通りという特定の景観の維持を図るという公益目的を実現するとともに，本件建築条例によって直接規制を受ける対象者である高さ制限地区地権者の，前記のような内容の大学通りという特定の景観を享受する利益については，個々人の個別的利益としても保護すべきものとする趣旨を含むものと解すべきである。」。

このほか、有名な鞆の浦景観訴訟でも、公有水面埋立免許の差止めを求める行政訴訟（行訴法3条7項）において、住民の原告適格が認められている（広島地判平成21年10月1日判例時報2060号3頁）。この判決は互換的利害関係論に立つものではないが、瀬戸内海環境保全特別措置法や景観法を引き合いに出しながら、住民の原告適格を認めたものとして意義を持とう。この判決はまた、景観に対する配慮が十分なされなかったとして、本案においても原告の差止請求を認容しており注目される。

行政訴訟の原告適格に関しては、以上のような肯定例も登場しているが、全体としてみれば、それはまだ例外的なものにとどまっているように思われる[18)]。だが、景観法に基づいて景観計画や景観地区が定められるようになると、保護すべき景観の内容、範囲、保護の態様等が具体的になるため、個別的利益としての景観利益は認められやすくなるのではなかろうか。今後の展開に注目したい。

## （5）景観保護の今後の課題

これまでのわが国の都市法制は、文化財クラスの貴重な景観を除けば、景観保護を進めるための手立てを欠いてきた。これに対して景観法は、日常的な景観にも保護の網をかけることを可能にするとともに、自治体がそれを、住民の意見を聴いて自発的に決定していける仕組みを設けた点で、大きな意義を持つものであった。これに加えて、保護手法の面でも、景観法は、変更命令を含む新たな規制手法を導入することによって、それまでの景観保護条例が抱えていた限界を超えるものとなっている。

---

本判決は、かように述べて地権者の原告適格を認め、さらに本案請求（権限不行使の違法確認を求める部分）についても認容した（ただしこの判決は、控訴審である東京高判平成14年6月7日判例時報1815号75頁において、条例施行の時点で既に工事に着手していたとの理由で取り消されている）。

18）景観利益の侵害を理由に総合設計許可及び建築確認を近隣の寺院および住民らが争った事件で、原告の主張する景観利益は一般公益として保護されているにとどまり、個別的利益として保護されているとはいえないとして原告適格が否定された例がある。東京地判平成22年10月15日LEX/DB25464343（浅草寺景観訴訟）。ただし本件は、区の景観計画の策定前の事案であったことに留意する必要があろう。

このように、景観法の制定は、景観保護の分野で大きな一歩を踏み出すものであったが、その一方で、この法律には、なお不十分な点が多く残されているように思われる。とりわけ問題となるのは、変更命令の発出が形態意匠の制限に限定されていることである。本章の冒頭で指摘したように、これまでの景観紛争の典型は、「眺望をめぐる紛争」(とりわけ、建築物の高さをめぐる紛争)にあったわけだが、景観計画では、仮に高さ制限を設けても、その違反に対しては勧告しかなしえないことになる。このような天王山ともいうべき紛争に、景観法(とくに景観計画)が正面から対応していけないことは遺憾なことと言わざるを得ない。この点は、将来に向けての課題として押さえておく必要があるだろう[19]。

上記の点に留意した上で、景観法に定められたツールをどう使いこなしていくかについて、気付いたことを述べておくことにしたい。

第1に、**景観保護のための基準**をどう定めるかである。景観保護の実効性を高めていくには、保護すべき景観像について、できるだけ立ち入った定めを設けなければならない。例えば、保護すべき「良好な眺望」が存在する地域では、まずもって、景観形成基準の中に、「良好な眺望」を保護するための規定を盛り込んでおく必要があるだろう(景観地区であれば、強制力のある「高さ制限」を設けることができるし、景観計画の場合であっても、「高さ制限」を設けて、勧告によってそれを担保していくことは意味のあることであろう)。

第2に、**景観規制の実施過程**にも目を向ける必要がある。景観保護は、景観計画や景観地区を定めるだけで終わるのではなく、それらを基にして、建築事業者等との間で調整を図っていくプロセスにも重要な意味があると思われるからである。一般に、建築計画・開発計画と景観形成基準との整合判断

---

19) この点については、亘理格『行政訴訟と共同利益論』(2022年) 165頁以下が参考になる。同書は、「建築物や工作物の高さや壁面の位置及び敷地面積は、市街地景観の在り方を決定づける重要な要素であり、また、用途や容積率・建ぺい率のように景観法の規制対象から全面的に除外された事項の多くも、市街地景観を左右する重要な要素である」(170頁) とした上で、将来的な方向付けとして、「既存の個別諸法律により構築されてきた我が国の土地利用規制法制自体を、景観保護適合的な方向へ改正することを念頭に置くべきである」(175頁) と指摘する。

は、多くの場合、一義的になしうるものではないので（「配慮」や「調和」の語を用いて基準が立てられている場合はとくにそうであろう）、これらの基準を手掛かりにしながら、自治体、事業者、住民等の関係者が事前に話し合って、相互に納得のいく建築計画・開発計画にしていくことが大切であろう。その際、ひと口に景観といっても、実際には様々な要素によって景観のあり方が左右されるので（建築物の高さだけでなく、その材質・形態・色彩・デザイン、道路との距離、緑地や樹木等）、それらの要素にも注意を払いながら、地域景観と調和のとれた建築計画・開発計画となるよう相互に知恵を出し合っていくことが望まれよう。

第3に、「**良好な景観の創出**」が基本理念の一つにあげられていたが、この点については、まだ本格的な検討はなされていない。問題となるのは、現にある良好な景観と、新たに創出される評価の定まらない景観が衝突するような場合である。この点に関して思い起こしてほしいのは、現在の良好な景観は、いずれも過去の優れた景観と対峙し、これを乗り越える中で生まれてきたという歴史の教訓である（例えば、1889年に完成したエッフェル塔は、当時のパリの古典的な街並みにはそぐわないとして、建設当時はかなりの不評を買ったと言われているが、今日では、誰も疑うことのないパリを代表する景観建造物となっている）。古くからの景観と新しい景観の調和を求めることは至難の業かもしれないが、少なくとも言えることは、「良好な景観の創出」の可能性を持つものに対しては、ある種の寛容性をもって臨んでいく必要があるということであろう。今後の議論の展開に注目したい。

### コラム　アメニティの確保に向けて——緑地、公園、そして広場の整備

景観保護は、市民に対して「良好な景観を享受する利益」を保障するためのものである。その背景には、快適で豊かな市民生活を確保する上で、良好な景観の形成・保全が欠かせないものになっているという認識があるのであろう。

そうであるとすれば、緑地、公園、広場の整備等についても、同様のことが言えるのではなかろうか。緑地、公園、広場の存在は、都市生活に潤いを与えるものとして、今日の都市生活において欠かせないものになっているからである。これらは、景観も含めて、都市生活の快適さに関わるものという意味で、「**アメニティ（快適さ）**」という概念で捉えることができる。景観保

護の問題は、この意味で、都市生活におけるアメニティ確保の問題につながっているということができよう。

緑地や公園の整備や維持管理については、それぞれ個別の法律があり（都市緑地法、都市公園法等)、それらの下で整備・管理が進められてきたが、その一方で、都市に残された稀少な緑地が開発によって失われていく現実にも目を向けなければならない。都市のオアシスともいうべき稀少な空間を確保していくことは、今後ますます重要になってくるものと思われる。

緑地や公園と比較して、**広場**については、わが国ではあまり注目されてこなかったように思われる。都市にとって、広場の持つ意味はどのようなところにあるのだろうか。

広場の役割は都市の起源に遡る。広場は何より先ず、市場の開かれる場所として機能してきた。ヨーロッパ諸国では、今日でも都市の中心部に広場（place, piazza）があり、日常の食料品等を購入する場として利用されている。だがそれだけでなく、広場は、人々が出会い、互いに意見を交わす場（＝公共の広場）としても機能してきた。広場は、人と人とのふれあいの場として、都市生活において重要な役割を果たしてきたといえるだろう。

では、わが国の都市ではどうだろうか。地方都市などの中には、昔からの広場を残しているところがあり、朝市などに利用されている。だが、東京を初めとした大都市では、都市が拡大していく過程で広場の役割はあまり意識されず、高度成長期の開発ラッシュの波にのまれて消失していったところも少なくない。だが、これからの時代は、広場（最近は、「**オープン・スペース**」とも呼ばれる）の果たす役割は大きなものになっていくだろう。都市における広場（オープン・スペース）は、「ふれあいの場」として、「賑わいの場」として、「公共の場」として、また災害時には「避難の場」として、多様な働きをしてくれるからである。このため、オープン・スペースを市街地の中に積極的に創り出していくことは、今後の都市法の重要な課題の一つとなるだろう（⇒第6章でみるように、広場の整備は、都市再生制度の重要項目の一つとなっている)。

# 第6章　都市再生

〈本章の概要〉

本章では、近年注目を集めている都市再生法制（都市再生特別措置法に定められた様々な法制度）を取り上げるが、都市再生が叫ばれる背景には、今日の都市が直面する「都市の縮退」現象があることに鑑み、都市の縮退や管理不全に関わる問題もあわせてここで取り上げることにする。

叙述の順序は、まず初めに「都市の縮退」現象について説明し、土地管理の強化に向けた土地法・私法・住居法レベルでの対応（土地基本法の改正、民法・不動産登記法の改正、空家法の制定）を概観する（以上、(1)）。次いで都市再生の本論に入る。初めに、(2) 都市再生の語の多義性にふれた上で、都市再生法制で扱われる問題を、(3) 国際競争力強化の観点からの都市再生、(4) 市街地の活性化による都市再生、(5) 都市構造の再構築による都市再生（立地適正化計画）、の3つに分けてみていくことにしたい。

(1)「都市の縮退」と土地管理の必要性
(2) 都市再生法制の展開――「都市再生」の語の多義性
(3) 国際競争力強化の観点からの都市再生――都市再生緊急整備地域
(4) 市街地の活性化による都市再生――都市再生整備計画
(5) 都市構造の再構築による都市再生――立地適正化計画

## (1)「都市の縮退」と土地管理の必要性

都市機能の衰退が全国の都市で著しいことは、これまでにも指摘されてきたが、今日ではこれに加えて、人口減少等を背景とした「都市の縮退」現象が大都市も含めて問題とされるようになってきた。「都市の縮退」は、「都市の拡大」制御を主眼としてきたこれまでの都市法制のあり方に変容を迫るものである。このため今日では、「都市の拡大」制御に代わって、「縮退する都市をどう再生させるか」が大きなテーマとなっている。以下ではまず、都市再生の背景にある「都市の縮退」とはどのような問題かということから、みていくことにしたい。

### 1）「都市の縮退」とは――賑わいの喪失、土地・建物の管理不全

現行の都市計画法は、高度経済成長期に現れた都市の「急速な拡大」に対処するため、段階的な都市整備を進めることによって都市の「スプロール化」を防止する狙いをもつものであった。だが、経済が低成長の時代を迎えると、少子高齢化社会の到来と相まって都市の拡大傾向に歯止めがかかり、今日では「都市の縮退」と呼ばれる新しい現象が見られるようになってきた。

「都市の縮退」とは、都市の範囲が文字通りに縮小することをいうのではなく、むしろ、都市機能の衰退、即ち、都市がかつてのような賑わいを失い、都市の各所に空地や空家が生まれ、都市空間の管理が行き届かなくなるような状態を指す言葉として用いられるものである。都市の「空洞化」ないし「スポンジ化」と呼ばれることもある[1)]。代表的なものとしては、中心市街地の空洞化（いわゆるシャッター街化）や、耕作放棄地ないし空家の増大などがあげられる。このほかにも、郊外団地の孤立化や、拡散した公共施設の維持・管理問題等が縮退現象の一つとしてあげられよう。「都市の縮退」は、従来の都市法が想定していなかった問題であることは明らかである。このため、縮退から生ずる歪みに手を差し伸べ、生活や生産の基盤として都市をよみがえらせること、即ち「都市の再生」が新たな課題として浮かび上がってくるのである[2)]。

縮退問題への対応は、2つの視点でみていく必要がある。一つは、個々の土地・建物に着目して、その管理不全を個別的に解消していく視点である。これは、おもに民法や不動産登記法等を通して行われる。これに対して、都市法の視点から求められるのは、都市全体のあり方に着目した縮退問題への対応である。これに関しては、都市再生特別措置法に、これまでの都市計画法の枠組みを越えるような様々な制度が設けられた。まず、前者について概

---

1）　饗庭伸『都市をたたむ』（2015年）。

2）「都市再生」と類似する言葉に「地域再生」の語がある。この語は、「少子高齢化の進展、産業構造の変化等の社会経済情勢の変化に対応して、地方公共団体が行う自主的・自立的な取組による地域経済の活性化、雇用機会の創出その他の地域の活力の再生」を指す言葉として用いられる（地域再生法（2005年））。このため、都市再生と重なり合う部分も多いが、概念上は一応区別されるものである。

観した後、後者の問題を詳しくみていくことにしたい（⇒（2）〜（5））。

## 2）土地・建物の管理について――不動産法レベルでの対応

### 1．令和２年（2020年）の土地基本法改正

不動産レベルでの対応において、キーワードとなるのは「管理」の概念である。耕作放棄地や空家では、管理不全に陥った土地や建物に、いかに適切な管理を及ぼしていくかが鍵となるからである。

令和2年（2020年）の土地基本法改正は、まさにこのような問題関心に立ってなされたものである。この改正法では、同法の基本理念の一つであった土地の「適正な利用」を「適正な利用及び管理」に拡張するとともに（3条）、土地所有者等の責務として、「土地の利用・管理・取引」を新たに規定した（6条1項）。これに加えて改正法は、適切な土地利用・管理を図るための措置として、「低未利用土地の適正な利用・管理の促進」（情報の提供、取得の支援等）および「所有者不明土地の発生の抑制・解消・円滑な利用管理の確保」（13条4項、5項）を努力目標として明記した（13条4項、5項）。一方、この法改正と前後して、個別不動産法のレベルでも、都市・不動産の管理強化に向けて、以下のような対応策がとられることになった。

### 2．所有者不明土地の問題[3]――民法・不動産登記法の改正等

わが国には現在、所有者不明土地が大量に存在する。とくにその傾向は、農村部において顕著である。その背景には、都市に向けての人口流出により、田舎の土地が顧みられなくなったことがあげられよう。だが、所有者不明土地が増えると、様々な面で社会生活に支障をきたすことになる。例えば、所有者不明土地が荒廃すると、近隣の土地にも、安全・衛生・環境面で悪影響が及ぶおそれが出てこよう。また、地域に必要な公共施設を設置しようとする場合も、そこが所有者不明土地だと土地取得に困難をきたすだろう。

---

3）所有者不明土地の問題については、山野目章夫『土地法制の改革』（2022年）が詳しい。なお、所有者不明土地の面積は極めて広く、九州の面積を超えているとの指摘がある（吉原祥子『人口減少時代の土地問題』（2017年））。

このため、令和3年（2021年）の立法措置により一定の対応策がとられることになった。まず、所有者不明土地の発生予防策として、相続時における不動産登記の申請が義務付けられるようになった（不動産登記法76条の2）。所有者不明土地の管理については、所有者不明土地管理制度が民法に定められた（民法264条の2以下）。同様の制度は、管理不全土地についても設けられることになった（民法264条の9以下）。

都市法の見地から注目されるのは、所有者不明土地を地域の福利増進事業のために活用する途が開かれたことである（所有者不明土地の利用の円滑化等に関する特別措置法（2018年））。この制度は、土地の使用期間を10年以下にとどめたので（ただし、延長は可能）、恒久的な施設の整備よりも、防災空き地、仮設施設、仮設道路など、撤去が容易であるような地域福利施設の設置に適合するものと言われている。

このほか、所定の要件を満たせば、相続土地を国庫に帰属させる途も開かれるようになった（相続等により取得した土地所有権の国庫への帰属に関する法律（2021年））。

### 3. 空家問題――空家対策特別措置法の制定

次に、建築物に目を向けると、いわゆる**空家問題**が社会的な注目を集めるようになってきた。まず統計からみていこう。平成27年（2015年）の統計によると、全国の住宅の総戸数は6063万戸あるが、そのうち空家は820万戸で全体の13.5%を占めている。賃貸用住宅、売却用住宅、別荘等を除いた残りの空家は318万戸で、過去20年間で倍増している。空家は、それが存在するだけで直ちに問題となるものではないが、維持管理が十分になされない空家は、倒壊の危険や生活環境上の問題を生じさせるおそれがある。今日、社会問題化しているのは、かような状態に至った（あるいは至るおそれのある）空家である。このような空家は、都市、農村を問わず広く全国に存在するのである。

国や自治体では、ここ数年、空家問題に対処するための法制度を整えてきた。当初は、自治体が条例（いわゆる**空家条例**）を作って対応した。条例の多くは、倒壊防止・防犯・生活環境保全等を目的に、所有者に対し適正管理を求め、問題のあるケースでは勧告等の行政指導を行うというものであったが、中には、措置命令や強制撤去の措置（行政代執行の活用）を定める条例もあった。もっとも、空家問題は原因が多岐にわたる上、所有者の特定が困難な場合があるなど、自治体の施策だけでは十分にカバーできない面があることから、2014年には議員立法により、「空家等対策の推進に関する特別措置法」（以下、「空家法」という）が制定された[4]。

○空家法の考え方と規制の仕組み

空家法は、次のような考え方を前提にしている。まず、私的所有の対象である土地・建物は、所有者の責任で自由に管理・処分できるのが原則であるから、国家の介入（公的規制）が許されるのは、公共の利益を害するおそれがある場合に限られる。空家法はかような考え方に立って、周辺に迷惑を及ぼすおそれのある空家を「特定空家等[5]」と呼んで（2条2項）、これに該当する物件に対して、市町村長が、①除却、修繕その他必要な措置を講ずるよう助言・指導し ⇒②改善がなされないときは、上記措置をとるよう勧告し ⇒③勧告に係る措置がとられないときは、勧告に係る措置をとるよう命令し ⇒④命令が履行されないときは、代執行の措置がとれるようにした（22条）。このほか、この法律の円滑な実施を確保するため、市町村長には立入調査権が与えられ（9条）、また所有者名の把握を助けるため、固定資産税情報の目的外利用（10条）が認められた。

空家法の制定により、すでに荒廃した空家に対しては応急的な対策がとられるようになったが、空家問題の抜本的解決のためには、空家が荒廃する前にそれをいかに予防するかが鍵となってこよう。このため空家法では、適切な空家管理を促すための情報提供・助言（12条）や、税制レベルでの対応措置[6]（29条2項）が定められたが、これらの方策だけではまだ十分とはいえ

---

4）空家法や自治体の空家対策については、北村喜宣ほか編『空き家対策の実務』（2016年）が詳しい。

5）「特定空家等」とは、「そのまま放置すれば倒壊等著しく保安上危険となるおそれのある状態又は著しく衛生上有害となるおそれのある状態、適切な管理が行われていないことにより著しく景観を損なっている状態その他周辺の生活環境の保全を図るために放置することが不適切である状態にあると認められる空家等」のことをいう（2条2項。傍線は筆者）。

6）これまで、住宅のある土地については地方税法の特例により固定資産税が軽減され

ないだろう。このため、令和5年（2023年）の空家法改正で、管理不全空家の制度をはじめとしたいくつかの制度が新たに設けられた[7]（13条）。

### (2) 都市再生法制の展開——「都市再生」の語の多義性

以下では、都市再生法制と呼ばれる一群の法制度について説明していくが、その前に、「都市再生」の語について述べておくことにしたい。というのは、「都市再生」の語が何を指すかは、必ずしも明確になっているわけではないからである。

わが国の法律に「都市再生」の語が登場するのは、2002年に制定された都市再生特別措置法（以下、「都市再生法」という）が最初でないかと思われる。「都市再生」の語はこの法律の名称に用いられているが、その意味内容は必ずしも明確なものとはいえない。都市再生法では、「都市再生」の語を、「近年における急速な情報化、国際化、少子高齢化等の社会経済情勢の変化に我が国の都市が十分対応できたものとなっていないことに鑑み、これらの情勢の変化に対応した都市機能の高度化及び都市の居住環境の向上」（1条）を図るものとして用いているが、多様なものが混在するため、その中身をどう解するかが問題となる。

都市再生法は、2002年に、小泉内閣の下で制定されたものであるが、制定当初の段階では、「都市再生」の語は、何よりもまず経済の再生と緊密に結びつけられていた。即ち、90年代以降低迷している経済を再生するには、

---

てきたが、住宅を撤去するとこの特例が適用されなくなるため、空家のまま放置されるケースが少なくなかった。このため、地方税法が改正され、特定空家等に認定されると、その時点で特例の適用対象から除外されることになった（地方税法349条の3の2第1項）。これによって、空家の放置によって得られるメリットを失わせることにしたのである。

7) 空家法は、2023年の改正により、その制度がさらに拡充・強化された。目玉となるのは、「管理不全空家」制度の創設である。この制度は、放置すれば特定空家化するおそれのある空家を「管理不全空家等」と呼び、そのような空家の特定空家化を防ぐため、新たに指導・勧告の制度を設けるものである（13条。勧告を受けると固定資産税の緩和特例が適用されなくなる）。このほか、この改正では、空家等活用促進区域の創設（7条3項）、空家等管理活用法人の創設（23条）、緊急時の代執行手続の緩和（22条11項）等が定められた。

都市の魅力と国際競争力を高めその再生を図る必要があり、そのためには、民間による都市への投資など民間の力を都市に振り向けることが決め手となる。このような観点から、経済構造改革のための重点課題の一つとして、都市再生に取り組むものとされたのである[8)]。

しかしながら、その後の都市再生法の改正を見ていくと、経済との結びつきはなお残しながらも、その一方で、「都市の縮退」化に抗して都市（大都市に限らない）を蘇らせるための法制度が、この法律の中に登場するようになる（2004年 都市再生整備計画の導入、2014年 立地適正化計画の導入等）。つまり、「縮退」化した都市の「再整備」ないし「再構築」を目指すものとして、「都市再生」の語が用いられるようになるのである。「都市再生」の語は、もはや経済再生の見地からだけでなく、都市法本来の使命に応えるための言葉としても定着してきたといえるだろう。

以下では、「都市再生」の語の多義性に注意を払って、都市再生法制の中身を、(3) 国際競争力強化の観点からの都市再生、(4) 市街地の活性化による都市再生、(5) 都市構造の再構築による都市再生の3つに分けて論じていくことにしたい。

## (3) 国際競争力強化の観点からの都市再生 ——都市再生緊急整備地域

### 1) はじめに

ここでは、国際競争力強化の観点からの都市再生として、**都市再生緊急整備地域**の制度を取り上げる。この制度は、都市再生法の制定時に導入されたもので、今日においても、都市再生法制の一方の極として機能するものである。この制度の特徴は、内閣の主導のもとに、民間活力を最大限に活用して市街地整備を押し進める点に見出せる。その内容は、端的にいえば大都市を対象とした都市改造事業ということになるだろう。都市再生緊急整備地域では、都市計画規制の緩和、許認可手続の迅速化、民間事業に対する財政支援

8) 都市再生法の制定経緯については、佐々木晶二「都市再生特別措置法」ジュリスト1231号67頁参照。

等が行われることになっている。これは、通常の都市法制の枠を越えた大都市特例を認めるものであり、いわばスーパー都市法制というべきものである。

### 2）都市再生緊急整備地域

都市再生緊急整備地域は、次のような仕組みを持つものである（図1参照）。

①内閣総理大臣を都市再生本部長として、全ての国務大臣からなる**都市再生本部**を内閣に設置する（3条、7条、9条）。内閣総理大臣は、閣議で**都市再生基本方針**を定め、関係地方公共団体の意見を聴いた上で、**都市再生緊急整備地域**を政令で指定する（5条、14条）。都市再生緊急整備地域とは、「都市再生の拠点として、都市開発事業等を通じて緊急かつ重点的に市街地の整備を推進すべき地域として政令で定める地域」のことであり（2条3項）、大都市特例の中心をなす制度である（国交省HPによれば、2022年10月28日時点で 52地域が指定されている）。

②このほか、都市再生緊急整備地域のうちから、都市の国際競争力の強化を図る上で特に有効な地域を、**特定都市再生緊急整備地域**として政令で指定することができる（2条5項。2022年10月28日時点で15地域が指定されている）。

**（図1）都市再生緊急整備地域（概要図）**

都市再生本部（本部長：内閣総理大臣）

都市再生基本方針（閣議決定）

↓　地方公共団体の意見を聴く

都市再生緊急整備地域/特定都市再生緊急整備地域（政令で指定）

都市再生緊急整備協議会（国、関係地方公共団体、民間事業者）

<都市再生特別地区>（都道府県の都市計画）→ 規制緩和

<民間都市再生事業計画>（国交大臣が認定）→ 費用支援

<公共公益施設の整備計画> → 費用支援

<都市再生安全確保計画> → 費用支援

<土地所有者等の合意> → 歩行者経路協定、安全確保施設協定等

③都市再生緊急整備地域には、国と関係地方公共団体の協議機関として**都市再生緊急整備協議会**を組織することができ、これに民間事業者等を参加させることができる（19条）。同協議会は、公共公益施設の整備計画（19条の2）、駐車施設の配置計画（19条の13）、都市再生安全確保計画（19条の15、大規模地震から滞在者等を守るための計画のこと。2022年10月28日時点で25計画定められている）を定めることができる。また、同地域の土地所有者等は、全員の合意により、歩行者経路協定（45条の2以下）、安全確保施設に関する協定（45条の13以下）を締結することができる（⇒後述の【コラム】参照）。

④都市再生緊急整備地域では、都道府県は、都市計画の特例として、**都市再生特別地区**を定めることができる（36条）。都市再生特別地区では、通常の用途規制や形態規制の制限は適用されない。そこでは、事業者による計画提案も認められている（2022年9月30日時点で111地区が指定されている）。

⑤民間事業者は、都市再生緊急整備地域内で、**民間都市再生事業計画**の認定を受けることができる（20条）。これが認定されると、民間都市開発推進機構による事業費用の支援が受けられる（2022年12月22日時点で154計画が認定されている）。

### 3）若干の考察――今後の課題

今日、わが国の大都市中心部では、超高層オフィスビルが次々に建築され、都市改造ともいうべき都市空間の大幅な変容が進められている。かような都市改造が可能になるのは、政府の主導により都市再生緊急整備地域が指定され、その地域内で都市計画の一つとして、通常の建築規制に替えて超高層建築を可能にする都市再生特別地区が定められるからである。都市再生緊急整備地域は東京だけでなく、すでに全国の大都市にも指定が広がっており、その意味で、大都市制度として一般化しているといってよいだろう（図2参照）。

この制度の特徴は、一言でいえば、民間活力の活用ということになるだろう。ここで想定されているような大規模事業は、民間からの投資なしにはなし得ないからである。「民間活力を利用することによって都市の魅力を高め

（図2）都市再生緊急整備地域等の指定状況（2022年10月28日時点）

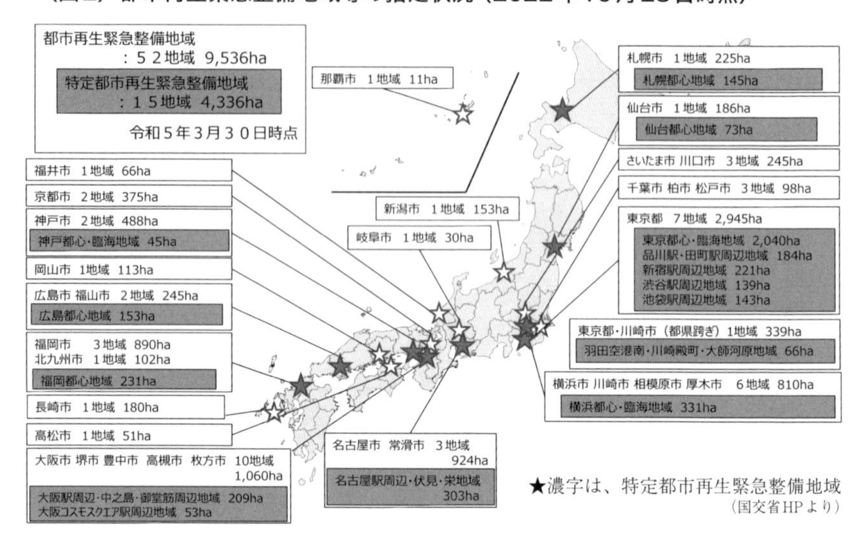


（国交省HPより）

るとともに、資本や人材等を呼び込み、立地する産業の国際競争力を向上させる都市再生を的確に推進していくことは、国民生活の向上や経済の活性化等の観点から重要である」というのが、制度立案者の考え方である。都市再生法の制定は、かような考え方に基づいて民間主導の都市改造に途を開くものだったといえる。

大都市改造のゆくえについては今後の成り行きを見守るほかないが、都市法の見地からは、次のような問題が指摘できる。

第1に、ここで取り上げた都市再生緊急整備地域の制度は、簡単に言ってしまえば、大都市の中心部分を、民間事業者の手を借りて大幅に刷新していくものである。大都市の中心部分を時代に応じて刷新していく必要性は認められてよいが[9)]、都市を一つの公共空間としてみた場合に、これに大幅な改変を加えるときは、都市空間を利用する多くの者の意見や要望を聴くことも、忘れてはならないだろう。その場合に、都市空間利用者の意見・要望が

9) ただし、都市再生緊急整備地域の指定や都市再生特別地区の指定は、通常の規制を緩和する程の高い公益性を持ち、防災、景観保護さらには生活環境保全等の面でも支障のないものでなければならないだろう。

実際の事業に生かされるためには、少なくとも事業の出発点の段階（都市再生緊急整備地域の指定の段階）で、意見募集等の機会がないと難しいだろう。だが、現行制度においては、事業内容の根幹部分は国と民間事業者の間で固められていき、都市計画の段階に至らないと住民の意見を聴く機会は与えられないことになっている。これでは、意見を聴きおくだけの形式的な手続で終わることになりかねない。以上のことは、市民の実効的な権利保障という面からだけでなく、事業の正当性確保という面からも、問題となるところだと思われる。

第2に、自治体の関与についても、法律上は、①都市再生緊急整備地域を指定する政令の制定・改廃の立案について当該地域の地方公共団体は申出ができること、②都市再生本部が、右政令の制定・改廃の立案をしようとするときは、あらかじめ関係地方公共団体の意見を聴き、その意見を尊重しなければならないこととされているが（5条）、実際の手続の上で、地元自治体の要望がどれだけ反映されるかは定かでない。地元自治体の手の届かないところに特別な制度を設けることには、一定の危うさが伴うことに十分注意を払う必要があるだろう。

第3に、この制度は、都市中心部の一定区域の容積率を大幅に緩和することによって、超高層ビルの林立を可能にするものである。これは言い方を変えれば、その地域の滞在者の受入れキャパシティを桁外れに広げることを意味しよう。このことがもたらす「負」の影響は、とりわけ大規模災害との関係で問題となってこよう。滞在者の数が、防災面でのキャパシティを超えてしまうと、とてつもない被害に結び付く可能性があるからである。安全確保に関する計画や協定の仕組みは設けられてはいるものの、実際には、その多くが民間事業者頼みとなっていることもあって、防災の仕組みづくりは、必ずしも順調に進んでいるとはいえないようである（⇒ 後述、註12）。そうだとすると、いったい誰が安全確保に対して責任を持つのか。この点は、今後しっかり詰めていく必要があるといえよう。

## (4) 市街地の活性化による都市再生――都市再生整備計画

わが国で「都市の縮退」が問題化するのは、20世紀の終わりを迎えてからである。だが、「縮退」に起因する問題は、すでにそれ以前から論じられていた。地方都市での中心市街地の衰退は、そのような問題の一つであったといえよう。以下では、市街地の活性化による都市再生として、都市再生整備計画を取り上げるが、その前に、これに先行する取組みとして、中心市街地活性化法についてみておくことにしたい。

### 1) 中心市街地活性化法

わが国の地方都市では、早い時期から中心市街地の空洞化が問題となってきた。その背景には、モータリゼーションの進展に伴って市街地が郊外に拡散していったことがあげられる。大規模店舗(ショッピングセンター等)の郊外進出や公共公益施設(学校、病院等)の郊外移転は、中心市街地の空洞化をさらに加速させた。

1998年に制定された中心市街地活性化法は、大店法(中小小売店舗を保護するため、大規模店舗の出店規制を盛り込んだ法律)の廃止に伴い、これに代わって「まちづくり3法」の一つとして制定されたものであるが、中心市街地の衰退はその後も止まらなかったため、2006年に大幅な改正がなされた。

改正のポイントは、①商業振興策にだけ重点を置くのでなく、住宅供給や都市機能の集積等を通じて中心市街地の生活空間としての再生を目指すものであること、②市町村が策定する中心市街地活性化基本計画を内閣総理大臣が認定し手厚い支援策を講ずるものであること、③商業関係者だけでなく、多様な関係者が参加できる仕組み(中心市街地活性化協議会)を設けていること等の点にある。

その後、2014年の改正で支援制度が拡充されるとともに(大臣の認定を受けた民間プロジェクトへの支援等)、既存の規制に対する特例(オープンカフェのための道路占用許可の特例等)も設けられるようになった。

### 2）都市再生整備計画

市街地の活性化を図るためのより一般的な法制度としては、2004年の都市再生法改正で導入された**都市再生整備計画**があげられよう（同法第5章）。都市再生整備計画とは、市町村が、都市再生基本方針に基づいて作成する公共公益施設の整備等に関する計画のことで、代表的なものとしては、広場の整備、道路の拡幅・バリアフリー化、公園の緑化、駐車場の整備等があげられる（図3参照）。

この制度の仕組みは、次のようになっている（図4に概要図がある）。

①市町村は、単独または共同して、都市の再生に必要な公共公益施設の整備等を重点的に実施すべき土地の区域において、都市再生基本方針に基づき、都市再生整備計画を作成することができる（46条1項）。都市再生整備計画には、公共公益施設の整備に関する事業、市街地開発事業、防災街区整備事業、土地区画整理事業、住宅施設の整備に関する事業等が記載されるほか、これと一体となった事務・事業（まちづくり推進事業、一体型滞在快適性等向上事業等）も記載される（同条2項）。

②この計画には、様々な効果が結び付けられている。まず、市町村が都市再生整備計画を作成し国の認可を得ると、国から交付金を得ることができる（47条）。

（図3）都市再生整備計画のイメージ

出典：国土交通省：都市再生整備計画事業（旧まちづくり交付金）パンフレット

③都市再生整備計画には、滞在快適性等向上区域を定めることができ（46条2項5号）、滞在の快適性や魅力の向上を図ることによって、「居心地が良く歩きたくなる」空間づくりの促進が目指される[10]。

④次に、都市再生整備計画に記載した事項については、都市計画等の特例が適用される（51条以下）。これには、都市計画決定・道路整備に係る権限の市町村への移譲と、既存の法規制の緩和があり、後者は、道路や都市公園の占用許可基準の緩和[11]、駐車場法の特例、普通財産の活用、景観計画策定の提案、歴史的風致維持向上計画の認定手続の特例等からなる。

⑤このほか、都市再生整備計画に位置付けられることで、民間プロジェク

**（図4）都市再生整備計画（概要図）**

都市再生基本方針（閣議決定）

↓

都市再生整備計画（市町村が作成）

→公共公益施設の整備事業、市街地開発事業等
計画の策定・運用を担う官民連携組織

＝市町村都市再生協議会　都市再生推進法人

効果 ⇒・国から交付金
・滞在快適性等向上区域の設定
・都市計画・道路整備に係る権限移譲
・占用許可の特例（道路、河川、都市公園、駐車場）
・民間プロジェクトへの財政支援
・利便性向上のための各種協定

---

10）滞在快適性等向上区域（「まちなかウォーカブル区域」とも呼ばれる）とは、訪れる人の快適さの向上を図るため、歩道の拡幅その他の道路の整備、交流拠点となる都市公園の整備、店舗等の開放性を高めるための改築・色彩変更等を行う必要があると認められる区域のことである（46条2項5号）。

この区域に指定されると、一体型ウォーカブル事業（市町村実施事業と一体となって実施される事業）の実施主体は、都市公園において看板・広告塔の設置許可やカフェ・交流スペース等の設置管理許可が得られるようになる。また、都市再生推進法人や一体型ウォーカブル事業の実施主体は、公園管理者との間で、飲食店・売店等の設置管理と、生じる収益を活用した周辺道路、広場の整備等を一体的に行う協定を締結することができるようになる。

11）道路であれば、オープンカフェ、広告板等の占用許可基準の緩和により、余地要件（道路の敷地外に余地がないためにやむを得ない専用であること）の適用が除外される。都市公園であれば、技術的基準に適合する限り占用許可がなされるなど。

トへの財政支援（63条以下）や、利便性の向上等を図るための各種協定の締結が可能になる（73条以下、後述の【コラム】参照）。

都市再生整備計画に結びつけられたこれらの仕組みは、民間事業者との連携・協力によって進められるものであるため、「官民連携のまちづくり」と呼ばれている。都市再生緊急整備地域の場合と同様に、国の定める都市再生方針が出発点に置かれるが、計画の中身については、地域密着型で公共公益施設の整備を中心とするものになっている。また、滞在快適性等向上区域や各種の利便性協定に見られるように、日常生活と密着した仕組みが多く定められているのも、この制度の特徴といえる。

都市再生整備計画の策定手続については、都市再生法に特段の定めがないため、各市町村で、住民・事業者らの意見を聴く手続を設けることが望まれる。

○官民連携の推進組織――市町村都市再生協議会、都市再生推進法人

都市再生法には、都市再生整備計画等の策定・運用に関わる組織として、市町村都市再生協議会および都市再生推進法人の2つが定められている。

**市町村都市再生協議会**は、都市再生整備計画及びその実施並びに都市再生整備計画に基づく事業により整備された公共公益施設の管理並びに立地適正化計画及びその実施に関し必要な協議を行うため、市町村や都市再生推進法人等によって組織されるものである（117条）。必要な場合には、民間事業者等もこの組織の構成員に加えることができる（⇒ 第9章（4）1）で詳述する）。

**都市再生推進法人**は、特定非営利活動法人、一般社団法人、一般財団法人、又はまちづくりの推進を図る活動を行うことを目的とする会社であって、次に述べる業務を適正かつ確実に行うことができると認められるものの中から、その申請に基づいて市町村長が指定するものである（118条）。都市再生推進法人の業務は、専門家の派遣・情報提供、事業への助成、事業の施行・参加、土地の取得・管理・譲渡、施設の管理、施設の設置・整備・管理…等々と多岐にわたっており（119条）、「官民連携のまちづくり」の担い手として重要な役割が与えられている（⇒ 第9章（4）3）で詳述する）。

## コラム　都市再生法に定められた種々の協定、都市利便増進協定の概要

都市再生法には、様々な協定が定められている。

まず、都市再生緊急整備地域との関係では、①都市再生歩行者経路協定（45条の2）、②都市再生安全確保施設に関する協定（45条の13以下）が定められている。このうち②は、都市再生安全確保計画の定めを受けて締結される災害を想定した協定の総称で、②a退避経路協定（45条の13）、②b退避施設協定（45条の14）、②c備蓄倉庫の管理協定（45条の15）、②d非常用電気等供給施設協定（45条の21）からなる。

次に、都市再生整備計画との関係では、③都市再生整備歩行者経路協定（73条）、④都市利便増進協定（74条）、⑤低未利用土地利用促進協定（80条の3）が定められている。

後述の立地適正化計画との関係では、⑥立地誘導促進施設協定（109条の4）、⑦跡地等管理等協定（111条）がある。

これらは、自治体と土地所有者等との間で締結されるものと、土地所有者等の間で締結されるものに分けられる（②c⑤⑦は前者に当たり、①②a②b②d③④⑥は後者に当たる）。また、承継効のあるなしによって区分することもできる（④⑤⑦以外は承継効を持つ）。

さながら協定のオンパレードであるが、実際にこれらの協定が活用されているかどうかは別問題である（2022年10月末現在の締結実績は、①で2件、③で1件、④で30件とのことである[12]（官民連携まちづくりポータルサイトに

**（図5）都市利便増進協定のイメージ**

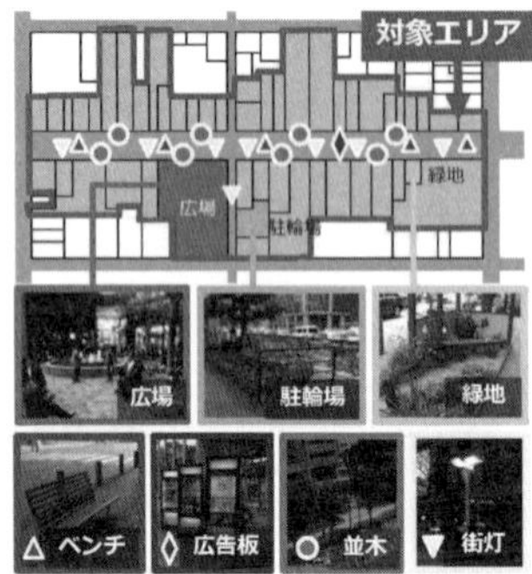


**都市利便増進協定**

**①協定締結者**
- 地域住民（土地所有者等）
- 都市再生推進法人

**②協定により定める事項（例）**
- まちづくり会社が広場を管理・運営。その際、イベントの開催等、賑わいを創出する取組も併せて推進。
- まちづくり会社が広告板を設置し、その管理を行うとともに、広告収入をまちづくり活動に充当。
- ベンチ、緑地などの清掃・補修等を地域住民が自ら実施。　等

▲
**市町村長による認定**
国や地方公共団体による援助（情報提供、助言等）

（国交省HPより）

---

12）問題となるのは、滞在者の安全確保に関わる②都市再生安全確保施設に関する協定（以下、「②協定」という）であるが、これについては締結実績のデータが載っていなかったので確かなことはいえないが、②協定の基になる都市再生安全確保計画の策定自体があまり進んでいないことからすると（前述（3）2）③）、②協定の締結実績もあまり多くないのではないかと推測される。今後、力を入れていく必要があるだろう。

よる))。そこで、比較的多く活用されている④の都市利便増進協定の中身を見てみることにしよう。

○都市利便増進協定

都市利便増進協定は、広場、街灯、並木など、住民や観光客等の利便を高め、町の賑わいや交流の創出に寄与する施設（都市利便増進施設）を、地域住民・まちづくり団体等の発意に基づき、施設を利用したイベント等も実施しながら一体的に整備・管理していくための協定である。区域内の土地所有者等の相当部分が参加すれば協定を締結できる。市町村長による認定を予定しているが承継効は持たない。協定締結のハードルを下げて、広く活用してもらおうという趣旨なのだろう。

## (5) 都市構造の再構築による都市再生――立地適正化計画

「縮退」時代の都市法においては、市街地の整備改善に加えて、都市のあり方全体をマクロな視点から見直し、都市構造の再構築を目指していくことが求められてこよう。このような見地から、今日注目されているのが**コンパクトシティ構想**である。コンパクトシティは、都市中心部にインフラ投資を集中することで中心部の居住性を高める一方、都市郊外や農山村の開発を抑制して、都市の拡散を防止し自然環境の保全を図ろうとする構想のことである[13)]。

### 1) 立地適正化計画の特徴

わが国では、2014年の都市再生法の改正で、**立地適正化計画**が定められた。これは、コンパクトシティの実現に向けた国レベルでの初めての取組みとして注目されるものである。

立地適正化計画は、市町村が都市計画区域内の区域について、都市再生基本方針に基づいて、住宅及び都市機能増進施設の立地の適正化を図るため作

13) コンパクトシティ構想は、単に人口減少社会になったからコンパクトなまちに住もうというのでなく、これまで続いてきた「都市の拡散」に歯止めをかけ、環境に配慮したまちをつくろうという考え方に立つのが本来の姿であろう。言い換えるなら、環境配慮と都市の持続的発展の見地に立つ構想といえよう（海道清信『コンパクトシティ　持続可能な社会の都市像を求めて』(2001年))。

（図6）多極ネットワーク型コンパクトシティのイメージ

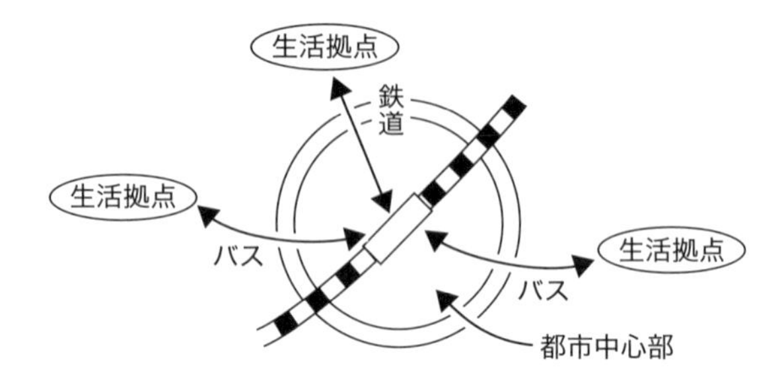


成するものである（81条）。立地適正化計画の作成は義務付けではなく、これを作成するか否かは市町村の判断に任される。市町村が作成した立地適正化計画の基本方針は、市町村マスタープランの一部とみなされる（82条）。これまでのところ、立地適正化計画は、527の市町村で作成公表されており（全市町村数の約3割）、作成途上の市町村を含めると、その数は686にのぼる（2023年7月31日時点のデータ。国交省HPより）。

立地適正化計画の特徴として、次の3点をあげておこう[14)]。

第1に、立地適正化計画のコンセプトは、コンパクトシティとネットワークの2つからなることである。一口にコンパクトシティといっても、実際の生活拠点は市街地の各所に分かれているので、市民が都市中心部にある必要なサービス（医療・福祉・子育て、商業等）を容易に利用できるようにするには、中心部と生活拠点の間を公共交通機関で連結する（ネットワーク化する）ことが必要になる。このようなネットワークは多極的な広がりを持つので、多くの自治体では、**多極ネットワーク型コンパクトシティ**と呼ばれる目標モデルが採用されている（図6参照）。

第2に、立地適正化計画は、**都市機能の包括的プラン**の性格を持つことである。これまでの都市計画においては、都市基盤の整備さえしておけば市民に必要なサービス施設は自然に整えられてきたが、人口減少社会においては、居住、商業、医療・福祉、教育、行政、公共交通機関等の立地の全体像を積極的に提示し関係者に働きかけていくことが、都市を再生する上で欠か

14）以下の叙述については、都市計画法制研究会編『コンパクトシティ実現のための都市計画制度――平成26年改正都市再生法・都市計画法の解説』（2014年）を参照した。

せないからである。

第3に、立地適正化計画の実現手法は、**誘導的手法**を基本とすることである。これまでの都市計画においては、規制的手法が中心的手段として用いられてきたが、都市構造の再編を目指す立地適正化計画においては、市民生活の安定や既存の権利関係への配慮が欠かせないため、時間をかけながらコンパクトシティの実現に向けて市民を誘導していくことが求められるからである（⇒誘導的手法については、第8章（2）2）で詳しくふれる）。

## 2）立地適正化計画の内容

立地適正化計画には、以下のような区域の設定が予定されている（図7参照）。まず必要とされるのが**居住誘導区域**（81条2項2号）の設定である。居住誘導区域とは、「都市の居住者の居住を誘導すべき区域」のことである。居住誘導区域は、市街化区域又は非線引き都市計画区域に設けられることになっている。

次に、都市の中心部には**都市機能誘導区域**（81条2項3号）が設けられる。都市機能誘導区域とは、「都市機能増進施設（医療、福祉、商業その他の都市の居住者の共同の福祉又は利便のために必要な施設であって、都市機能の増進に著しく寄与するもの）の立地を誘導すべき区域」のことである。居住誘導区域の居住者に必要な生活サービスは、居住誘導区域と都市機能誘導区域が公共交通等のアクセスで結ばれることにより確保される。

なお、立地適正化計画を設ける場合には、居住誘導区域と都市機能誘導区

**（図7）立地適正化計画のイメージ**

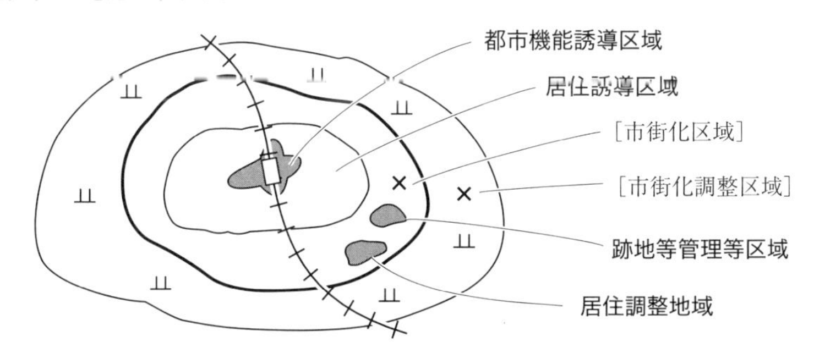

域の2つを必ず定めなければならないものとされている（後者の区域は前者の区域の内側に定められる）。

このほか、居住誘導区域の外側では、必要に応じて**跡地等管理等区域**（81条16項）、さらには**居住調整地域**（89条）を設けることができる。跡地等管理等区域とは、「居住誘導区域外の区域のうち、住宅が相当数存在し、跡地（建築物の敷地であった土地で現に建築物が存しないものをいう）の面積が現に増加しつつある区域で、良好な生活環境の確保及び美観風致の維持のため」に跡地等の適正な管理が必要となる区域のこと[15]、居住調整地域とは、「居住誘導区域外の区域で、住宅地化を抑制すべき区域」のこと[16]である。この2つの区域については、区域設定は義務的なものではない。

### 3）立地適正化計画の実現手法

立地適正化計画の実現手法としては、居住調整地域を別にして、誘導的手法が予定されている。ここでいう誘導的手法とは、おおよそ次のようなものからなる。①誘導区域（居住誘導区域、都市機能誘導区域）内での支援措置の紹介・土地のあっせん、②住宅建設・公共施設整備のための税財政上の支援、③誘導区域内の生活環境・利便性の向上、④さらに最近では、「身近な公共空間」の整備を目的とした地権者間の協定制度[17]も登場している（⇒

---

15）跡地等管理等区域においては、市町村は、当該区域の土地所有者等に対して、土地の管理に必要な情報提供、指導・助言を行い（都市再生110条1項）、また、管理指針に即した跡地管理が行われないため、周辺の生活環境、美観風致が著しく損なわれていると認めるときは、当該所有者等に対して、管理指針に即した跡地管理を行うよう勧告することができる（同条2項）。このほか、市町村、都市再生推進法人等は、跡地等管理区域内の跡地等を適切に管理するために、跡地等の所有者等と協定を締結して当該跡地等の管理を行うことができる（111条）。

16）居住調整地域では、市街化調整区域と同様の厳しい開発規制が課される（都市再生90条）。これは、市街化区域内の土地を市街化調整区域に戻すような意味合いを持つものといえよう。

17）この協定は、「都市のスポンジ化」対策のために設けられたもので、**立地誘導促進施設協定**と呼ばれる（「コモンズ協定」ともいう）。レクリエーション広場・広告塔・並木等、地域の魅力を高める身近な施設の一体的な整備・管理について、その区域の土地所有者等が全員で合意することにより締結される（都市再生109条の4）。空地・空家の活用等が想定されており、居住誘導区域または都市機能誘導区域で締結することができる（⇒第9章（4））。

①〜③については、第8章（2）2）で詳しく取り上げる）。

これに対し居住調整地域においては、宅地化の抑制が目的となるため、例外的に規制的手法で対処することになっている。ここでは、市街化調整区域並みの厳しい開発・建築制限がかけられる。

#### 4）検討——今後の課題

第1に、立地適正化計画がどこまで実現可能なものなのかは、まだ明らかになっているわけではない。実際、市町村がこの計画を策定したとしても、住み慣れた土地を離れて中心部に移動する人がどれだけいるか疑問がないわけではない。仮にこの制度が機能するとしても、成果が出るまでには相当の時間が必要なことは間違いなかろう。このため、立地適正化計画が策定された場合であっても、居住誘導区域の外側で暮らす人々の生活条件については、今後も配慮を欠かすことはできないだろう。現実的な課題としては、ニュータウンをはじめとした既成市街地の再生なども急がれるのではなかろうか。

第2に、行政手法論の見地からは、立地適正化計画の実現手法として誘導的手法が採用されていることが注目される。誘導的手法は、規制的手法のように迅速・確実に目的を達成することはできないが、都市構造の再編のため居住地からの移動を求めるものであることを考えると、ここに規制的手法を持ち込むことには抵抗があり、差し当たりは誘導的手法によるのが妥当と考えられる。

これに対し、居住調整地域では例外的に規制的手法が用いられることになっている。この場合、規制権行使を正当化するだけの十分な理由付けが求められることになろう。

第3に、以上のほか、縮退時代の都市空間を再構築していくには、地域の状況に応じて様々な対応策を考える必要があるように思われる。例えば、都市中心部の居住環境を考えると、居住区域の近辺に都市機能増進施設を配置する必要から、建物用途の混在や密度規制の緩和をある程度許容する必要が出てくるものと思われる。

同様に、都市周辺部の開発規制においても、一律に開発禁止の線を引くのではなく、地域再生の見地から、地域に貢献する開発事業であれば受け入れ余地を残すことも、自治体の判断としてありうるものと思われる。今後は、関係者（行政、住民、事業者等）間の協議や協定の締結等を通して、柔軟に都市管理を行っていくことが求められてこよう。

# 第7章　都市防災

〈本章の概要〉
　都市防災は、都市の存続にかかわる問題を内包する点で、都市法にとって重要なテーマをなすものであるが、災害の非日常性ということもあって、これまで必ずしも注目を集めるものではなかった。だが、近年大きな都市災害が頻発していることもあって、都市防災に対する関心はこれまでになく高まっている。本章では、まず都市防災全体を概観したうえで、災害予防と災害復興の2つの視点からこの問題をみていくことにしたい。
(1) はじめに――都市法と防災
(2) 災害予防法
(3) 災害復興法

## (1) はじめに――都市法と防災

　わが国は「災害大国」と言われてきた。震災は言うに及ばず、台風・大雨による崖崩れや洪水は、毎年のようにわが国を襲う。これらの災害が発生するのは、日本列島の置かれた自然的条件（平野が少なく山がちな地形であること、台風の通り道で近年は線状降水帯の発生も頻繁にみられること、4つのプレートが地下で交錯していること等）によるところが大きいが、戦後、開発優先の土地政策の下で、危険ながけ地にも家を建てることが許容されてきたことなど、人為的要因によるものも少なくない。都市を災害から守るうえで、都市法の果たす役割はことのほか大きいものといえよう。

### ○都市法にとって防災とは

　災害に強い都市をつくることは、都市法にとって根幹的なテーマであるはずだが、都市法はこれまで、この問題に必ずしも大きな関心を払ってきたわけではなかった。これはおそらく、都市環境やまちづくり等の日常的テーマと比べて、都市防災は「非日常の世界」にあると見られたからではないか。しかし、都市防災は、都市の安全確保に関わる問題であるから、本来、都市法の基底に置かれるべきテーマといってもおかしくない。そのことに加えて、近年の都市災害の激化・頻発化は、都市防災を「日常の世界」の問題として扱うことを余儀なくさせる。

以上のことから、本書では、都市防災を都市法各論の一つとして取り上げることにした。なお、都市防災の対象となる災害には多様なものがあるが[1]、以下では、多くの者が関心を持つ地震災害（津波、火災等を含む）および豪雨に起因する災害（洪水、崖崩れ等）を中心に論じていくことにしたい[2]。

○都市防災に関わる法律

初めにまず、都市防災にはどのような法律が関わっているかについてみておく。すでに述べたように、都市計画法においては、災害防止の観点から開発許可に対してチェックが加えられることになっている（⇒ 第2章）。また建築基準法でも、単体規定の多くは耐火・耐震等、防災の見地から設けられたものである（⇒第3章）。このように、一般都市法においても防災に関わる規定は少なからず存在するが、それらは全体としてみれば、防災制度のごく一部をカバーするものに過ぎない。むしろ防災制度の中心にあるのは、防災に特化した「災害法」と呼ばれる分野の法律であろう。この分野の法律は、**災害対策基本法**（1961年）を頂点にして、**①災害予防法**、**②災害応急対策法**、**③災害復興法**[3] の3つの分野に分けられてきた（「主要な災害法一覧」参照）。

これら3分野のうち、都市法にとってとくに重要なのは、①災害予防法と

---

1) 災害対策基本法は、災害を、「暴風、竜巻、豪雨、豪雪、洪水、崖崩れ、土石流、高潮、地震、津波、噴火、地滑りその他の異常な自然現象又は大規模な火事若しくは爆発その他その及ぼす被害の程度においてこれらに類する政令で定める原因により生ずる被害をいう」（2条1号）と定義している。なお、政令で定める災害には、放射性物質の大量の放出等が含まれる。

2) この分野の最近の研究書として、大橋洋一編『災害法』（2022年）、村中洋介『災害行政法』（2022年）があるので参考にしてほしい。このほか、阿部泰隆『大震災の法と政策』（1995年）、岡本正『災害復興法学』（2014年）、同Ⅱ（2018年）に、被災実態を踏まえた詳細な研究がある。

3) 災害対策基本法では、「災害復興」ではなく「災害復旧」の語が用いられているが、本書では、より広い意味を持つ「災害復興」の語を用いることにする。災害復興と災害復旧の違いについては、後述（3）1）参照。

③災害復興法の2つであろう。災害予防の重要性は言うまでもないことだが、事後的な災害復興も、いわば「究極のまちづくり」に関わるものとして、都市法にとって重要な検討課題となるからである。これに対して、②災害応急対策法は、災害現場での応急対応が中心になるので、本書では割愛することにした。

**【主要な災害法一覧】**

> この分野の基本法…災害対策基本法
> ①災害予防法…急傾斜地災害防止法、土砂災害防止法、宅地造成及び特定盛土等規制法、水防法、津波防災地域づくり法、耐震改修促進法、地震防災対策特別措置法、密集市街地整備法など
> ②災害応急対策法…災害救助法
> ③災害復興法…被災市街地復興特別措置法、被災者生活再建支援法、東日本大震災復興基本法、東日本大震災復興特別区域法、大規模災害復興法など

## (2) 災害予防法

都市防災を考えるうえで最も大切なのは、いうまでもなく災害予防（減災も含む）である。災害予防の手法には、大きく分けて2つのものがある。一つは**土地利用規制**（ ⇒後述1)）、もう一つは**建築物や市街地の防災化**（ ⇒後述2)）である。都市法の基本手法に照らしていえば、前者は規制手法に、後者は事業手法に対応するものといえる。もっとも、これらの手法によっても災害を完全に防ぐことはできないので、今日では、住民の防災意識を高めることや災害時の避難・誘導に力を入れることなど、**地域防災力の向上**と呼ばれるソフト面の対策にも注目が集まるようになってきた（⇒後述3)）。いわば、ハード面とソフト面の両面から総合的に対応することが求められるようになってきたのである。

### 1）土地利用規制

#### 1. 一般的な都市計画規制

まず、都市計画法や建築基準法に定められた一般的な都市計画規制からみていこう。

都市計画法には、開発許可の許可基準として、防災の見地から定められたものがいくつか存在する。例えば、同法33条1項7号は、「地盤の沈下、崖崩れ、出水、その他による災害を防止するため、開発区域内の土地について、地盤の改良、擁壁又は排水施設の設置その他安全上必要な措置が講ぜられるように設計が定められていること」を許可基準の一つにあげている。また、同項8号では、自己居住用住宅の建築目的で行われる開発行為を除き、開発行為の区域には、いわゆる災害レッドゾーン（災害危険区域、地すべり防止区域、土砂災害特別警戒区域、急傾斜地崩壊危険区域）内の土地を含まないこととしている[4)]。

一方、建築基準法には、耐震、耐火、耐水等の見地から定められた建築基準（単体規定）が存在する（20条（構造耐力）、22条（屋根）、23条（外壁）、26条（防火壁）等）。例えば、構造耐力について定める20条は、「建築物は、自重、積載荷重、積雪荷重、風圧、土圧及び水圧並びに地震その他の振動及び衝撃に対して安全な構造のものとして」、所定の基準に適合するものであることを求めており、この規定に基づいて耐震基準が定められている。建築基準法ではこのほか、接道義務（43条）も、災害時の避難や緊急車両の通行確保に関わる規定として重要な役割を果たしている。

## 2. 危険区域の指定による規制

危険区域の指定による規制とは、災害発生のおそれのある区域を行政が指定し、その区域で災害を誘発するおそれのある土地利用行為に制限を加えるものである。ただし、実際に行われる規制区域の指定は、かなり控えめなものになっている。その理由として、防災のための土地利用規制は無補償であるため、土地所有者からの反発が大きいこと、これに加えて、発生頻度の低い災害については、規制そのものに対して理解が得られにくいことがあげられている[5)]。

---

4) 詳細は、後述の【コラム】災害ハザードエリアでの開発規制を参照されたい。なお、都市計画法では、市街化区域の設定にあたって、「溢水、湛水、津波、高潮等による災害の発生のおそれのある土地の区域」を原則として含まないことを求めているが（同法施行令8条1項2号ロ）、実際に定められた市街化区域には、かような土地が多く含まれていると言われている。生田392頁。

5) 生田長人『防災法』（2013年）82～83頁。

防災目的での区域指定にはさまざまなものがあるが、以下では代表的なものを紹介しておく。

### ア）建築基準法39条の災害危険区域

建築基準法39条は、第1項で、「地方公共団体は、条例で、津波、高潮、出水等による危険の著しい区域を**災害危険区域**として指定することができる。」とし、第2項で、「災害危険区域内における住居の用に供する建築物の建築の禁止その他建築物の建築に関する制限で災害防止上必要なものは、前項の条例で定める。」としている。つまり、地方公共団体は、条例で災害危険区域を指定するとともに、その区域内で災害防止に必要な建築規制を定めることができるのである。

災害危険区域は、2023年4月1日現在、全国に22,141箇所指定されているが、その多くは、急傾斜地崩壊危険区域あるいはがけ崩れ等の危険がある区域だと言われている。このような区域は、生命の危険につながることが理解しやすいこと、また防災事業が実施される場合が多く、土地所有者の理解も得やすいことが理由としてあげられている[6]。

### イ）がけ崩れ・土砂災害等の危険区域

これに該当するのは、①急傾斜地崩壊危険区域および地すべり防止区域（急傾斜地災害防止法）、②土砂災害警戒区域および土砂災害特別警戒区域（土砂災害防止法）、③宅地造成等工事規制区域、造成宅地防災区域および特定盛土等規制区域（宅地造成及び特定盛土等規制法）等である。

①の区域では、切土、盛土など災害を誘発するおそれのある行為が制限される。

②の区域のうち、**土砂災害警戒区域**（土砂災害が発生した場合に住民に危害が及ぶおそれのある区域）では、警戒避難体制を定めることとされ、土砂災害特別警戒区域（著しい危害が生ずるおそれのある区域）では、開発規制や建築物の構造規制を行うものとされている。わが国では土砂災害で命を落とす人が多いため、避難情報を発令する段階で、住民や要配慮者の避難を円滑かつ迅速に進めることが喫緊の課題となっている。

---

6）生田・前掲（註5）84～85頁。

③の区域のうち、**宅地造成等工事規制区域**は、都道府県知事が宅地造成に伴い災害が生ずるおそれの大きい市街地等について指定するもので、この区域では、宅地造成に関する工事は許可制となっている。これに対して、**造成宅地防災区域**は、都道府県知事が宅地造成又は特定盛土等に伴う災害で相当数の居住者等に危害を生ずるおそれが大きい一団の造成宅地の区域について指定するもので、指定を受けると、所有者等には擁壁等の設置・改造等の措置をとる努力義務が課せられ、必要な場合には、都道府県知事により勧告さらには改善命令が発せられる。最後に、**特定盛土等規制区域**は、2021年に静岡県熱海市で起きた違法な盛土に起因する大規模な土石流災害事件を契機に設けられたものである（これを契機に、法律の名称も、「宅地造成等規制法」から「宅地造成及び特定盛土等規制法」に変更された）。この盛土規制は、盛土等により人の生命・身体に危害が生ずるおそれが特に大きいと認められる区域を特定盛土等規制区域として指定し、その区域内で行われる盛土等の工事に規制を加えるものである。

**ウ）河川氾濫の危険区域**

水防法には、洪水浸水想定区域、雨水出水浸水想定区域、高潮浸水想定区域が定められている（14条～14条の3）。このうち**洪水浸水想定区域**は、国土交通大臣または都道府県知事が、それぞれ所定の河川において、洪水時の円滑かつ迅速な避難の確保を図るため、想定し得る最大規模の降雨により河川が氾濫した場合に浸水が想定される区域として指定するもので、想定される水深および浸水継続時間等と併せて公表するものとされている（他の2つの浸水想定区域にも、これと似たような定めが置かれている）。

一方、これらの浸水想定区域をその区域に含む市町村では、市町村地域防災計画に、洪水予報等の伝達方法、避難施設・避難路に関する事項、その他洪水時の円滑かつ迅速な避難を図るために必要な事項を定めなければならず（15条1項）、またこれらの事項を住民等に周知させるため、印刷物の配布その他必要な措置を講じなければならない（同条3項）。これが、洪水ハザードマップと呼ばれるものである（⇒ 後述3)）。以上に述べた水防法の区域指定は、差し当たりは情報提供に結びつくものであって、土地利用規制を伴うものではない。

### エ）津波災害の危険区域

東日本大震災を教訓として、2011年末に、**津波防災地域づくり法**が制定された。

この法律には、それまでの津波対策にない新たな視点が導入されている。第1に注目されるのは、ハード面の対策（防潮堤の設置等）だけでなく、住民の避難等、ソフト面からも施策を組み立て津波災害に備える「**多重防御**」の発想に立つ点である[7]。第2に注目されるのは、防災の視点だけでなく、**地域づくり**の視点にも立つ点である。こうした視点を取り入れることによって、一律の土地利用規制だけで満足するのでなく、立地場所の安全性を踏まえつつ、地域の多様なニーズや施設整備の進捗状況を反映させた柔軟な対策を立てる途が開かれてくることになろう。

危険区域の指定には、津波災害警戒区域と津波災害特別警戒区域の2つがあり、いずれも国土交通大臣が策定する基本指針に基づいて都道府県知事によって指定される。津波災害警戒区域では、地域防災計画の拡充、ハザードマップの作成、避難施設の指定等が、津波災害特別警戒区域では、要配慮者施設（社会福祉施設、学校、医療施設等）に対する建築規制・開発規制が行われる。

**コラム　災害ハザードエリアでの開発規制（2020年の都計法等改正）**

災害ハザードエリアとは、法令上の用語ではないが、概ね災害発生のおそれのある区域のことを指す言葉として、2020年の都市計画法等の改正を契機に用いられるようになった。災害ハザードエリアは、**災害レッドゾーン**と**災害イエローゾーン**に区分される。

災害レッドゾーンとは、災害による著しい危険がある区域のことで、都市計画区域内に災害レッドゾーンがあるときは、その区域内での開発行為は原則として禁じられる（都計33条1項8号）。これに対し、災害イエローゾーンとは、災害による危険がある区域のことで、この区域では警戒避難体制がと

---

7）津波防災地域づくり法は、想定する津波を、発生頻度が高く大きな被害をもたらす津波（L1：数10年~100年に1度を想定）と、発生頻度は低いが甚大な災害をもたらす最大クラスの津波（L2：1000年に1度を想定）の2つに分け、前者については堤防等の整備による対応を基本とし、後者については生命の保護を最優先に、住民の避難を中心とした総合的な対策で臨むこととしている。

られ、開発行為は条件付きで許容される。これは丁度、道路交通用の赤信号、黄信号を想起させるもので、本文で述べてきた各種の危険区域は、この2つのゾーンのいずれかに区分されることになる（下図参照）

災害レッドゾーン…災害危険区域、土砂災害特別警戒区域、地すべり防止区域、急傾斜地崩壊危険区域
災害イエローゾーン…土砂災害警戒区域、浸水想定区域（生命身体への著しい危害が生じるおそれがある区域に限る）

災害レッドゾーンで禁じられる開発行為については、「自己の居住の用に供する住宅」の建築を目的とするものか否か、「自己の業務の用に供する施設」の建築を目的とするものか否かにより、興味深い区分けがなされてきた（下図参照）。当初は、禁止対象となる開発行為には、自己以外の居住の用に供する住宅（下図C）および自己以外の業務の用に供する施設（下図D）の建築を目的とするもののみがあげられていたが、2020年の都市計画法改正によって、自己の業務の用に供する施設（下図B）の建築を目的とする開発行為も禁止対象に含まれることになった。つまり、自己の居住用住宅（下図A）の建築を目的とする開発行為を除き、災害レッドゾーンでの開発行為は、原則として禁じられることになったのである（都計33条1項8号）。

A. 自己の居住の用に供する住宅
（自家用住宅、別荘等）

B. 自己の業務の用に供する施設
（自社オフィス、自社ビル、自社店舗等）

C. 自己以外の居住の用に供する住宅
（分譲住宅、賃貸住宅等）

D. 自己以外の業務の用に供する施設
（貸オフィス、貸ビル、貸店舗等）

このような扱いがなされる根拠としては、他者を危険に巻き込むおそれのある開発行為は許されないという理屈が考えられよう。C, Dについてはこの理屈が直ちに妥当するし、Bについても、従業員やお客さんなど他者が危険に巻き込まれるおそれがあるので、この理屈が妥当する。これに対して、Aについては、他者への危険は一応除外できるため、本人が敢えて開発を望む場合には、これを禁ずることは難しいという判断があるものと思われる。本人自身に危険が限られる場合のかような規制の限界は、他の開発規制においても見られるものであり、その妥当性について今後さらに検討を加える必要があろう[8)]。

8) 規制の根拠に関する憲法レベルの検討については、大橋編・前掲（註2）226～227頁（野田崇執筆）参照。

なお、2020年の法改正では、このほかにもいくつか開発規制の強化がなされた。1つは、市街化調整区域にある災害ハザードエリアにおいて、開発規制を厳格化したことである。従来は、市街化調整区域での例外的な開発可能区域の（条例で行う）指定に関して、災害ハザードエリアを除外することが明確でなかったが、今回の改正で、災害ハ

### 2）建築物・市街地の防災化

都市災害の予防手段には、土地利用規制のほかに、物的施設の防災化というやり方もある。以下ではこれを、①建築物の耐震化、②インフラ施設の整備・補強、③避難施設・避難路の整備・確保の3つに分けてみていくことにしたい。

#### 1．建築物の耐震化

現行の耐震基準（以下、「**新耐震基準**」という）は、それまでの耐震基準を強化したもので、その適用開始は1981年6月からである。だが、新耐震基準の適用以前に建てられた建物は、今日でも数多く残されている（国交省の調査によると、2018年現在、耐震性が不十分な住宅は、総戸数約5,360万戸のうち約700万戸を占めているとされる）。阪神・淡路大震災では、倒壊した建物の多くが新耐震基準の適用以前に建てられたものであったことから、耐震化の促進が強く求められるようになり、1995年に**耐震改修促進法**（正式名称は「建築物の耐震改修の促進に関する法律」）が制定された。

この法律は、国が定める基本方針に基づいて、都道府県及び市町村に耐震改修に向けての計画（耐震改修促進計画）を作成させ（5条、6条）、計画書に記載された**既存不適格建築物**（耐震に関するものに限る）のうち重要なもの（病院や官公署等の防災拠点、緊急輸送道路等の避難路沿道建築物）については、その所有者に、耐震診断を行いその結果を報告する義務を負わせている（7条）。このほか、上記以外の重要な既存不適格建築物（病院、劇場、百貨店、小学校、老人ホーム等）が耐震診断・耐震改修がなされないままでいるときは、所轄行政庁が必要な指示を出し、それに従わないときはその旨を公表できるものとしている（15条）。なお、上記以外の既存不適格建築物については、耐震診断・耐震改修は努力義務にとどめられている（16条）。

耐震改修促進法の概要は以上の通りであるが、耐震診断や耐震改修は費用がかさむため、費用の助成がどこまでできるかが課題となっている（マン

---

ザードエリアの除外を明確化したのである（都計34条11号、12号、同法施行令29条の9、29条の10）。このほか、立地適正化計画との関係でも、居住誘導区域を定めるときは、災害レッドゾーンを原則として含めないとすることが法律に明記された（都市再生81条19項、同法施行令30条）。

ションの場合は、これに加えて合意形成の難しさという問題もある)。国や自治体では、以前より耐震診断や耐震改修に伴う費用負担を緩和するため、様々な支援制度を用意してきたが、老朽化した住宅の所有者には比較的高齢者が多いこともあって、耐震改修はなかなか進まないのが現状である。

### 2. インフラ施設の整備・補強

わが国のインフラ施設は、高度成長期につくられたものが多く、それらはいま更新期を迎えている。このため、災害に備えたインフラ施設の整備・補強は、老朽化対策と併せて進めていく必要がある。分野別にみていこう。

河川氾濫や津波に対しては、河川の改修工事や護岸工事が防災対策の中心をなす。しかし、これらは膨大な費用を要するため、一朝一夕に成し遂げることはできない。計画を立てて順次進めていくほかないが、必要とされる安全性を欠く場合には、国や自治体の管理責任が問われることもある[9]。

地震との関係では、鉄道・道路・橋梁・トンネル等の交通施設の補強や、電気・ガス・水道等のライフラインの補強が急がれよう。このほか、防災拠点となる庁舎、学校、病院、さらに今日では、情報・通信施設の補強も必要とされよう。これらの施設が被害を受けると、住民の安全が脅かされるだけでなく、災害復旧に遅れが生じ、日常生活の回復に困難をきたすからである。

### 3. 避難施設・避難路の整備・確保

インフラ施設の整備・補強と並んで、災害から住民の生命・身体を守るためには、避難施設・避難路の整備・確保も重要な課題となってくる。地震や津波が起きたときは、まず人々が避難する場所が必要となる。一方、災害が去ったあとでも、家を失った被災者等には、必要な期間、自宅に代わって居住する場所が必要になってくる。災害対策基本法は、前者を「緊急避難場所」と呼び、後者を「避難所」と呼んで、市町村長に対して、それぞれの施設を災害に備えてあらかじめ指定しておくことを義務付けている(49条の

---

9) もっとも最高裁は、河川管理の瑕疵が争われた大東水害訴訟(最判昭和59年1月26日民集38巻2号53頁、百選Ⅱ・232事件)において、河川はもともと危険を内包するので、未改修河川においては過渡的安全性さえ確保されれば足りるとし、国や自治体の賠償責任を認めることに消極的な態度をとっている。問題の残るところであろう。

4、49条の7。なお、両者は相互に兼ねることが可能である）。また同法は、緊急避難に備えて、緊急避難場所とそこに至る避難経路を、印刷物等により住民に周知しておくことを求めている（49条の9）。このほか、地震防災対策特別措置法には、避難地・避難路等の整備基準が定められている。

**コラム** 密集市街地の問題

密集市街地とは、老朽化した木造建築物が密集し、延焼のおそれが高く避難にも困難をきたす防災上危険な地域のことをいう。類似の用語として「**木造密集地域**」というものもある（略して「木密」と呼ばれる）。密集市街地では、道路が狭く公園等の空地も少ないことから、木造老朽家屋の建替えとともに、公共施設の整備も課題とされている。

密集市街地の多くは、戦後の復興過程の中で形成されたもので、大都市の比較的中心部に近い場所にあることから（東京でいえば、山手線外周部）、それを解消することが都市防災上の大きな課題とされてきた。このため、既存の市街地整備事業で対応がなされてきたが、密集市街地では多くの場合、土地の細分化が進み権利関係が入り組んでいること、高齢の賃借人が多く建替えが容易でないこと、事業費用がかさむこと等の理由から、密集市街地の解消はなかなか進まない状況にあった。このような中で、阪神・淡路大震災が起こり、耐震改修を進める必要性が強く認識されるようになったことから、1997年に**密集市街地整備法**（正式名称は「密集市街地における防災街区の整備の促進に関する法律」）が制定された。

同法の仕組みは複雑であるが、おおよそ次のような構造になっている。まず市街化区域において、都市計画に、①防災再開発促進地区を含む「防災街区整備方針」を定めることを前提に、この整備方針に従って、②特定防災街区整備地区、③防災街区整備地区計画、④防災街区整備事業など必要な措置を講ずることが努力義務とされている（3条）。このうち①は、建築物の建替費用の補助に関わるものである（4条以下）。これに対し、②以下は、いずれも都市計画に連動するもので、②は地域地区に（敷地面積の最低限度、壁面位置の制限等。31条）、③は地区計画に（道路、公園等の整備、防火上必要な制限、建築物の高さ制限・用途制限・容積率制限・建ぺい率制限、敷地面積の最低限度、壁面位置の制限等。32条以下）、④は都市計画事業（市街地開発事業。117条以下）に位置付けられ権利変換方式が用いられている（下図参照）。

<防災害区整備事業（イメージ図）>

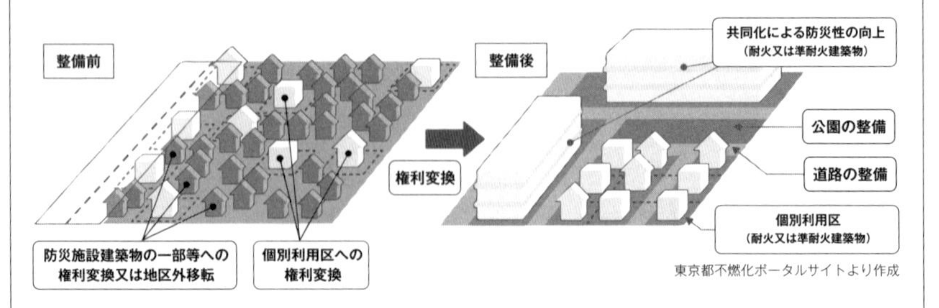

東京都不燃化ポータルサイトより作成

密集市街地の解消に向けての取り組みは、国・自治体の協力のもとに進められ、これまでにある程度の成果を上げてきたが、まだ多くの都市で、密集市街地が残されたままとなっている（国交省の調査では、2021年3月時点で、密集市街地は全国で2,219ヘクタール残されているとのことである）。

わが国では、地震による大火が問題となった例として、関東大震災（1923年）がよく取り上げられる。その特徴は、他の大震災と比較するとよくわかる（次表参照）。これを見ると、関東大震災では、死者・行方不明者が約10万5千人とけた外れに大きく、かつ、そのうちの約9割は焼死者であったことがわかる。もちろん、建物の倒壊による圧死なども多かっただろうが、それを上回る被害が、震災後に発生した大火災によって生じたのである。下町にある陸軍被服廠の跡地には大勢の人が避難してきたが、運び込まれた家財道具を伝って火が広がり、またそこで起きた竜巻のような火災旋風とあいまって、38,000人以上の人がそこで命を落としたという（世にいう「被服廠の悲劇」）。今日その場所には、東京都の復興記念館が建てられていて、当時の状況を伝える遺品や資料が展示されている。両国国技館のすぐ近くにあるので、何かの機会に一度行って自分の目で確かめてみるとよい。

この大火災を招いた原因については、これまで、地震の発生時刻が昼食の時間帯に重なったことから煮炊きの火が燃え移ったことや、当日は風が強く火が燃え広がりやすかったこと等、悪条件が重なったことが指摘されてきた。だが、都市法の観点からは、当時まだ防火建築が十分になされておらず、延焼防止に役立つ道幅も確保されていなかったなど、都市の脆弱さが被害発生の要因をなしていたことが指摘されなければならないだろう。都市防災が進んだ今日の大都市では、このような惨事はもう二度と起きないと思うかもしれないが、条件次第では、深刻な被害が生ずる可能性はなお残されているといえよう。建築物の耐震化、避難地・避難路の確保、密集市街地の解消など、取り組むべき課題は多く残されている。関東大震災の教訓を肝に銘じておくべきだろう。

| | 関東大震災 | 阪神・淡路大震災 | 東日本大震災 |
|---|---|---|---|
| 発生日時 | 1923年9月1日 | 1995年1月17日 | 2011年3月11日 |
| 地震の規模 | M7.9 | M7.3 | M9.0 |
| 死者・行方不明者 | 約10万5千人 | 約5,500人 | 約1万8千人 |
| (死因) | (焼死:約9割) | (窒息・圧死:約7割) | (溺死:約9割) |
| 全壊・全焼家屋 | 約29万棟 | 約11万棟 | 約12万棟 |

### 3) 地域防災力の向上――自助・共助と公助による支援

これまで、都市災害の予防手段として、土地利用規制と建築物・市街地の防災化という2つの手段について述べてきた。だが、自然災害の破壊力を考えると、これらの手段を尽くしたとしても、災害を完全に防ぐことは難しいだろう。他方、1000年に1度の大災害に備えるために、過度な土地利用規制をかけたり、防災施設の整備に莫大な費用をかけたりすることの合理性も疑わしい。このような中で、近時の防災行政は、住民の防災意識を高めることや災害時の適切な避難・誘導など、**ソフト面の対策**にも力を入れるようになってきた。つまり、災害から住民の生命を守るには、ハード面の整備だけでなく、ソフト面の対策も併せて行うことが求められるようになったのである。それは言い換えると、地域防災力の向上につながるものといえるだろう。

#### 1. 自助・共助の重要性――公助の果たす役割

ごく普通に考えても、災害が起きたときに「自分の身は自分で守る」という覚悟を持つことは、命を守るための当然の心構えだといえよう。防災は行政に任せておけばよいというのでは、救える命も救えないだろう。この意味で「**自助**」あるいは住民同士で助け合うという意味での「**共助**」は、災厄を逃れるための基本原則であることは間違いない。阪神・淡路大震災では、住民同士の助け合いやボランティアの働きが注目されたが、このときの経験は、自助・共助の大切さを広く共有させるきっかけにもなった。

もっとも、自助・共助の重要性を強調することは、行政が担う「**公助**」の役割を後退させるものであってはならない。公助は公助として、その役割をしっかり果たしていくことが求められるからである。またそれだけでなく、自助や共助の活動を進めていくためには、公助(行政)の手助けが必要になることも見逃せない（災害情報の提供や物的・財政的支援の必要性を考えてみよ）。災害を予防するには、公助自体のレベル・アップを図るとともに、自助・共助の活動が、公助の支援を受けて進展できるようにすることが求められるのである。

## 2. 地域防災力の向上

自助・共助の重要性との関わりで、「地域防災力の向上」という言葉がよく取り上げられる。地域防災力とは、簡単に言うなら、地域において住民と自治体が相互に協力して防災に当たることをいう。住民はこれまで、どちらかといえば防災活動の客体であったが、自助・共助の重要性が認識されるようになると、住民と自治体が一体となって、地域レベルで防災力を向上させることが新たな課題として浮上してくる。

これまでの防災法は、住民の果たす役割について明確な定めを置いてこなかった。災害対策基本法には、住民等の責務（7条）やボランティアとの連携（5条の3）などの規定はあるが、これらはいずれも抽象的なもので、また努力義務にとどまっている。このような中で、地域防災力向上の見地から注目される動きもみられる。一つは、住民に対する情報提供（ハザードマップ等）が整備されるようになってきたことである。もう一つは、地区防災計画のような住民主導の防災計画が導入されるようになったことである。以下、この2つについてみていこう。

### ○防災情報の提供——ハザードマップの作成・周知義務

「災害は忘れたころにやってくる」（寺田寅彦）という言葉がある。人は災害によってひどい目にあったとしても、やがてそれを忘れてしまう。しかし、それではいけないのであって、災害に対する警戒を怠ってはならないというのがこの言葉の真意であろう。近年の災害の激化・頻発化は、災害の実相と人々の防災意識のズレをますます増幅しているように思える。住民の防災意識を高めることは、今日ますます重要な意味を持つようになってきたといえよう。住民の防災意識を高める上で、防災情報の提供は欠かせないものである。防災情報には、災害時に発令される緊急警報もあるが[10)]、ここでは

---

10）災害時に発令される緊急警報と言われるものには、気象庁から発せられる気象警報・

平時に提供されるハザードマップの重要性について述べることにしたい。

ハザードマップの代表格は「**洪水ハザードマップ**」である。これは、水防法のところで説明したように、洪水浸水想定区域図の中に、洪水時の避難確保を図るために必要な事項を記載したもので、住民に周知させることを目的に作成されるものである。

浸水想定区域図の作成は、当初は努力義務にとどまったが、2005年の水防法改正で、浸水想定区域、洪水予報等の伝達方法、避難場所等を洪水ハザードマップ等によって住民に周知することが、市町村に義務付けられた。近年問題となっている内水氾濫や高潮についても、2015年の同法改正で、ハザードマップの作成・周知が義務付けられることになった。

なお、ハザードマップには、洪水ハザードマップのほかに、内水、津波、高潮、土砂災害、火山等、個別の災害ごとのものがある。これらのハザードマップを通して、住民が平時から災害リスクを正しく認識し、避難場所や避難路について正確な情報を持つことが期待されているのである[11]。

こうして、ハザードマップの作成・配布が義務付けられるようになったが、問題はそこで終わるわけではない。実際に活用されなければ意味がないからである。せっかくハザードマップを作っても、これを活用しようとする人はまだ少ないと言われている。その背景には、正常化バイアス等の人の心理特性や、行政依存の体質が根深く残っていることなどがあげられる[12]。今

---

注意報と、災害対策基本法に基づいて市町村長から発せられる避難指示（60条1項）・緊急安全確保措置の指示（60条3項）の2系統があり、両者は一定のランク付けを介して連関的に運用されている。

11）なお、情報に関わるもう一つの問題として、要支援者情報の事前把握という問題がある。要支援者（要配慮者であって災害時に自ら避難できず支援を要する者）の避難を円滑・迅速に進めるには、それらの者の情報をあらかじめ把握しておく必要があるからである。災害対策基本法はこの点について、避難行動要支援者の名簿の作成を市町村長に義務付け（49条の10）、さらに要支援者ごとに個別避難計画を作成することを努力義務として求めている（49条の14。こちらは本人の同意を要する）。なお、これらの情報は個人情報に該当するため、消防、警察、社会福祉協議会等の外部支援機関に提供するときは、条例に特別の定めがある場合を除き、本人の同意を得る必要があるが、災害発生時等において本人の生命・身体を保護するため特に必要があるときは、同意なしの提供が認められている（49条の11、49条の15）。

12）片田敏孝『ハザードマップで防災まちづくり』（2020年）参照。

後は、これらの点にも注意を払いながら、ハザードマップを防災・減災のツールとして活用できるようにしていくことが課題となろう。

**○地区防災計画の導入（2013年）**

災害対策基本法は、防災計画として、国の計画（防災基本計画、防災業務計画）、都道府県の計画（都道府県地域防災計画）、市町村の計画（市町村地域防災計画）を定めているが、2013年の同法改正で、市町村地域防災計画の中に**地区防災計画**を定めることができるようになった。地区防災計画は、自助・共助による防災活動を促進し、住民発案によるボトムアップ型の手法を用いて地域の防災力強化を図る狙いを持つものである。

地区防災計画を定めるには、まず地区居住者等から、地区防災計画の素案を添えた提案がなされなければならない。この提案が市町村防災会議で受け入れられると、市町村地域防災計画の中に地区防災計画が定められる（42条の2）。地区防災計画の内容は、地区内の居住者・事業者が共同して行う防災訓練、防災活動に必要な物資・資材の備蓄、災害が発生した場合の相互支援その他の防災活動に関する計画からなる（42条3項）。地域住民が自ら発案した防災活動を公的な計画に組み込んでいくところに、この制度の目新しさがあるといえよう。

地域防災力の向上にとって、地区防災計画のような住民主導の防災計画が重要な意味を持つことは間違いないが、これをさらに進めて、通常の都市計画やまちづくりにおいても、防災の問題を積極的に取り上げていくことが、今後目指されるべきだろう。まちづくりとの関係では、これまでにも「防災まちづくり」が論じられてきたし、都市計画との関係でも、マスタープランなどにおいて、防災は重点項目の一つとして取り上げられるようになってきている。

## (3) 災害復興法

### 1) 災害復興とは

災害復興とは、簡単にいえば、被災地の将来を見据えて行われる生活再建・地域再建のための取組みのことである。災害復興とよく似たものに、災害復旧の語がある。災害復旧の語は、都市インフラ等の物的施設を主たる対象にして、それらの現状回復を目指す取組みを指すものにとどまるのに対し、災害復興の方は、①対象面では、物的施設だけでなく被災者の生活再建をも含むものであり、②内容面では、単なる原状回復だけでなく将来に向けた創造の要素をも含むものである。災害復興は、被災した「まち」を、将来を見据えて「つくりなおす」ものであるから、その意味では「究極のまちづくり」ということもできよう。

○災害復興の歴史

一口に災害復興といっても、その中身は災害の種類や程度により様々である。ここではまず、大規模災害の復興例としてよく知られたものをみてみよう。

戦前の例としては、関東大震災（1923年）後の**帝都復興事業**がよく知られている。これは、帝都復興院総裁である後藤新平のリーダーシップの下に行われたもので、長屋や商店の密集する江戸の町割りにメスを入れ、区画整理事業を通して幅員の広い道路や大小の公園を整備するものであった。今日の東京下町の都市構造は、この復興事業によって形作られたと言われている。

これに対して、戦後の**阪神・淡路大震災**（1995年）では、都市部での住宅被害が多かったこともあって、都市インフラの復興とともに住宅再建に力が入れられた。また、復興過程においては、災害関連死や孤独死といった問題もクローズアップされた。ハード面の復興だけでなく、被災者の生活を、コミュニティの回復も含めてどう立て直していくかが問われるようになったのである。このような問いかけは、**東日本大震災**（2011年）後の復興においても繰り返されることになる。

東日本大震災では津波被害が圧倒的であったため（原発被害もあったが、

ここでは脇に置く）、高い防潮堤や復興道路等の巨大インフラの整備、被災市街地の区画整理、住宅の高台・内陸移転等の復興事業が、国の支援を受けて巨費をかけて押し進められた。だが、かような事業が行われたにもかかわらず、移転を予定していた住民が、住宅の完成前に他所へ転出してしまい、移転先の住宅地では空家が目に付くといった事態も少なからずみられた。過疎地域での災害復興の難しさを物語るものといえよう。

**○災害復興に関わる法律**

災害復興に関わる法律についてみていこう。まず災害対策基本法は、2013年の改正で、第7章「被災者の援護を図るための措置」を設けたが（内容は、罹災証明書、被災者台帳に関するもの）、法律全体としては、依然として災害復旧のレベルにとどまっており、災害復興については今も個別法に委ねる形となっている。

災害復興について定める個別法としては、阪神・淡路大震災を受けて制定された被災市街地復興特別措置法（1995年）、被災者生活再建支援法（1998年）、東日本大震災を受けて制定された東日本大震災復興基本法（2011年）および東日本大震災復興特別区域法（2011年）、そのほか、大規模災害からの復興に関する法律（以下、「大規模災害復興法」という）（2013年）等がある。

このうち、被災市街地復興特別措置法は、建築制限期間の延長について定めるものであるのに対し、被災者生活再建支援法は、広く生活再建支援のあり方について定めるものである。

**東日本大震災復興基本法**は、その名の通り、東日本大震災の復興のあり方について定めた法律である。この法律で注目されるのは、復興の基本理念の中で、被災者の生活再建が高く掲げられている点である（2条1号）。同法はさらに、この基本理念を推進すべき施策として、安全な地域づくり、雇用の創出、地域の特色ある文化の振興、地域社会の絆の維持・強化をあげている（2条5号）。

東日本大震災復興基本法を受けて、**東日本大震災復興特別区域法**が制定された。この法律は、復興特別区域基本方針、復興推進計画の認定および特別の措置、復興整備計画の実施にかかる特別の措置、復興交付金の交付等、東日本大震災からの復興に必要とされる各種の法制度を定めたものである。

これに対して、**大規模災害復興法**は、これから起きる大規模災害に備えて制定された法律である。この法律は、おおよそ次のような内容を持つ。まず、適用対象が大規模な災害（「特定大規模災害」と呼ばれる）に限られること。このため、復興を担う最高組織として、国の復興対策本部の設置が予定されている（4条）。復興計画に関しては、まず国の復興基本方針が定められ（8条）、これに即して、都道府県復興方針（9条）、市町村の復興計画（10条）へと続く構造がとられている。市町村の復興計画には、復興計画の区域、目標、人口の現状および将来見通し、土地利用に関する基本方針、復興の目標を達成するために必要な事業等を記載するものとし（10条2項）、事業に関する特例が適用される仕組みとなっている。全体としてみると、インフラ整備を中心とした復興事業法の性格を持つものといってよいだろう。

### 2）災害復興は何からなるか――インフラ復興と生活再建

**○インフラ復興**

ここからは、大規模災害に限らず、一般の災害も含めて考えていくことにしたい。まず**インフラ復興**（ここでは、市街地整備も含める）に関してである。インフラ復興のプロセスは、災害の性質や被災の程度によって様々であるが、ごく単純化していえば、下記の①～③のようなプロセスをたどる。

| ①応急措置（建築制限等）⇒ ②復興計画の策定 ⇒ ③事業の実施 |
|---|

一例として、土地区画整理事業の場合を考えてみよう。地震によって建物が倒壊・焼失した市街地では、災害に強いまちにするために、土地区画整理事業の手法がよく用いられてきた。これは通常、①建物のバラ建ちを防ぐため建築制限をかけ[13]、②建築制限の期間内に復興計画（都市計画）を策定し、

13）建築制限には、建築基準法84条によるものと、同法39条によるものがある。前者は、被災市街地で区画整理事業を行う場合に適用されるもので、建築制限の期間は1か月を上限とする（さらに、1か月以内の延長が可能）。後者は、災害危険区域において適用されるもので、建築制限の内容は条例で定められる。このほか、被災市街地復興特別措置法により復興推進地域に指定すれば、建築制限期間を最長2年に延ばすことができる。

③復興計画に基づいて区画整理事業をスタートさせるという手順で進む。このような復興プロセスは、土地区画整理事業だけでなく、道路や公園等の物的施設の再建においても基本的に変わらないだろう。

インフラ復興は、災害復興の中心をなすものとして、これまでの復興において、最も力が注がれてきたものである。しかしながら、災害復興はインフラ復興に尽きるものではない。被災者の生活再建を伴うのでなければ、そもそも復興の意味がないからである。このため、災害復興にあたっては、インフラ復興と並んで被災者の生活再建にも目を向ける必要がある。そこで次に、生活再建についてみていくことにしよう。

**○生活再建とは**

生活再建には様々な側面があるが、その中心に**住宅復興**があることは間違いなかろう。災害で住宅を失った者あるいは居住困難の状態に陥った者は、何よりもまず自己の居住を確保する必要があるからである。一般的な住宅復興のパターンは次のようなものになる。

①まず避難所に入って応急的な救助を受ける。②避難所で急場をしのいだら、その後は仮設住宅に入って生活を立て直す場合が多いであろう。③その後は、自発的にあるいは仮設住宅の使用期間が終了することにより、自力で住宅の確保にあたることになる（住宅の購入または賃貸住宅への入居）。

住宅復興をめぐっては、これまでに様々な問題が論じられてきたが[14)]、被災者生活再建支援法の適用をめぐり興味深い議論の展開がみられるので、次項で取り上げることにしたい。

生活再建には、住宅復興以外にも様々な側面が存在する。災害は、人々の住居を奪うだけでなく、雇用を奪い、教育・医療・福祉サービスの機会を奪い、日常品の購入機会さえ奪うかもしれない。それらの機会を奪われた者は、その機会を取り戻すことができなければ、本当の意味で生活再建がなされたことにはならないだろう。これに加えて、もう一つ忘れてはならないことは、コミュニティの喪失に関わる問題である。仮設住宅に入居できたとしても、周りが知らない人ばかりだと、居住者は孤立感を深め、悪くすれば孤

---

14) 塩崎賢明『復興<災害>——阪神・淡路大震災と東日本大震災』（2014年）参照。

独死を迎えるということも指摘されている。住宅復興にあたっては、コミュニティの確保も同時に考えていかなければならないのである。

このように考えていくと、生活再建がなされるためには、被災者個人の生活を再建するだけでなく、地域社会をどう再建していくかという問題にも向き合わなければならないだろう。

○生活再建支援のあり方

生活再建支援のあり方をめぐっては、被災者生活再建支援法の適用に関わる興味深い議論がある。

被災者生活再建支援法は、被災者の生活再建を支援するために、支援金の支給を行う目的で創設されたものである。第1条には、この法律の目的が次のように定められている。

「この法律は、自然災害によりその生活基盤に著しい被害を受けた者に対し、都道府県が相互扶助の観点から拠出した基金を活用して被災者生活再建支援金を支給するための措置を定めることにより、その生活の再建を支援し、もって住民の生活の安定と被災地の速やかな復興に資することを目的とする。」（1条）

この法律の適用をめぐっては、様々な議論がなされてきた。まず、支援金の支給要件である。これには2つの観点から縛りがかけられている。一つは、10世帯以上の全壊被害が出た市町村等でないと、この制度は適用されないという縛りである（同法施行令1条2号）。もう一つは、住宅ごとの支給要件に関わるものであるが、これは住宅が全壊または半壊した場合を前提としており（全壊の場合は、最高300万円まで支給される）、半壊までに至らない場合は、危険な状況が継続し居住不能な状態が長期間継続する場合でないと、支給されないことになっている（2条2号ハ）。かなり厳しい縛りがかけられているわけである。

最も大きな議論となったのは、支援金の性格に関わる問題である。これは、支援金のあり方の本質に関わる問題を含んでいるからである。当初、この支援金は被災者の生活再建を支援するためのものであって、私有財産である住宅の再建に充てることはできないとされていた。つまり、税金を投入するのであるから、それなりの公共性がないと支出を認めるわけにはいかないという理屈である。しかし、これに対しては、「地域の再生には住宅再建が不可欠である」とする鳥取県での実務対応等もあって、2007年の同法改正（議員立法）で、住宅再建への活用が認められるようになった。

住宅再建への公費の投入を正当化する論拠については、憲法学でも議論のあるところであるが（国家の責務論）、差し当たりは、住宅再建が地域の再生にとって欠かせないものであること、言い換えるなら、住宅再建は個人の問題にとどまらず、社会公共の利益に関わる問題でもあることに論拠を求めることができるのではなかろうか。

残された問題として、支援金の支給額の問題がある。住宅再建にかかる費用の大きさを考えると、現行の支給額は決して十分なものとはいえないだろう。支援金の性格を「見舞金」と位置付けて支給額を抑える見解もあるようだが、問題の本質はそのようなところにあるのではなく、この支援金制度を、被災者の生活再建に真に役立つようなものに改善していくことにあるのだといえよう。

### 3）復興計画の特色と課題

最後に、通常の都市計画との比較の観点から、復興計画の特色と課題についてみておくことにしたい。ここでは、被災自治体（以下では、とくに市町村を想定する）が、災害から都市の復興を目指して制定・公表する計画を、広く復興計画と呼ぶことにする。被災した都市を立て直すとき、まず必要となるのは、設計図に当たる復興計画の作成であろう。復興計画は、その意味で、災害復興の出発点に置かれるものといえるだろう。

#### ○復興計画の特色

初めに、復興計画の特色についてみておく。復興計画は、通常の都市計画と比べてどのような特色を持つのであろうか。

第1に、復興計画は、地域のあり方に大幅な改変をもたらす可能性を持つことである。復興計画は、通常の都市計画と異なり、都市構造の脆弱な部分に手を入れることが求められる。居住禁止区域を設けたり、住宅の集団移転事業などを考えてもらえば、このことは容易に理解されよう。

第2に、復興計画は、生活再建に関わる多様な問題を扱うため、総合計画の性格を持つことである。災害復興が、インフラ復興だけでなく、人々の生活の多様な側面に及ぶものであることからすると、復興計画は、総合計画でなければ目的を遂げることができないだろう。インフラ復興・安全な市街地の整備、住宅復興・被災者支援・コミュニティの回復、公共サービスの確保・都市機能の充実、雇用の確保・中小企業の再建・農林漁業の支援、地域文化の復興支援…等々、復興計画で取り上げるべき課題は多岐にわたる。

第3に、復興計画は、非常時の計画であるから、できるだけ迅速に策定することが求められる。例えば、区画整理事業の計画決定が遅れると、計画区域内での建築物のバラ建ちが抑えられなくなる。また、時間の経過とともに、計画の前提事項が覆ることも少なくない。住宅の集団移転事業を決めたのち、移転住宅が完成するまでの間に、移転予定者の多くが他所に転出してしまうのはその一例である。復興計画においては、予想を超えるような問題が生ずることも覚悟しておかなければならないのである。

第4に、大規模災害になればなるほど、復興計画には、国や都道府県の支援や関与が必要になってくることである。災害の規模が大きくなると、一自治体で対応することが困難となるため、国や都道府県の支援や関与が必要になってくる。前述のように、大規模災害復興法では、国のイニシアティブの下で、法定化された復興メニューに沿って復興が進められる仕組みがとられている。また、被災市町村は、復興計画について話し合うため、復興協議会を組織することができるが、そのメンバーにも、都道府県知事や国の行政機関の長等が含まれることになっている（11条）[15]。

第5に、復興計画では、通常の制度を適用するのでは的確に対応できない場合が多いため、特例を認める必要性が大きいことである。大規模災害復興法では、復興の円滑かつ迅速な実施を図るため、復興計画の策定を条件に、様々な特例（許認可の緩和、都道府県による都市計画決定の代行等）が適用される仕組みがとられている（12条以下。なお、東日本大震災復興特別区

15）なお、復興にあたっては、地域ごとに様々な要望が出てくることが予想されるので、東日本大震災復興基本法では、被災地域の自治体の申出により、地域限定の特例措置の活用が可能となる復興特別区域制度を設けるものとされた（10条）。東日本大震災復興特別区域法は、これを受けて制定されたものだが、基本法の趣旨が生かされたかどうかは検証が必要であろう。

域法では、国が復興推進計画を認定することが、特例適用の条件となっている)。

○復興計画の課題

復興計画には、以上に述べたような特色が見出せるが、このことは、同時にいくつかの課題を浮かび上がらせるものである。

例えば、復興計画は地域の将来を左右しかねないものであるから(第1の特徴)、その策定にあたっては、十分な検討の機会が保障されなければならない。だがその一方で、復興計画には「迅速な策定」の要請が働くため(第3の特徴)、十分な検討がなされないうちに「決断」が迫られるという事態も生じ得よう。こうした事態を回避して適切な復興計画を練り上げるには、どのような方法を取ればよいのだろうか。段階的な計画化という考え方もあると思われるが、いずれにしても詳細は今後の検討に委ねざるを得ない[16]。

もう一つあげるとすれば、復興計画の策定・実施を支える人材確保の問題がある。復興計画には、生活再建に関わる多様な問題が取り込まれるが(第2の特徴)、これらの問題は、これまでの都市計画ではあまり取り上げられることのなかった問題である。これらの問題に取り組むためには、地域ごとに個別的な話し合いを積み重ねることが必要になってくる。このため、コーディネーターとなる人材の養成や、経験豊富な人材の派遣を可能にする自治体間の連携システムの構築など、復興計画を支える人材の確保が欠かせない課題となってくる[17]。

このほか、大規模災害の復興に関しては、国の強いイニシアティブが働き、復興メニューの法定化もなされているが(第4の特徴)、このような法構造の下にあっても、被災地域の住民の声に耳を傾け、それに応えていけるような仕組みを持つことが重要になってくる。東日本大震災の復興においては、国・県主導で巨大防潮堤の整備が一律に押し進められた結果、住民の生

16) この問題に関連して、「復興事前準備」と呼ばれる興味深い取り組みが始まっている。これは、大規模地震等を想定して、被害発生後の復興のあり方を行政と住民が事前に話し合っておくもので、今後の災害復興を考える上で注目される取組みといえよう。

17) 職員の派遣については、災害対策基本法29条以下および大規模災害復興法53条以下に一応の定めがある。

業やわがまちへの思いが軽視され、コミュニティの存立も危うくなったとの批判が少なくない[18]。「当事者不在の復興」とならないようにするには、被災者の声を復興の場で生かせるような新たな仕組みづくりが必要になってこよう。

18）最近の文献として、山下祐介ほか編『被災者発の復興論』（2024年）等がある。

# 第Ⅲ部
# 都市法の担い手とその手法

# 第8章　自治体による都市行政

〈本章の概要〉

第Ⅲ部では「都市法の担い手とその手法」について扱う。このうち本章では「自治体による都市行政」を取り上げ、次章では、住民・事業者らを交えた「多様な法主体の連携・協力によるまちづくり」を取り上げる。

本章の叙述は、まず初めに、「都市行政をめぐる国と自治体の関係」を地方分権改革（1999年）の成果に即してフォローする。次いで、都市計画の基本手法（規制手法と事業手法）の傍らで、国や自治体が用いてきた補助的手法に光を当てる（「都市行政の多様な手法」）。最後に、残された課題である「地域ルール形成の課題」について検討を加えることにしたい。

(1) 都市行政をめぐる国と自治体の関係
(2) 都市行政の多様な手法
(3) 地域ルール形成の課題

## (1) 都市行政をめぐる国と自治体の関係

### 1) 都市行政の地方分権化

「都市行政の担い手は、中央政府（国）なのか自治体なのか？」――この問いは、これまで、国によりまた時代により様々に考えられてきた。理想からいえば、地域の事情に通じた基礎的自治体（市町村）が、その地域の特性や地域住民の意向を踏まえて、都市行政のあり方を決めていくのが望ましいように思われる。だがわが国の場合は、明治以来、中央政府による上からの近代化が押し進められた結果、中央集権的な行政システムが形成され、都市行政の分野においても国が中心的役割を果たすものと考えられてきた。

#### 1. 機関委任事務の時代

都市計画についていえば、旧都市計画法（1919年）では、その決定権者は内務大臣（国）とされていた。これに対して、現行の都市計画法（1968年）は、日本国憲法の地方自治保障を受けて、都市計画の決定権者を（市町村決定分を除いて）都道府県知事に改めたが、都市計画の事務（＝仕事）自体は、国に帰属するという立場をとっていた。そこで用いられたのは、都市計画はあくまで国の事務であって、知事はその処理を任された地方機関に過ぎないという理屈であった。これが、機関委任事務と呼ばれる制度のからくりである（機関委任事務には、国の都道府県・市町村に対する機関委任事務のほかに、都道府県の市町村に対する機関委任事務もあるが、以下では煩雑さを避けるため、国の機関委任事務に絞って論ずる）。

機関委任事務は、都市行政の分野だけでなく、わが国の行政分野の全体に及ぶものであった（機関委任事務は、都道府県で処理する事務の約7~8割、市町村で処理する事務の約3~4割を占めていたと言われる）。機関委任事務制度の問題点は、事務の処理に当たる自治体（都道府県、市町村）の行政機関を国の下部組織に位置付けることによって、国の判断を自治体の判断に優先させる結果をもたらす点にあった。自治体自身の判断で事務を処理することができなければ、本当の意味での地方自治とはいえないだろう。機関委任事務制度は、自治体の「自己決定」を阻害するという点で、問題をはらむ制度だったのである。

## 2. 地方分権改革（1999年）と都市行政の帰属

1999年の第1次地方分権改革（以下、「分権改革」という）は、地方自治のかような不徹底な面を改善するため、機関委任事務制度を全廃するとともに、国と地方公共団体の役割分担原則を定め、「住民に身近な行政はできる限り地方公共団体にゆだねること」を基本とした新たな地方自治制度のあり方を示した（自治1条の2第2項）。この考え方に基づいて、自治体の処理する事務は自治事務と法定受託事務に分類されるとともに（同2条8項、9項）、国と自治体の対等関係に配慮した制度の整備も進められた（後述の「国等の関与」（同245条以下）を初め、関与をめぐる紛争処理制度等（同250条の7以下））。以上に述べたことは、都市行政分野のみならず、わが国の行政分野全体に通ずる改革としてなされたものである。

### ○自治体の事務としての都市行政

それでは、都市行政の分野では、具体的にどのような変化が生まれたのであろうか。まず、他の行政分野と同様に、都市行政の分野でも、それまで国の機関委任事務とされてきた事務の多くが、自治体（都道府県、市町村）の事務として位置付けられることになった。都市計画はもちろん、建築確認、開発許可等の個別処分も、以後は自治体の事務として、自治体自身の判断で処理することができるようになったのである[1]。

都市行政の分権化に関して注意を払っておきたいのは、それが分権改革の一つの帰結であったことだけにとどまらず、「都市化社会から都市型社会へ」と呼ばれる、わが国の都市をめぐる時代の転換期（⇒序章（1）2）4）にも適合するものであったことである[2]。すなわち、都市が急速に拡大する「都市化社会」においては、無秩序な都市開発を制御しつつ効率的に市街地の拡大を進めていくことが求められたため、中央（国）主導の都市行政により、効率優先で対応していくのも一つの理屈としてはあり得たが、都市の拡大が収まり市街地の質的充実が求められる「都市型社会」になると、地域の魅力や個性に重点が置かれるようになるため、地域の実情を踏まえた自治体主導型の都市行政に切り替えないとうまく対応していけなくなる。そのことからすると、「都市行政の担い手は自治体である」という原則は、都市をめぐる時代状況の変化にも適合するものだったといえるだろう。

もちろん、都市行政が地方分権化されたからといって、国の果たす役割がなくなるわけではない。国には、国として果たすべき役割があるからである。役割分担原則を定めた前述の地方自治法1条の2第2項には、国の果たす役割に関して、「国においては国際社会における国家としての存立にかかわる事務、全国的に統一して定めることが望ましい国民の諸活動若しくは地方自治に関する基本的な準則に関する事務又は全国的な規模で若しくは全国的な視点に立って行わなければならない施策及び事業の実施その他の国が本来果たすべき役割を重点的に担い…」との定めが置かれている。都市行政の分野では、どのような事務がこれに当たるかが問題となるが、その点については、後に改めて取り上げることにしたい（⇒3））。

---

1） なお、機関委任事務の廃止に伴い、それまで国（国交省）から自治体に向けて発せられていた「通達」（上級機関が下級機関に対して発する命令）が、対等関係を前提とした技術的助言としての「都市計画運用指針」に改められたことも付記しておきたい。

2） この点も含め、都市行政の地方分権については、野呂充「地方分権とまちづくり」芝池義一ほか編著『まちづくり・環境行政の法的課題』（2007年）39頁以下参照。

### 3. 都道府県と市町村の関係

都市行政の担い手となる自治体には、都道府県と市町村の2層のレベルがある[3]。このため、両者の間でどのように事務を配分すべきかが一つの問題となってくる。ここでも基本は、住民に近い位置にある市町村にできる限り事務を配分するという原則から出発するのが筋であろう。地方自治法もこのような考え方に立って、同法2条3項～5項に一応の配分基準を定めている。それによると、都道府県は「市町村を包括する広域の地方公共団体」として、広域にわたる事務、連絡調整事務、規模・性質上一般の市町村が処理することが困難な事務を担い、それら以外の事務は「基礎的な地方公共団体」である市町村が担うものとされている。都市行政の分野でも、これにほぼ対応する形で、広域的・根幹的な事務は都道府県が担い、それ以外の事務は市町村が担うという事務配分原則が採用されているようにみえる（例えば、都市計画決定につき、第1章表5参照）。だが、広域的・根幹的な事務といっても、本当にその事務が市町村で担えない事務なのかどうかは、共同事務処理の可能性なども踏まえて個別的に検討してみなければわからないだろう。分権改革では一部の事務が市町村に移されたものの、本格的な事務移譲に向けての取り組みがなされたわけではなかった。このため、市町村への分権は、今後の課題としてなお残されているものと思われる。

## 2）国等の関与・計画間調整

1）では、都市行政の担い手（事務の帰属主体）は誰かという問題を扱ったが、ここでは、自治体が担う都市行政に対して、他の行政主体（国、都道府県）による関与や調整がどこまで許されるかという問題についてみることにしたい。

### 1. 都市行政に対する「国等の関与」

分権改革によって地域の事務は自治体（都道府県、市町村）の事務として処理されることになったが、その場合にあっても、国や都道府県（以下、

---

3）なお、東京都の特別区（23区）は、市に準ずる位置付けが与えられているので（自治283条）、以下の叙述で「市町村」とあるところは、特別区を含むものと考えてよい。

「国等」という）の行政機関が、自治体の行った事務処理に対して一定の働きかけをなしうることが、地方自治法で認められている。これが「国等の関与」と呼ばれるものである（245条以下。例えば、自治体の事務処理に違法又は明白な公益侵害があると認められるときは、国等の行政機関は、当該自治体に対して是正措置を求めることができる（245条1号ハ。これは、「是正の要求」と呼ばれる関与の一類型である））。

関与には、非権力的な関与から権力的な関与まで様々なものがある。地方自治法は、関与の一般類型を列挙した上で（245条）、国等の関与が無限定なものにならないように、一定のルールを定めてこれに歯止めをかけている（245条の2以下）。それによると、自治事務に対しては、助言・勧告、資料提出の要求、是正の要求といった比較的緩やかな関与が適用され、指示や代執行等の強い関与は適用されないのが原則とされている（245条の4以下）。これは地方自治法に定められた関与に関する一般ルールであるが、都市法分野では、都市計画法に、より強い性格の関与が定められている。

①都道府県が都市計画を定める場合に、当該計画が国の利害に重大な関係があるときは、国土交通大臣と協議してその同意を得なければならない[4]（18条3項）。
②国土交通大臣は、国の利害に重大な関係がある事項に関し、必要があると認めるときは、都道府県等に対し、期限を定めて、都市計画区域の指定又は都市計画の決定・変更のため必要な措置をとることを指示することができる。この場合に、都道府県等は、正当な理由がない限り、当該指示に従わなければならない（24条1項）。
③都道府県等が、所定の期限までに上記の指示された措置を取らないときは、国土交通大臣は自らその措置を取ることができる[5]（同条4項）。

分権改革によって、都市計画は自治体の事務（その多くは自治事務）になったが、その一方で、上記のような強い関与が及んでいることに注意を払

---

4) この協議・同意は、かつての大臣認可に代わって設けられたものである。分権改革では、関与の視点を明確にするために、「国の利害との調整を図る観点から」協議が行われるものとされた（18条4項）。なお、市町村決定に係る都市計画についても、都道府県知事との協議が求められている（19条3項。当初、同意も要求されていたが、のちに削除された）。ここでも、関与の視点を明確にするため、広域的調整ないし都道府県計画との適合の観点から協議を行うものとされている（19条4項）。

5) これは、厳密には関与ではなく、並行権限に基づく国の直接執行と解されているが、実質的には関与と同じ機能を持つものであろう。なお、建築基準法17条にも、これに類似した指示・代行の規定が置かれている。

う必要があるだろう。

## 2. 計画間調整

市町村の区域は、都道府県の区域の一部をなすと同時に国土の一部をなしている（同様に、都道府県の区域は国土の一部をなす）。また、道路や河川に見られるように、自治体の区域を越えて広がる公共施設も存在する。このため、自治体が自らの区域の都市行政を処理する場合にあっても、国や都道府県（あるいは隣接市町村）との間で何らかの調整を行う必要が出てくる場合は少なくない。とくに都市計画については、市町村計画と都道府県計画は同一の地域で重なり合うものであり、またこれに国の計画（国土計画や公共施設の設置計画）が関わる場合もあるので、それらの間で矛盾抵触が生じないようにしなければならない。これが、**計画間調整**と呼ばれる問題である。都市計画法には、計画間調整に関して下記A、Bにあるような規定が設けられている。

A. 国土計画・広域計画の優先原則

①都市計画は、国土計画及び施設に関する国の計画に適合しなければならない（13条1項）。

②市町村が定める都市計画は、都道府県が定めた都市計画に適合したものでなければならず（15 条3項）、両者の間に抵触があるときは、都道府県が定めた都市計画が優先する（同条4項）。

③市町村の都市計画に関する基本的な方針（市町村マスタープラン）は、都市計画区域の整備、開発及び保全の方針（都道府県マスタープラン）に即したものでなければならない（18条の2）。

B. 市町村の事前申出権、都道府県の意見聴取義務

①市町村は、必要があると認めるときは、都道府県に対し、都道府県が定める都市計画の案の内容となるべき事項を申し出ることができる（15条の2）。

②都道府県は、関係市町村の意見を聴き、かつ、都道府県都市計画審議会の議を経て、都市計画を決定するものとする（18条1項）。

Aにあげた規定は、国土計画・広域計画の優先原則を定めたものである。この原則自体、常に妥当と言えるかは議論の余地があるが、仮にこれを認めるとしても、行政主体の対等性確保（計画の相互尊重）の見地からは、国土計画・広域計画の作成に際して、自治体の意見が十分に反映されるような手続をとることが欠かせない。Bにあげた規定は、かような見地から、市町村

の意見反映手続を定めたものである。

### 3）残された課題

以上みたとおり、分権改革を経て実現した都市行政の地方分権は、地域の事情に通じた自治体が、住民の意向を踏まえて都市行政の実施にあたることを可能にした点で、大きな意義を持つものであった。他方で残された課題もあるので、以下に述べておこう。

第1に、分権改革で示された役割分担原則によれば、都市行政の分野で、国の果たす役割はかなり限定されることになるが、しかしだからといって、国のイニシアティブで進められる事務や事業が消えてなくなるわけではない。

実際、その後の動きをみると、国のイニシアティブで事業が進められる例も増えてきているように思われる。例えば、都市再生の分野では、内閣の主導のもとに、都市再生緊急整備地域の指定がなされ、全国の大都市において都市空間の大幅な変容が進められている（⇒ 第6章）。また都市防災の分野では、大規模災害の復興にあたって、国が主導的役割を果たすことが認められてきた（⇒ 第7章）。これらのケースでは、国が主導的役割を果たすことの当否がまず問題となってこよう（災害復興の分野では肯定される場合が多いだろうが、都市再生の分野ではどうであろうか）。この点をクリアした場合には、次なる問題として、地元自治体の意向が国の政策形成に反映される確かな仕組みが設けられているかが問われてこよう。

第2に、都市計画の決定は自治体が自らの判断で行えるようになったが、その決定内容は、多くの場合、法律でメニュー化されたものの中から選択する方式にとどまっている（用途地域の場合を思い出してみよう）。その結果、自治体には、法定メニューを離れて計画内容を自由に形成することができないという問題が残されることになった。つまり、分権改革の結果、自治体は、自らの判断で都市計画を法定メニューから選ぶことはできるようになったが、都市計画の内容をその地域に適合する形で具体的に形成すること（以下、これを**「計画内容形成権」**と呼ぶことにする）まではまだ許されていないのである。このことは、わが国の現行都市法制が抱える大きな欠陥の一つだといえる。この問題については、(3) で改めて取り上げることにしたい[6)]。

## (2) 都市行政の多様な手法

### 1) 古典的手法の傍らで用いられる手法——補助的手法への着目

都市空間を形成する基本手法に、規制手法と事業手法の2つがあることは第1部の冒頭で述べた（計画手法は、ここでは措く）。この2つの手法は、歴史的に形成された古典的な手法であって、今日の都市法においても基本をなすものであることは疑いない。だが、実際の都市行政においては、これら古典的手法の傍らで、さまざまな形の補助的手法が用いられてきた。たとえば、分権改革以前の時代に、権限なき自治体が編み出した「要綱行政」はその最たるものであろう（⇒ 下記【コラム】参照）。

**コラム　要綱行政の「光と影」**

要綱行政とは、良好な住環境を実現するため、十分な権限を持たない自治体が、行政指導を用いて進めた都市行政分野の行政手法のことをいう。要綱行政が登場するのは昭和40年代の高度経済成長期で、都市の拡大過程において生ずる濫開発等の歪みを抑制する手法として社会的にも注目を集めた。要綱行政が登場する背景には、法律による開発規制が必要最小限規制にとどまり、良好な住環境を保護するには十分でなかったことがあげられる。このため自治体では、宅地開発指導要綱、中高層建築物指導要綱等と呼ばれる文書（以下、「要綱」という）を定め、要綱に定められた事項を遵守するよう事業者等に対して行政指導を行った。要綱は正規の法規範ではない（行政指導の基準に過ぎない）ため強制力を持つものではなかったが、自治体が、乏しい

6) 計画内容形成権の問題は、論理上は、自己決定の意味での地方分権とは一応区別される問題なのだろう。というのは、中央集権的な行政体制の下でも、計画内容に多様性を持たせる法制度は成り立ちうるからである（1980年代前半の分権改革以前のフランスの都市法制は、これに近いものであった）。この意味で、計画内容形成権の欠如の問題は、地方分権に関わる問題であると同時に、わが国特有の「横並び」思考に由来する問題でもあるように思われる。

財政の中で公共施設の整備を進め、権限のない中で良好な都市づくりを進めていくには、国の法律が定める「最低基準」を超えた建築・開発基準を要綱に定めて、事業者に協力を求めていくほかなかったのである。
要綱の内容は、事業者に対して、①学校用地・公園用地等を提供すること(開発負担金の納付を求める場合もある)、②開発区域に作られる住宅・道路等の設置基準を上乗せすること、③マンション建築等については近隣住民の同意を得ること等、を求めることからなり、さらに、④要綱を遵守させるため、「要綱に従わない者に対しては上下水道の利用を拒否する」などといった履行確保条項を設ける自治体も少なくなかった。
要綱行政は、正規の権限を欠く自治体にとって、住環境を守るための「やむにやまれぬ措置」という一面を持っていたが、法治主義の見地からは、正規の法規範でない要綱への服従を相手方に強いることは、もとより許されないものである。この点に関わる判例としては、教育施設負担金の納付が強制によるとされたもの、給水拒否が水道法違反に当たるとされたものがある。このほか、行政指導を理由とした建築確認の留保が違法であるとした判例もある(⇒ 詳細は、3) 2で扱う)。
このように、かつての要綱行政には、「光」と「影」の両面があったといえる。その後、上記の判例や国の指導もあって、要綱の規定から問題となる部分は削除されるようになった。また、判例に示された考え方は、その後、行政手続法に取り込まれることになった(⇒3) 2)。

## 2) 都市行政の多様な手法

本章は「自治体による都市行政」をテーマとするが、以下では、「要綱行政」のような自治体特有の行政手法にとどまらず、国の法制度も含めて、都市行政の古典的手法と対比される都市行政のその他の手法について取り上げる。かような手法は、都市再生やまちづくり等、都市政策が多様化する時代を迎えて、活用の場を広げる傾向にあるからである。

ここで取り上げるのは、①誘導的手法、②金銭的手法、③推奨的手法(行政指導)、④規制緩和手法、⑤情報的手法の5つの手法である。

**①誘導的手法(誘導行政)**…誘導的手法(誘導の仕組み)とは、行政作用の性質そのものよりも、その誘導効果に着目して立てられた概念である[7]。即ち、行政が規制や給付の活動を行う場合であっても、それ自体を目的とする

7) 小早川光郎『行政法 上』(1999年) 188頁、232頁。

のでなく、それとは別の一定の誘導効果を期待して行うような場合をいう（②④⑤の手法も、その意味では誘導的手法の一つといえる）。都市行政の分野では、誘導的手法がこれまでよく活用されてきた。その背景には、規制や給付といった直接的手法よりも、市場の論理に適った誘導的手法の方が、都市政策の実現手段として適切であるとの判断があるのだろう。

近時立法化された立地適正化計画は、誘導的手法を多用する点で注目されている（⇒ 第6章（5））。以下では、立地適正化計画の中心をなす居住誘導区域と都市機能誘導区域を取り上げて、誘導的手法の中身を確認しておこう。

居住誘導区域は、文字通り、人々がその区域に居住するよう誘導するために設けられた区域のことである。具体的な誘導方法としては、ⅰ居住誘導区域外での住宅開発希望者に届出をさせて居住誘導区域内での支援措置の紹介や土地のあっせんを行うこと、ⅱ都市機能を強化することによって居住誘導区域内の生活の利便性を向上させること、ⅲ計画提案制度の活用によって良好な環境の形成を促進させること、ⅳ公営住宅の建替除却費の国費助成によって居住誘導区域内の公共住宅の立地を推進すること、ⅴ緑化・景観形成や公共交通施設の整備支援の強化によって居住誘導区域内の居住環境を向上させること、ⅵ（市町村の独自施策として）居住誘導区域内での住宅立地を支援すること（家賃補助、住宅購入費補助等）等があげられている。

これに対して、都市機能誘導区域は、都市機能が都心部に集まるよう民間事業者等を誘導するために設けられた区域のことである。具体的な誘導方法としては、ⅰ支援措置の紹介や土地のあっせん、ⅱ誘導施設に対する国による財政上、金融上、税制上の支援措置の創設、ⅲ誘導する施設についての容積率等の特例、ⅳ都市基盤整備の円滑化および誘導しようとする施設の立地条件の改善、ⅴ（市町村の独自政策として）都市機能誘導区域内での住宅立地等の支援（家賃補助、住宅購入費補助等）があげられている。

立地適正化計画がどこまで実現可能かはまだわからないが、居住場所の選択が権力的手法になじまないことからすれば、誘導的手法を用いて都市居住に途を開くことは、それ自体としては穏当な方法ということができよう。

**②金銭的手法**…行政が、金銭的な利益ないし不利益を与えることを通して、

私人を一定の方向に誘導する手法である。補助金や税制を使った行政手法は、昔からよく用いられてきた。最近の例を一つあげると、管理不全空家や特定空家に対する固定資産税の緩和特例の適用除外措置がある（空家29条2項、地方税法349条の3の2第1項）。これは、これらの空家について所定の勧告がなされると、固定資産税の軽減措置が適用されなくなるというもので、狙いとしては、勧告による税負担の強化を梃子（てこ）に、これらの空家の管理・修繕を促すこと、また、空屋放置のメリットを失わせることで空家の撤去を促すことにある（⇒ 第6章（1））。

**③推奨的手法（行政指導）**…行政が、私人に対してある行為をとること（あるいはとらないこと）を推奨してその行動をとるよう導く手法である。行政の働きかけが行政指導の形式をとるため、行政指導を活用した手法と呼ぶこともできるが、都市行政の分野では、望ましい建築・開発等を推奨することが特別な意義を持つので、ここでは推奨的手法と呼ぶことにしたい。かつての「要綱行政」は、この手法に依拠するものであったが、今日の都市行政においても推奨的手法は広く活用されている。例えば、景観計画を作成して建築業者等にその計画との適合を求め、不適合の場合は設計変更等の勧告をなす景観法の仕組み（⇒ 第5章（3））は、この手法を正規の制度として法律に組み込んだものといえる。推奨的手法は、都市行政の分野において特別な意義を持つと同時に、その活用の限界をめぐり議論があることから、3）で改めて取り上げることにしたい。

**④規制緩和手法**

近年の都市行政において注目されるのは、容積率の緩和（「容積率のボーナス」とも呼ばれる）を用いて市街地整備や都市再生を図る手法である。容積率の緩和は、総合設計のみならず、規制緩和型の地区計画や都市再生の分野でも広く用いられるようになっている（⇒第3章（2）3)、第6章（3））。

容積率の緩和は、市場において歓迎されるものであるから、都市政策を進める手段として高い効果を持つものといえる。だがその一方で、この手法の活用には注意すべき点も少なくない。それは一言でいうなら、容積率緩和が安易に用いられると、周辺の住環境に大きな負荷（日影、ビル風、景観破壊、圧迫感等）をもたらしかねないということである。この点については、今後とも注意を払う必要があるだろう。
⑤情報的手法…行政が、情報提供を行うことを通して、行政目的を達成する手法である。これまでは、行政指導に従わない者の氏名公表のように、特定の者に対する制裁的性格を持つものが多かったが、最近は、ハザードマップのように、市民に必要な情報を提供して、市民自身の判断に基づいた行動を促すものも登場するようになってきた。市民の自発的な行動を支えるための、行政による積極的な情報提供が重視されるようになってきたのである。

**○「都市の縮退」との関係で注目される行政手法**

以上の手法のほかに、「都市の縮退」との関係では、公私協働手法（「行政=事業者」間協議の手法）、協議・協定手法、（代替的）管理手法などが、注目すべき行政手法としてあげられる。これらの行政手法は、「まちづくり」に関係するところが多いので、第9章で改めて取り上げることにしたい。

### 3）推奨的手法（行政指導）の意義と限界

わが国の都市行政をめぐる環境は、分権改革（1999年）を境に大きく様変わりした。既に述べたように、分権改革以前の都市行政においては、自治体は、その権限が限られていたこともあって、「要綱行政」と呼ばれる独自の行政スタイルを編み出していった。ここでいう「要綱」とは、濫開発から住環境を守るために作成された開発指導要綱等のことを指す。要綱は、自治体の首長が議会の非公式な同意を得て作成する行政文書なので、条例・規則のような正規の法規範とは異なり、法的強制力を持つものではない。このため自治体は、行政指導によって、事業者等に協力を求めてきたのである。要綱行政は、住環境保全の面で大きな役割を果たしたが、その一方で、行政指導の域を超える例も見られたため、判例によって法的限界が画されてきた（詳細は、2で述べる）。

#### 1. 都市行政分野における推奨的手法の存在意義

分権改革後の都市行政においては、自治体はこれまでのような要綱行政に甘んずるのでなく、必要な場合には条例を制定して都市環境の保護を図るべきであろう。この意味で要綱の役割は後退したのであるが、しかしそのことは、推奨的手法そのものの衰退を意味するものではなかった。なぜなら、都市行政の分野では、規制だけでなく推奨も独自の存在意義を持ちうるからである。

このことは、景観保護の場合を考えるとわかり易いだろう。自治体が、ある景観を望ましいと判断しても、望ましい景観のすべてを、直ちに法的規制の対象に取り込むことはできないだろう。他方で、法的規制の及ばない景観であっても、望ましい景観であるなら、推奨的手法を用いてその保護を人々に働きかけていくことは可能であるし、また望ましいことともいえよう。ここでは、いわば「規範」と「目標」のダブルスタンダードが存在し、それらが、それぞれ目標達成に向けて固有の役割を果たしているのである。景観保護の分野で推奨的手法が多用される背景には、このような事情が存するのである。もちろん、この場合にあっても、多くの住民の合意が得られるのであれば、望ましい景観を法的規制の対象に取り込むことは可能である。景観保護行政という分野は、かような手法の連鎖によって発展していくものと考えられる。以上のことは、他の都市行政分野においても、多かれ少なかれ当てはまるものといえよう。

### 2. 行政指導等に対する法的規律

すでに述べたとおり、推奨的手法は行政指導によって行われるため、私人に対して命令・強制することはできない。この点については、要綱行政の「行き過ぎ」をとがめたいくつかの判例がある。その後制定された行政手続法（1993年）は、これらの判例を踏まえて行政指導に対する法的規律を整理して規定している。以下では、都市法の見地からとくに重要な原則を、6点に分けて示すことにしたい[8)]。

①行政指導の内容は、相手方の任意の協力によるものでなければならない（32条1項）。つまり、強制は許されないということである。この原則との関係では、開発指導要綱で求められた教育施設負担金の納付が強制に当たると認定された判例がある（最判平成5年2月18日民集47巻2号574頁、百選

---

8） 行政手続法の規定は、自治体の行政指導には適用されないことになっているが（3条3項）、多くの自治体でほぼ同等の手続条例が定められていること、またその規定内容は法の一般原則として自治体にも妥当するものと考えられることから、以下では、形式的な適用関係にはこだわらずに、同法の規定を引用することにしたい。

Ⅰ・95事件)。推奨と強制の境は微妙であるが、要綱の規定の仕方や相手方への応接の仕方等によって、強制に当たるかどうかが判断されることになる。

②行政指導に従わなかったことを理由に、その相手方に対して不利益な取扱いをしてはならない(32条2項)。この原則との関係では、行政指導に従わない者について、ア)行政サービスの提供を拒否すること、イ)不服従事実を公表すること、が許されるかどうかが問題となる。

ア)について。要綱に従わずにマンション建築に着工した事業者に対して、水道事業者である自治体が、要綱の規定に従って、給水契約の申し込みを受理せず下水道の使用も拒んだという事件において、かような自治体の対応は、「正当な理由」がない限り給水の申し込みを拒んではならないとする水道法15条1項の規定に違反するとした判例がある[9](最決平成元年11月8日判例時報1328号16頁、百選Ⅰ・89事件)。

イ)について。公表は、上述の「不利益な取扱い」に該当する可能性があるが、条例で公表を定めているような場合は、直ちにこれを違法と見るのは難しいように思われる。ただし、この場合にあっても、公表の前に弁明の機会を設けるなどの手続的な手当てを設けることは必要であろう。

③申請に関連する行政指導にあっては、相手方が行政指導に従わない意思を表明した場合は、行政指導を継続して申請者の権利の行使を妨げてはならない(33条)。この原則との関係では、マンション建築紛争の解決のため、建築確認の付与を留保して付近住民の同意を得るよう行政指導を継続した事件において、建築主が行政指導には従えないとの意思を明確にした場合には、行政指導の継続を理由に建築確認を留保することはできないとした判例

---

9) 水道法15条1項の「正当な理由」をめぐっては、次の点にも注意する必要がある。

まず、ここでいう「正当な理由」とは、使用料の滞納など、水道法に関連したものに限られるとするのが通説である。学説の中には、要綱違反と給水拒否はまちづくりの見地から関連性を持つとして、要綱に従わない者に対して給水を拒否することは「正当な理由」に当たるとする見解もないわけではないが、これは少数説にとどまっている。

他方で、自治体の水需要がひっ迫しているようなケースでは、給水拒否の正当性が認められるとした判例がある(最判平成11年1月21日民集53巻1号13頁)。また、違法建築に当たるような場合には、給水拒否が認められるとする見解も唱えられている。

がある（最判昭和60年7月16日民集39巻5号989頁、百選Ⅰ・121事件）。

④このほか、行政手続法には規定されていないが、行政指導の中身についても注意を向ける必要がある。よく問題となるのは「付近住民の同意」である。例えば、建築確認を与える前提として付近住民の同意を求めることは許されるであろうか。建築紛争を避けるため、自治体が事業者に対して、付近住民と話し合いの機会を持つよう行政指導すること自体は差し支えないが（むしろ望ましいことといえる）、住民の同意を得なければ建築確認を下ろさないというのは、さすがにやり過ぎだろう。このようなやり方は、行政権限の行使を付近住民の意思に委ねる点で不適切なものと考えられる。

次に、要綱の制定についてであるが、行政手続法には命令等（これには要綱も含まれる）の制定に関して、次のような規定が置かれている。

⑤命令等を定めるときは、根拠法令の趣旨に適合するよう定めなければならず（38条1項）、また命令等を定めた後でも、その後の状況変化等を勘案して、命令等の内容の適正確保に努めなければならない（38条2項）。

⑥命令等を定めるときは、意見公募手続（いわゆるパブリックコメント）を経なければならない（39条以下）。

⑤⑥の規定は、行政指導に関する規定と同様、直接自治体に適用されるものではないが（3条3項）、要綱の内容やその制定手続の適正・公正化を図ることは重要な課題といえるので、自治体においてもかような規定を条例で設けるなどして、積極的に対応していくことが求められよう。

### (3) 地域ルール[10]形成の課題

#### 1) 問題の所在——法令の規律密度

分権改革によって、自治体は都市行政に関わる事務を自らの判断で処理することができるようになった。たとえば、都市計画の決定を行ったり、開発

10)「地域ルール」の語には、この分野のソフトロー（自治体が定める要綱、まちづくり団体が定めるまちづくりルール等）を指す用法もあるが、以下では、法的拘束力を持つもの（条例、都市計画）に限定してこの語を用いる。なお、地域ルールの形成主体は自治体なので「自治体ルール」と呼ぶときもある。

許可や建築確認等の個別処分を行う場合に、国の法令解釈に拘束されることなく、自らの法令解釈に従って判断を下すことができるようになったのである。

しかしながら、ここで一つの問題に突き当たる。それは、自治体が都市計画を決定するにあたって、法令上とり得る選択の幅が非常に狭いことである。例えば、用途地域指定についてみると、用途地域の類型はあらかじめ法定されており（13種類）、容積率等についても、それぞれの用途地域ごとに与えられたいくつかの数値（指定容積率）の中から選択することしかできない仕組みになっている。その結果、法定の類型と異なる用途規制や形態規制を導入しようとすれば、法律違反とされるおそれが強い。言い換えるなら、自治体には都市計画の決定権はあるが、**計画内容形成権**は大幅に制限されているのである。

例えば、宝塚市パチンコ店等規制条例事件では、原告である宝塚市が、文化的なまちづくりを目指して、風俗営業の用途を持つ建築物の建築を商業地域以外の用途地域や市街化調整区域では認めない条例を定めたところ、風営法や建築基準法の定める風俗営業の立地規制よりも厳しい内容を持つことから、条例の適法性が争われた。第1審の神戸地裁（神戸地判平成9年4月28日判例時報1613号36頁）は、風営法や建築基準法は全国一律に施行される最高限度規制を定めたものであって、市町村が条例によりさらに厳しい規制をすることは許されないと判示した（控訴審も同旨[11]（大阪高判平成10年6月2日判例時報1668号37頁））。

この問題は、**法令の規律密度**の問題として論じられてきた。そこで指摘されるのは、都市計画法や建築基準法の規定の多くは、全国一律に適用されるルールとして定められており、地域の特性に応じたルールの作成を広く許容する仕組みになっていないという問題である。つまり、現行都市法制においては、法令の規律密度が高過ぎて、自治体の立法裁量（計画内容形成権）が過度に制限されていることが問題となっているのである。これでは、せっか

11）なお、上告審である最高裁は、本件訴えは「法律上の争訟」に該当しないとして、訴え自体を不適法としたため、条例の適法性については判断を下していない（最判平成14年7月9日民集56巻6号1134頁、百選Ⅰ・106事件）。

く自治体に都市行政の権限を与えても、地域ニーズに即した都市行政の展開は十分に果たせないことになるだろう。

現行都市法制の背後にある考え方は、「建築規制・開発規制は財産権に対する制限なので、平等の見地から全国一律に適用されなければならず、地域の必要に応じてこれに増減を加えることは、法律の委任がある場合を除き許されない」というものである（都市計画中央審議会1988年1月13日答申）。

だが、この考え方は本当に正しいのであろうか。都市における土地利用のあり方は、その都市の地形、気候、人口、自然、産業、文化等により、本来多様性を持っているのではなかろうか。そうであるとすれば、それぞれの都市に応じた「オーダーメイド」の規制がなされるべきではないか。欧米諸国の都市計画規制はこのような考え方に立って、地域に応じた規制が比較的緩やかに認められてきた[12)]。これに対して、わが国では逆に、全国画一規制の考え方がとられてきたのである。このような状況を改め、地域ニーズに応えた都市行政が展開されるようにするには、法令の規律密度を緩和し、自治体による地域ルールの形成を柔軟に認めていくことが必要となろう。その場合に、地域ルールを定める方法としては、法律で計画内容そのものを柔軟に定められるようにするのが本筋であろうが[13)]、そのような条件が整っていない場合には、差し当たり条例の活用可能性を探るのが現実的であろう。条例の位置付けや用語法をめぐっては近時議論のあるところだが、ここでは一応従来の分類に従って、委任条例（法律の委任を受けて制定される条例）と自主条例（法律の委任を受けず自治体が独自に定める条例）の2つに分けてみていくことにしたい。

---

12）この問題は、「小公共」の問題としても論じられている。すなわち、公的規制を根拠付ける公共性の概念には、全国共通の規制を根拠付ける「大公共」だけでなく、地域ごとの規制を根拠付ける「小公共」もあるとする議論である（藤田宙靖ほか編『土地利用規制に見られる公共性』2002年（磯部論文等））。

13）現行法上、計画決定権者に計画内容の比較的自由な形成を認めるものとして、地区計画や景観計画の例があげられる。

### 2）条例による地域ルールの形成

#### 1．委任条例

現行法の下でも、用途地域の画一的規律を緩和するものとして、委任条例を活用した地域ルールの形成を認める規定がある。

例えば、風致地区については、「風致地区内における建築物の建築、宅地の造成、木竹の伐採その他の行為については、政令で定める基準に従い、地方公共団体の条例で、都市の風致を維持するため必要な規制をすることができる。」としている（都計58条）。

また、地域地区の一つである特別用途地区についても、用途地域内の一定の地区を「当該地区の特性にふさわしい土地利用の増進、環境の保護等の特別の目的の実現を図るため当該用途地域の指定を補完して定める地区」（都計9条14項）と性格付けた上で、自治体の条例によって建築物の制限を強化・緩和できるものとしている（建基49条。ただし、緩和の場合は国土交通大臣の承認を要す）。近時、特別用途地区の種類の限定（かつては、文教地区等、11種類の類型しか認められていなかった）が削除されたので、この制度は以前より活用しやすくなったと言われている（⇒ 第1章（2）2）2）。

これらに加えて、分権改革後の2000年の都市計画法改正では、委任条例の活用に新たな分野が開かれることになった。一つは、都市計画策定手続に関して上乗せ条例が認められるようになったことである（17条の2 ⇒ 第1章（4）2））。もう一つは、開発許可の基準となる技術的細目を、一定の限度内で、条例により強化・緩和できるようにしたことである（33条3項 ⇒ 第2章（2）1））。

委任条例の活用については、建築基準法にも次のような規定が置かれている。災害危険区域の指定（39条）、単体規定についての制限の付加（40条）及び緩和（41条）、接道義務の制限強化（43条2項）、特別用途地区（49条）、特定用途制限地域（49条の2）、用途地域等における建築物の敷地、構造、建築設備に対する制限（50条）、日影規制の区域指定（56条の2）等。

法律で画一的に規律することをせず、規律内容を条例（委任条例）に委任する手法は、近年増加の傾向にある。このような傾向は、法律の規律密度の緩和に向けて、漸進的な改善を目指す動きとして評価することができよう。

もっとも、委任条例の多くは、「政令に定める基準に従い、条例で定める」とされているので、政令の内容次第で、条例制定の余地が狭められるおそれがあることに注意したい。

### 2. 自主条例

委任条例と異なり、法律の委任に基づかず、自治体のイニシアティブで定める条例は、自主条例と呼ばれてきた。自主条例の制定は、憲法94条で自治体に認められた権能であるが、同時にこの条項は、条例に対する法律の優越を定めているので、両者の間で矛盾抵触が生じたときは、条例の効力はその限りで失われることになる（なお、地方自治法14条1項では、条例は「法令」（法律のみならず政省令も含む）に反してはならないとしているので、以下、法令との関係を問題にしていく）。問題は何をもって「法令違反」とみるかである。

#### ○これまでの議論

よく問題になるのは、条例で法令の規制よりも厳しい規制を行うことが、「法令違反」に当たるかどうかである。このような条例は一般に「**上乗せ条例**」と呼ばれてきた（ほかに、規制対象事項を広げる条例は「**横出し条例**」と呼ばれる）。上乗せ条例や横出し条例は、一見許されないようにも見えるが、法令の趣旨が、上乗せ規制や横出し規制を許容するものであるなら、条例の効力は否定されることにはならないだろう。この点については、分権改革以前のものであるが、徳島市公安条例事件の最高裁判決が参考になろう（最大判昭和50年9月10日刑集29巻8号489頁、百選Ⅰ・40事件）。

この判決は、法令と条例の関係について次のように述べている。まず、一般論として、「条例が国の法令に抵触するかどうかは、両者の対象事項と規定文言を対比するのみでなく、それぞれの趣旨、目的、内容及び効果を比較し、両者の間に矛盾抵触があるかどうかによってこれを決しなければならない。」とした上で、ある事項について法令に明文の規定がない場合であっても、法令全体から見て当該事項についていかなる規制も施すべきでないと解される場合は、これについて規律を設ける条例の規定は法令に違反することになるし、逆に、特定事項について規律する法令と条例が併存する場合であっても、両者の目的が異なるときや、両者が同一の目的を持つ場合であっても、国の法令が全国一律の規制を施す趣旨でなく、その地方の実情に応じて、別段の規制を施すことを容認する趣旨であると解されるときは、法令と条例の間には矛盾抵触はなく、法令違反の問題は生じないとしている。

この判決は、法令との関係で条例の制定が許されるかどうかは、結局のところ、法令の「趣旨」によって決せられるとするものである。だが、法令の趣旨が何であるかは、必ずしも明確になっているわけではない。その意味では、この判例は、具体的な判断基準を示したものというより、判断の仕方（許容パターン）を示した点に意義があると言えるのかもしれない。いずれにしても、条例制定が許されるかどうかは、法令の趣旨解釈により決せられるというのが、分権改革以前の判例の到達点であったわけである。

○今後の立法・法解釈のあり方

分権改革は、機関委任事務を廃止し自治事務を拡大するものであったが、法律と条例の関係には手を付けなかったとされている[14)]。だが、分権改革を経た今日においては、法令の趣旨を解釈するにあたり、地方自治への配慮が一層求められることは間違いなかろう。この点について手掛かりとなるのは、分権改革において導入された地方自治法2条11項~13項の規定である。

それによると、「地方公共団体に関する法令の規定は、地方自治の本旨に基づき、かつ、国と地方公共団体との適切な役割分担を踏まえたものでなければならない。」とされており（2条11項）、これらの規定の解釈・運用にあたっても同様の配慮が求められている（同条12項）。またさらに、地方公共団体が処理する事務が自治事務である場合には、「国は、地方公共団体が地域の特性に応じて当該事務を処理することができるよう特に配慮しなければならない。」とされている（同条13項）。これらの規定は、理念を示したものに過ぎないと言えるのかもしれないが、個々の法解釈において参照されるべきものであることは間違いない。今後は、これらの規定を踏まえた上で、個別事案の解決に当たることが求められてこよう[15)]。

---

14）ただし、機関委任事務に対しては、これまでは国の事務であることから自治体の条例制定権は及ばなかったが、分権改革の結果、その多くが自治体の事務に切り替わることによって、条例制定権に対する事務帰属の面からの制約は取り払われることになった。
15）分権改革後の条例論については、北村喜宣『分権改革と条例』（2004年）参照。

### 3）都市法制の将来的再編に向けて

都市法を構成する法令の多くは、分権改革以前の思考に基づいて立法化されたものである。このため、これらの法令に残存する「過剰規律」の問題は、今後、見直しが図られるべきであろう（第1次分権改革後、「義務付け・枠付けの見直し」改革がなされてきたが、まだ本格的な見直しからは程遠い）。都市計画法に関していえば、いろいろな見直し策が考えられるが、比較的抵抗の少ない方法としては、一種の**標準法**（法令の規定を標準法として一応適用させるが、必要性が認められるときは、自治体ルールに置き換えることを可能とするもの）としてこの法律を再構成していく途が考えられる。さらに抜本的な改正を考えるのであれば、一種の**枠組み法**（法令では枠組みを示すにとどめ、中身の詳細は自治体ルールに委ねるもの）として、この法律を大胆に書き改めていくことが考えられよう（⇒ 後記【コラム】参照）。

これらの見直し策を考えていく上では、いくつか押さえておかなければならない点がある。一つは、法令の果たす役割である。法令には、法制度の大枠を形作る役割があるとともに、全国的な見地に立って必要最小限の規律を行う役割がある。例えば、建築物の構造上の安全性や最低限の接道の確保などは、法令によって最低ラインを確保することが求められよう。また、これまでの経験に基づいて、都市における土地利用規制に不可欠な観点を法律に取り込み、自治体に地域に応じた対応を求めることも、法令に求められる大切な役割だといえよう。かような意味で、法令による枠付けは、将来においても欠かせないものとなってこよう。

もう一つは、自治体ルールの適正さをどう担保するかである。「全国画一規制」の枠が取り除かれると、自治体ルールの自由度は広がるので、その分逸脱のおそれも高まることが予想される。このため、自治体ルールの適正さを担保する方法が検討されなければならない。自治体ルールの適正化を図るには、まず実体法理の確立が必要とされてこよう。これまでの議論では、①比例原則の適用、②規制要件の明確化、③立法事実の裏付け等が論じられてきたが、これに尽きるものではないだろう。また、実体法理の確立と並んで重要なのは、自治体ルールの策定手続や争訟手続を充実させて、住民による法的コントロールの途を確保していくことである（⇒都市計画の策定手続については、第1章（4）および第4章（2）参照、争訟手続については、第10章参照)。

### コラム 「標準法」と「枠組み法」

自治体ルールの形成を広く認めていくには、現行の都市法制の構造を抜本的に見直していくことが必要とされよう。その場合に問題となるのは、法律と自治体ルールとの関係をどう再構成していくかである。この問題については、一つのアイディアとして、「標準法」と「枠組み法」という考え方が参考になる。

○「標準法」の考え方

標準法とは、まず法律を全国一律に適用される標準的な規範と位置付けた上で、必要な場合にはこれに代えて、当該地域に適合するオリジナルな規範（＝条例、自治体計画）の適用を可能とする仕組みのことである。現行法でいえば、用途地域制の下での特別用途地区の制度に、標準法の仕組みを見出すことができる。特別用途地区は、まず用途地域が適用されることを前提にした上で、用途地域内の一定の地区において特別なニーズがあるときは、自治体が条例を定めて、用途地域の用途制限に変更（強化・緩和）を加えることを許すものだからである（第1章（2）2）2参照)。

だが特別用途地区は、用途規制についての特例を定めるものなので、その限りで対象が限定されており（容積率を始めとした形態規制の変更等は、おそらく想定されていないだろう)、用途地域制度の全般にわたって「標準法」化をもたらすものとまではいえないだろう。用途地域制度を残すかどうかはともかくとして、都市計画制度の「抜本的見直し」につながるような標準法の仕組みが考えられないか、さらに検討していく必要があるだろう。

○「枠組み法」の考え方

枠組み法とは、法律が規制の大枠のみを定め、細部については自治体の判断に委ねる仕組みのことを指す。例えば、容積率についていえば、法律は容積率規制の大枠だけ定め、具体的にどのような容積率にするかは自治体の判断に委ねるような仕組みである。最近の例でいえば、景観法がこれに近い定め方をしており注目される。景観法では、景観計画にせよ景観地区にせよ、法令は制度の大枠を定めるだけで、具体的な規制内容は自治体の判断に委ねているからである[16]（第5章（3）参照)。

○まとめ

枠組み法は、地域ルールの適用を（法律の大枠はあるにせよ）ストレートに認めるものなので、わかり易い制度である。だが、その場合にあっても、

---

16）このほか地区計画も、法律は大枠を定めるだけで、具体的な中身については自治体の判断に委ねている（都計12条の5)。

本文で述べたような全国的視点からの最低限の規律は、法律の側に留保されることになるだろう。他方、標準法のシステムは、ややわかりにくい制度であるが、自治体にとっては、目安となる標準がわかることや、特別なニーズを感じていない自治体にとっては標準法の適用で足りることから、比較的受け入れやすい制度といえるのかもしれない。

いずれにしても、これらの仕組みは、わが国ではまだ珍しいものに見えるかもしれないが、比較法の見地からすれば、決して珍しいものとはいえない[17)]。わが国においても、地域の実情に合わせたルール形成が可能となるよう、将来的な法制度の変革に向けて議論を重ねていく必要があるものと思われる[18)]。

---

17）例えば、フランスの都市法制における国法（法律）の役割は、標準法と枠組み法によって特徴付けられるように思われる。まず、国土全体について、国法としての都市計画全国規制（標準法）が適用されるが、市町村が開発を進めたいときは、都市計画を定めることによってそこから離脱することができる（「計画なければ開発なし」の原則）。つまり、都市計画を定めれば国の標準法から外れることができる仕組みとなっているのである。次に、市町村が都市計画を定めるときは、国法である都市計画法典の規律に基づいて行わなければならないが、フランスの都市計画法典の規律は、日本の都市計画法と比べると、大枠の規律にとどまる場合が少なくない。例えば、用途規制であれば、法律には市町村が用途規制を定めることができるということしか定めておらず、用途規制の種類や中身をどうするかは各市町村の判断に任されている（容積率等についても同様）。もっとも、フランスでも、最低限守らなければならない規範は公序規範（règles d'ordre public）と呼ばれ、その遵守が各自治体に義務付けられている。かような面での国法の役割はなお残ることに留意しておきたい。久保茂樹『都市計画と行政訴訟』（2021年）第5章参照。

18）枠組み法や標準法については、亘理格・生田長人編集代表『都市計画法制の枠組み法化』（2016年）に、有益な研究が掲載されており参考になる。

# 第9章　多様な法主体の連携・協力による まちづくり

〈本章の概要〉

これまでの章では、国の法令に基づく都市法制の仕組みに焦点を当ててきた。だが、法令を忠実に執行するだけでは「よいまち」は実現できない。このことは、わが国の都市法制が「必要最小限規制」を旨としてきたことを考えると、一層よく当てはまるだろう。このため、住民や自治体は、よりよい生活環境の確保を目指して様々な取り組みを行ってきた。これが「まちづくり」といわれるものの出発点である。これに加えて近年では、「都市の縮退」との関連においても、多様な法主体が連携・協力してまちづくりに当たることが求められるようになってきた。

本章では、まず、(1) まちづくりとはどういうものか、(2) まちづくりは誰が担うのか、の2点について考察し、それを踏まえて、(3) まちづくりを支える法制度、および (4) まちづくりの手法について、みていくことにしたい。

(1) まちづくりとはどういうものか
(2) まちづくりは誰が担うのか
(3) まちづくりを支える法制度
(4) まちづくりの手法
(5) むすびにかえて――まちづくりの文化を学ぶ

## (1) まちづくりとはどういうものか

### 1)「まちづくり」の語の由来

わが国で「まちづくり」の語が使われるようになったのは、1960年代の終わり頃からだと言われている。当時の日本社会は、急激な高度経済成長や過度な都市化がもたらす社会的な歪みが問題になっていた（公害問題、建築紛争等)。まちづくりは、このような時代に、地域の生活を守るため住民らが生み出した様々な取組みを言い表す言葉として用いられるようになった。先駆的なものとしては、神戸市真野地区で、自治会連合会が中心となって公園の設置を実現させるなど、地域環境の改善に取り組んだ例がよく知られている。

地域の生活を守る課題は、都市行政を担当する自治体の側にとっても切実な問題としてとらえられた。その結果、住民と連携したまちづくりの活動が展開されることになる。これが「**まちづくり行政**」といわれるものである。「まちづくり」の語は、その後、景観まちづくり、緑のまちづくり、防災まちづくり、歴史まちづくり…等々と、いろいろな分野で使われるようになっていった。近年では、まちの活力や魅力を高めるための「まちおこし」的な活動も、まちづくりの代表的な分野の一つとみられるようになってきた。

まちづくりの分野はかように広がりを見せているが、それらに共通するのは、まちづくりが、①行政だけでなく、住民・事業者など多様な主体の連携・協力によって担われるものであること、②法令のあるなしに拘らず、地域が抱える現実の問題に応えようとするものであること、③その目標が、居住環境の質的改善やまちの活力・魅力の向上におかれること（言い換えれば、公共空間としての都市の価値を高めるものであること）にあるといえよう[1)]。

### 2)「縮退」時代のまちづくり——都市の「管理」をめぐって

近年のまちづくり活動に特徴的なのは、都市の魅力を高めるために、都市管理に関わる新しい取り組みが進められていることである。例えば、伝統的な建造物をリメイクしたり、特色ある街並みを保全・修復したりするもの、商店街の活性化に向けて様々な活動に取り組むもの、集会所などの公共施設を自治体から委託を受けて住民自らが管理するもの…等々である。これらの取り組みは、これまでの都市法が取り組んできた「規制」や「事業」とは性格の異なるものであり、むしろ都市の管理運営や維持保全に関わる活動、一言でいうなら都市の「**管理（マネジメント）**」に関わる活動ということができよう。かような活動は、経済成長の時代には目立たなかったものである

1) 「まちづくり」の語を定義することは容易でない。定義の具体例として、「まちづくりとは、地域社会に存在する資源を基礎として、多様な主体が連携・協力して、身近な居住環境を漸進的に改善し、まちの活力と魅力を高め、「生活の質の向上」を実現するための一連の持続的な活動である。」というのがあるので参考にしてほしい（日本建築学会編『まちづくり教科書第1巻　まちづくりの方法』（2004年）3頁）。

が、都市の活力が衰え、まちの衰退が危惧されるような時代に入って、人々の注目を集めるようになってきた。

この点について、もう少し立ち入った説明をすると次のようになる。都市の「拡大」の時代には、行政の役割は、都市開発の行過ぎに「ブレーキをかける」ことで一応足りていたが、都市が「縮退」の時代にはいると、管理の行き届かない土地・建物や公共施設が増えてくる。もはや「ブレーキをかける」だけでは、何の解決も得られない時代に入ったといえるだろう。今日求められるのは、これらの管理不全物件に積極的に手を差し伸べ、都市機能の維持・回復を図っていくことである。だが、行政の力だけでかような課題に応えていくのは困難であり、民間の力を借りなければ対応できないことは明らかであろう。他方、昨今では、住民や事業者の側にも、それぞれの立場から、まちの「管理」に積極的に関わる姿勢が見られるようになってきた。「縮退」の時代に、行政と民間が連携してまちづくり活動を行うようになるのは、このような時代状況の変化を背景にしているといえよう。

### 3) 都市法における「まちづくり」の位置付け

都市法はこれまで、国の法令に基づく都市法制の解釈・適用を中心的なテーマとしてきたが、まちづくりに関しては、「都市法制を補完するもの」という以上に明確な位置付けが与えられてきたわけではなかった。だが、これからの都市法を考えると、まちづくりには、都市法制の補完を超えたより積極的な役割が与えられるべきだろう。まちづくりと都市法制は、相互排他的な関係にとどまるのではなく、むしろ相互に影響を与え合いながら、より良い都市空間の創出を目指すことが求められるからである。実際、近年の立法動向に目をやると、両者の「接近・融合」の傾向は、すでにいろいろな分野で始まっていることがうかがえる（⇒ 後述（3）2））。

では、都市法にとって、まちづくりを取り上げることには、どのような意義があるのだろうか。これについては、差し当たり次の2点を指摘しておきたい。

第1に、まちづくりの持つ問題発見機能である。これまでまちづくりは、都市法制の足りないところを見つけ出し、その欠陥部分を埋めるための取組みを行ってきた。かような問題発見機能は、今後の都市法においても変わらずに認められるだろう。

第2に、都市の管理が求められる時代に入ると、まちづくりに焦点を当てる必要性は、これまで以上に大きなものになってくる。なぜなら、都市の管理は、これまでの都市法が扱ってきたような都市法制の解釈・適用（それらの多くは、開発や事業のスタート時点でのチェックにとどまる）とは異なり、住民や事業者らによる継続的な管理活動に依存せざるを得ないからである。このような活動は、まちづくりに焦点を当てるのでないと拾い上げることが困難であろう。

以上のことから、本章では、まちづくりに焦点を当てて、都市法の立場から問題を拾い上げていくことにしたい。

## (2) まちづくりは誰が担うのか

まちづくりの担い手として考えられるのは、まず住民、土地所有者等、事業者、行政（自治体、国）である。このほか、これらの担い手の周辺にあって、まちづくりを支援しあるいはその推進に当たる人や組織も存在する。これらの担い手は、それぞれどのような立場でまちづくりに関わるのであろうか[2)]。順にみていくことにしたい。

### 1) 住民

ここでいう住民とは、当該自治体に居住する者のことをいい、当該自治体の不動産に権利を有する者であるかどうかを問わない[3)]。

まず統治構造上、住民は主権者として、自治体の都市政策の決定に関わる

---

2) まちづくりの担い手については、曽和俊文「まちづくりと行政の関与」芝池義一ほか編『まちづくり・環境行政の法的課題』（2007年）20頁以下参照。

3) 外国籍の者でももちろん構わない。地方自治法18条は、地方選挙に関する住民の選挙権を日本国籍を持つ者に限定しているが（ただし判例は、地方選挙に関し、国籍要件は憲法上の要請ではないとしていることに注意（最判平成7年2月28日民集49巻2号639頁））、まちづくり活動は、選挙権（あるいは参政権）とは性格が異なるので、まちづくり活動への参加資格に、日本国籍を持ち出す理由はないものといえよう。

権利を持つ（**住民自治の原則**）。このことを確認した上で、さらに次のことが指摘できよう。

居住者としての住民は、行政による土地利用規制が適切に行われない場合は、生活環境の面で不利益を受ける立場にあることから、都市行政における重要なステイクホルダー（利害関係者）であることは疑いない。まちづくり活動が、住民の**居住環境の質的改善**を求める運動から生まれてきたという経緯からしても、住民は、まちづくりの舞台において、本来的に「主役」の位置を占めてきたということができるだろう。

一方、**能動的な市民**という面からも、住民みずからが、日常生活で利用する身近な公共施設等（児童公園、街路など）の維持・管理に当たるのは、理にかなったことといえよう。都市の管理が課題となるこれからの都市法において、この面での住民の果たす役割は、今後ますます大きなものになっていくだろう。

なおここで、**通勤・通学者等**（住民である場合を除く）の住民に準ずる立場にある者の存在にも注意を払っておきたい。これらの者は厳密な意味での住民には該当しないが、日常的に当該地域に通勤・通学し、一日のかなりの時間を当該地域で過ごすのであるから、その限りで、まちづくりの担い手に準ずる立場にあるということができよう。

### 2）土地所有者等

土地所有者等とは、当該自治体の区域内にある不動産に権利を有する者のことである（所有権者のほかに借地権者も含まれるので、「土地所有者等」と呼ぶ）。前述の住民と重なる場合もあるが、「**財産権の主体**」という立場でまちづくりに関わる点で、住民一般とは区別される（逆に、土地所有者等は当該自治体に居住する住民とは限らない）。

まず土地所有者等は、行政による土地利用規制を受ける立場にあるから、都市法における基本的な利害関係者であることは疑いない。だが、土地所有者等は、被規制者として受動的な立場に置かれるだけでなく、自らその権利を行使することによって都市空間の形成に関わることができるので、より積極的にまちづくりに関与できる地位にあるということができる。また、地域の価値を高めることは不動産の価値上昇にもつながるので、その意味でも、まちづくりを担う潜在的志向を持ち合わせているものといえよう。

実際の法律においても、土地所有者等には以下のような特別な権能が付与されている。

- ・地区計画等の案の作成において、利害関係者として意見を述べることができる（都計16条2項）。
- ・都市計画提案を行うことができる（都計21条の2第1項）。
- ・建築協定を締結することができる（建基69条）。
- ・市街地開発において、個人としてまたは組合を作って施行者となることができる（土地区画整理法3条、都市再開発法2条の2）。

### 3）事業者

事業者（開発事業の実施主体、商店主等）は、私益を追求する存在であってその事業活動がしばしば都市環境に改変をもたらすものであることから、これまでは住民によるまちづくりと対立する関係にあるものとみられることも少なくなかった。事業活動にかようなリスクが伴うことは否定できないが、その一方で、快適で魅力的な都市空間を作り出すには、事業活動の力を借りることが不可欠なことも否定できないであろう。一方、事業者にとっても、まちの魅力が引き出されることは、事業活動にとってプラスになることは疑いない。このことは、商店主等の場合によくあてはまるが、他の事業者の場合も多かれ少なかれ当てはまることである。以上のことからすると、事業者も、地域の価値を高める公益的活動（まちづくり活動）の積極的な担い手となり得る条件を備えているものと考えられる。まちづくり条例において、事業者が、住民、自治体と並んで「まちづくりの担い手」に位置付けられるのは、このような事情が認められるからである。

### 4）行政[4]（自治体、国）

#### 1．自治体

自治体は、都市行政の担い手として都市空間の管理に責任を持つ立場にある。このため、よりよいまちを目指して活動することは、自治体の本来的使命に合致するものといえる。実際、これまで多くの自治体が、都市行政の単なる執行者に甘んずることなく、それを超えるまちづくり行政に積極的に取り組んできた。当初のまちづくり行政においては、自治体が主導権を握り住民は受動的立場に追いやられるという傾向もなくはなかったが、今日では多くの自治体で、行政と住民が対等な立場でまちづくりを担う「**協働によるまちづくり**」を目指すようになってきた。

この意味で、自治体には、他の担い手と対等な立場でまちづくりに臨むことが求められるが、その一方で、自治体の果たす役割には、他の担い手のそれとは異なる面があることにも注意を払う必要があろう。

まず、自治体は都市行政の責任者であり、法的にも最終的な決定権を持つことが多いことから、私的判益から距離をおいて、公正・中立な立場でまちづくりに臨むことが求められる。また、自治体の役割には、自らがまちづくりに当たるということのほかに、他の担い手との連携・協力を確保するために、まちづくり全体をコーディネイトするという重要なものもある。多くのまちづくり条例で、自治体の責務として、住民によるまちづくりに対する支援や他の機関との連絡調整が挙げられているのは、このような役割が欠かせないからである。

#### 2．国

分権改革の結果、国がまちづくりの分野で果たす役割は、法的には補完的なものと位置付けられるようになったが、国の果たすべき役割がなくなったわけではない。大規模災害被災地の復旧・復興、都市再生分野での国のイニシアティブ等と並んで、近年の立法には、まちづくりの支援を定める法律

4）　行政の役割には、通常の行政活動の主体というもののほかに、事業主体や資金援助主体として、都市づくりに直接、間接に関わる面もあるが、これらの面については煩瑣になるので省くことにした。

も、多くみられるようになってきた。これについては、次節で取り上げることにしたい（⇒（3）2））。

### 5）その他の担い手

ここでは、上記の担い手の周辺にあって、まちづくりを支援しあるいは中心となってその推進に当たる人や組織についてふれておく。

○地域まちづくり団体

まずあげなければならないのは、**地域まちづくり団体**である（「住民団体」と呼ばれることもあるが、それぞれの地域のまちづくりに携わる団体という意味を明確にするために、ここでは「地域まちづくり団体」の語を用いる）。地域まちづくり団体は、当該地域の環境整備や活性化のために活動する団体で、その地域の住民を基盤とするものである（ただし、構成員のすべてが住民である必要はない）。

まちづくりの担い手を論ずる上で、地域まちづくり団体をどう位置付けるかは重要な問題である。まず、地域まちづくり団体は、住民に代わってまちづくりの活動を行う団体である。住民は、まちづくりの担い手ではあるが、実際にまちづくり活動のすべてを、個人としての住民に担わせるのは無理がある。現実のまちづくり活動は、住民がまちづくり団体を作って組織的に活動するのが通例であろう。この意味では、地域まちづくり団体は、まちづくりの支援組織というより、まちづくりの担い手そのものといってよいだろう。

次に、地域まちづくり団体は、住民に共通する利益（「**共同利益**」とも呼ばれる）を追求する団体である。この点で、地域まちづくり団体が追求する目的には、単なる私益を超えたある種の公益性（私益の集積としての公益性）を認めることができよう。まちづくり条例では、一定の要件を満たす団体を「**まちづくり協議会**」などとして自治体が認定し、これに一定の権能を付与する仕組みを設けるところが少なくないが、このような仕組みが設けられるのも、地域まちづくり団体に、上記の意味での公益的性格が認められるからにほかならない。地域まちづくり団体にどのような役割を与えるかは、今後のまちづくりにおける重要課題の一つといえよう。

○専門家、大学・研究機関、まちづくり支援団体（NPO）

まちづくりを支援する人や組織としては、このほか、専門家、大学・研究機関、まちづくり支援団体（NPO）等をあげることができる。

ひとくちに専門家といっても、いろいろなタイプの者がいる。例えば、建築士やコンサルタントは、その専門知識を生かして住民らのまちづくり活動をサポートすることができる。多くのまちづくり条例で、住民のまちづくり活動を支援するために専門家の派遣制度を設けているのは、このような理由による。また、自治体の審議会等において、その分野の専門家が適切なアドバイスをすることは、まちづくりの質を高める上で欠かせないものである。さらに最近では、大学や研究機関と連携して、まちづくりを進める自治体も増えている。この意味では、大学や研究機関も、まちづくりを支援する組織の一つにあげることができる。このほか、まちづくりに外部から関わる支援団体（NPO）も、その経験、知識そして使命感により、まちづくり活動を支援することが期待されている[5)]。

○まちづくり推進法人

近年注目されるのは、民間法人等をまちづくり推進者に指定して（以下、「**まちづくり推進法人**」という）、行政に代わってまちづくりの推進に当たらせるやり方が、いろいろな法律でとられるようになってきたことである。まちづくり推進法人は、まちづくりの分野における「官民協力」の新たな形態として、国（国交省）がその活用を推奨するものである。

まちづくり推進法人の具体例としては、都市再生法に定められた**都市再生推進法人**（→本章（4）3）で詳述する）、景観法に定められた景観整備機構（92条）、歴史まちづくり法に定められた歴史的風致維持向上支援法人（34条）等があげられる。

このほか、2018年の都市計画法改正により、都市計画の業務に関わる民間団体として、**都市計画協力団体**が制度化されている（都計75条の5）。

5）特定非営利活動促進法は、特定非営利活動法人（NPO）が行う公益増進活動の一つに、「まちづくりの推進を図る活動」をあげている（同法別表第3号）。

## (3) まちづくりを支える法制度

まちづくりは、都市法制に足りないところを補うものとして生み出されたものであるが、そのことは、これまでの都市法制に限界があったことを示すにとどまり、国や自治体がまちづくりの法制度を新たに整備することを妨げるものではない。むしろ、これからの都市法制は、まちづくりを積極的に支えるものに変わっていかなければならないだろう。以下では、まちづくりを支える法制度のあり方を考える素材として、自治体のまちづくり条例と国のまちづくり支援法についてみていくことにしたい。

### 1) 自治体のまちづくり条例

わが国でまちづくりに関わる条例（名称も内容も様々なものがあるが、ここでは簡潔に「まちづくり条例」と呼ぶことにする）が登場するのは、戦後の高度経済成長によって開発需要が伸長する1960年代以降のことだと言われている。無秩序な市街地開発に対抗するため、多くの自治体で要綱行政が展開するが（⇒ 第8章（2）【コラム】)、それと並んで、まちづくり条例を制定して住環境保全に取り組む自治体も少なからず存在した[6]。

その後、1999年の分権改革を経て自治体を取巻く法環境は大きく変わるが、基本的な流れとしては、それまで取り組んできた「まちづくり行政」を正規の法規範である「まちづくり条例」によって根拠付け、より積極的に「まちづくり」に取り組む例が増えてきたように思われる。まちづくり条例には各論的な問題を扱うものも少なくないが、以下では、総論的な見地から「まちづくり」について定める条例（総論型まちづくり条例）を取り上げ、そこに見られる特色（あくまで傾向的なものだか）を3点に絞って指摘することにしたい。

○まちづくり条例の特色

まちづくり条例の第1の特色は、まちづくりの基本理念として、「協働型

---

6) まちづくり条例の詳細については、内海麻利『まちづくり条例の実態と理論』（2010年）参照。

のまちづくり」や「市民参画型のまちづくり」を謳うことである。そこに示されているのは、まちづくりにおいては、行政と住民・事業者らは主従の関係に立つのではなく、独立・対等なパートナーとして互いに意見を出し合い協力してまちづくりを進めていこうという考え方である。このような考え方は、都市の「管理」が求められる今日の時代においては、一層強く求められるものといえよう。

まちづくり条例の第2の特色は、まちづくり施策の基本に、**まちづくり基本計画**（「まちづくりマスタープラン」ともいう）を置いて、将来構想を内外に明示することである。まちづくり基本計画の最も大きな役割は、まちづくりの担い手の間で将来に向けての「目標の共有」を図ることにある。まちづくりを始めるためには、どのようなまちを目指すかについて、行政と住民らの間で目標の共有を図っておかなければならない。まちづくり基本計画はかような役割を持つため、その策定にあたっては、住民を初めとした関係者との十分な意見交換がなされなければならないだろう。

まちづくり基本計画は、通常の都市計画のように、直接私人に法効果を及ぼすものではないが、様々な形で、自治体のまちづくり行政を方向付ける点で重要な役割を果たす。まず、自治体のまちづくり行政は、まちづくり基本計画に沿って進めなければならない。また、開発事業などの場においても、自治体が事業者と協議を行う際には、基本計画を踏まえて行うことが求められる。このほか、法令の解釈が必要となる場合も、基本計画を踏まえた法解釈が求められよう[7)]。まちづくり基本計画は、以上の意味で自治体のまちづくり施策の基本となるものなので、「まちづくりの要（かなめ）」と位置付けることができる。

まちづくり条例の第3の特色は、地域まちづくり団体に公的な位置付けを与えて、これに一定の役割や権能を付与することである。地域まちづくり団体は、地域住民から構成されるまちづくり活動を行う団体のことで、自治体の長によって認定されると、まちづくりにおける一定の権能が与えられる

---

7）行政機関に政策上の裁量が認められる場合にあっても、基本計画を考慮した裁量判断が求められよう。

(都市計画の提案、まちづくり協定の締結、まちづくりルールの策定[8] 等)。今日のまちづくりは、個人の活動として行うには限界があり、まちづくり団体の協力なしにはなし得ないものになっている。まちづくり条例はこのような考え方に立って、地域まちづくり団体に公的な位置付けを与えて、まちづくり活動支援の役割を担わせているのである。

まちづくり条例には、このほかにも様々な特色がみられるが、多岐にわたるのでここでは割愛することにしたい。

### 2) 国のまちづくり支援法

国は、まちづくりの現場から離れたところにいるが、法律の制定や財政援助を通じてまちづくりに関わることができる。国の立場からまちづくりの支援を定める法律を、以下では「**まちづくり支援法**」と呼ぶことにする。第6章で取り上げた都市再生特別措置法は、都市機能の高度化を目指すものであるとともに、協議・協定を用いた「まちづくり支援法」の性格も併せ持つものとなっている(協議・協定の詳細については、(4) で取り上げる)。

一方、都市法制の中核をなす都市計画法自体も、少しずつではあるが、まちづくりに資する方向で法改正を積み上げてきたことに注意する必要があろう。

まずあげなければならないのは、1992年の都市計画法改正で導入された市町村マスタープラン(18条の2「市町村の都市計画に関する基本的な方針」)である(⇒ 第1章 (3))。市町村マスタープランは、通常の都市計画のように法的拘束力を持つものではないが、まちの目標や将来像を明らかにし、その実現に向けて行政施策を方向付けるものであるから、自治体のまちづくりを法制度面で支える役割を果たすものだといえる。

さらに、2000年の都市計画法改正では、条例による都市計画決定手続の追加が許されるようになったが、これは、時代遅れとなった法定の都市計画決定手続を、住民参加を広げる方向にレベルアップすることを可能にする点

---

8) まちづくりルールとは、その地域の住民らが定める自主的ルールのことで、具体例としては、ゴミ出しや公園の使い方等の生活ルールが考えられる。まちづくりルールは正規の法規範ではないが、自治体の認定を受けることによって、一種のソフトローとして機能することが期待されている。

で、まちづくり支援の役割を果たしうるものだといえよう（17条の2）。このほか、都市計画の提案権を、土地所有者等やまちづくりNPO等、多様な法主体に認めた2002年の法改正も、まちづくり支援の意味を持つものということができる（21条の2）（以上につき、⇒ 第1章（4）2））。

## （4）まちづくりの手法

次に、まちづくりの手法には、どのようなものがあるかをみることにしたい。

自治体が主導する都市行政の場合は、住民の意見を聴く必要はあるにせよ、最終的な意思決定は自治体の責任でなされるが、まちづくりの場合は、多様な法主体の連携・協力に重点が置かれるので、当事者の対等性を前提とした「協議」や「協定」の手法が広く活用されるようになるのは自然なことだろう。これに加えて、縮退の時代には、身近な公共施設等の維持・管理（以下では、「都市管理」と呼ぶことにする）も、民間の手によって行われるケースが増えてきた。

以下では、1）協議の手法、2）協定の手法、3）都市管理の手法の順にみていくことにしたい。

### 1）協議の手法

協議とは、一般的にいえば、対等な当事者間で情報や意見の交換を進めながら、双方の合意を目指す行為のことを指す。協議を行うための組織は「協議会」と呼ばれ、最近では、国や自治体にもよく設けられるようになってきた。

まちづくりの分野でも、様々な協議（会）が設けられてきた。ここでは、これまでの例にならって、これを2つのタイプに分けることにしよう[9]。ひと

---

9） これは、安本教授のいう「行政＝事業者協議型」と「多数関係者協議型」の2区分にならったものである。安本335～339頁。同書によれば、前者には、都市空間の改変にふさわしい公共性の担保が求められる一方、後者については、多数の関係者の話し合い

つは、民間事業者が行政と協議して開発プロジェクトを進めるタイプのものである。かつては「協議型まちづくり」などと呼ばれることもあったが、その多くは、民間事業者主導の下に開発事業を進めるものであった[10)]。

これに対して近年では、行政と住民、事業者その他の関係者を交えた多数当事者による協議（会）が広く行われるようになってきた（以下、これを「多数当事者型協議」と呼ぶ）。これは、まちづくり行政の系譜をひくものといえるが、その中には様々なものが含まれる。

○多数当事者型協議

協議はこれまで2当事者間で行われるものが比較的多かったが[11)]、まちづくりの分野で近年よくみられるのは、行政、住民、事業者等、多様な関係者を広く集めて行われる多数当事者型の協議である。多数当事者型協議が増加している背景には、都市空間の利用をめぐる利害状況の複雑化や、都市の管理に総合的対策が求められるようになってきたことがあげられる。一方、協議を活用することの効能としては、関係者の間で情報の共有が図れること、互いの立場を理解した上で問題解決に向けて垣根を越えた議論や協力が可能になることなどがあげられる[12)]。多数当事者型協議は、まさにこれからのまちづくりに相応しいやり方なのだといえよう[13)]。

もっとも、多数当事者型協議のかような姿は一応の理念型を示すものに過ぎず、実際に設けられた協議（会）は、その目的や機能によって様々な現れ方をしている。ここでは、都市再生法に定められた市町村都市再生協議会を取り上げ、その特徴や課題について見ておくことにしたい[14)]。

---

（熟議）によってこそ「公益」が発見できるとしつつも、最終的には議会議決等の自治体の最終決定が必要になるとする。

10）小林重敬編『協議型まちづくり』（1994年）。なお、事業者主導型の協議の問題点については、野田崇「都市計画における協議方式」芝池義一ほか編『まちづくり・環境行政の法的課題』（2007年）123頁参照。

11）2当事者間協議には、事業者主導型の「行政＝事業者」間協議のほかに、開発規制の目的で要綱や条例に基づいて行われる「行政＝事業者」間協議、「住民＝事業者」間協議などがある。

12）協議会の役割や機能については、大橋洋一『対話型行政法の開拓線』161頁以下参照。

13）多数当事者型協議は、「公益の発見」（安本・338頁）あるいは「適正な利益衡量」（大橋・前掲201頁）を行う上で、重要な役割を果たすものとされている。

14）多数当事者型協議（会）には、このほかにも、景観協議会（景観法15条）、歴史的風

○市町村都市再生協議会

市町村都市再生協議会は、都市再生法117条に基づいて、都市再生整備計画や立地適正化計画の作成・実施に必要な協議を行うために組織される法定協議会である（⇒ 第6章（4）2））。

この協議会を組織できる者は、市町村、都市再生推進法人、防災街区整備機構、中心市街地整備推進機構、景観整備機構、歴史的風致維持向上支援法人、その他上記法人に準ずるNPO法人等である（117条1項）。

協議会の構成員には、①関係都道府県、独立行政法人都市再生機構、地方住宅供給公社、民間都市機構といった公的主体のほか、②公共公益施設を整備・管理し、または都市開発事業を施行する民間事業者、誘導施設等の整備に関する事業を実施する民間事業者、③公共交通事業者、道路管理者、公園管理者、公安委員会、④その他、都市再生整備計画や立地適正化計画に密接な関係を有する者等を加えることができる（同条2項）。

協議が調った事項については、協議会の構成員は、その協議結果を尊重しなければならない（同条7項）。

市町村都市再生協議会について、法律に定められていることはこれくらいであるが、ここには、法的見地からみて考えておかねばならない問題がいくつか含まれている。

第1に、協議会の構成員をどのように選ぶかである。市町村都市再生協議会は、都市再生整備計画や立地適正化計画の作成・実施に必要な協議を行う場であるから、できるだけ多様な意見が反映されるような構成になっていなければならない。どのような団体・人を構成員とするかは広い選択余地があるため、協議の公正さを確保するには、構成員のバランスに十分配慮し、選択の基準を外部に説明できるようにしておかなければならないだろう[15)]。

---

致維持向上計画に関する協議会（歴史まちづくり法11条）など、様々なものがある。

15）構成員に関して問題となるのは、都市再生法117条2項の規定に、住民や住民団体が市町村都市再生協議会の構成員候補として明記されていないことである。この点、景観法では、景観協議会の構成員に住民等を加えることができるとされている（15条）。景観法にあるような住民の参加規定を欠くことは、立法のあり方として疑問の残るところである。もっとも、解釈論としては、④の「その他、都市再生整備計画や立地適正化計画に密接な関係を有する者」の中に読み込むことも可能であろうし、また、117条2項

第2に、住民との関係でいえば、協議の民主性をどう担保するかということも重要な論点となる。協議の対象となる2つの計画（都市再生整備計画、立地適正化計画）は、いずれも市町村の将来に関わる基本計画であるから、協議の民主的基盤を確保する必要があり、そのためには、協議の経過や結果を適宜公表して、住民の意見を求める機会を設けることが望ましい。協議参加者の間だけで話が進み、住民の知らないところで物事が決まるような事態は避けなければならないからである。パブリック・コメントなどを活用して、要所要所で住民の理解を得るような運用が求められよう。

### 2）協定の手法

協定とは、協議の結果合意に至った内容を、正式文書の形で当事者間で取り交わすものである。法的意味の乏しいものは別として、その性格は契約（あるいは合同行為）の一種とみることができる。

都市法上の協定には、土地の権利者（所有権者、借地権者）間で締結されるタイプのものと、自治体（その関係法人を含む）と土地の権利者の間で締結されるタイプのものがある（前者は「**ヨコ型協定**」、後者は「**タテ型協定**」と呼ばれることがある）。いずれの協定も、当事者間の意思の合致によって生ずるものなので、契約の性格を持つことに変わりはない。したがって、これらの協定に加わった者は、その協定を遵守する法的義務を負うことになる。この意味では、協定は私法上の契約と異ならないが、都市法上の協定は、多くの場合、公共性の見地から、承継効をはじめとした特別な法効果が与えられている。ただし、このような法効果は、自治体による認可がないと生じてこない（認可の仕組みについては、建築協定の例を参照されたい⇒第3章（6））。

近年、都市再生の分野では、協定の手法が広く活用されるようになってきた（⇒第6章（4）【コラム】）。その背景には、都市の縮退が進むなかで、①身近な地域の都市環境の整備は、自治体だけではなしえず、土地の権利者の

---

の規定は例示にとどまり、候補者を限定列挙したものではないとみることもできよう。市町村のHPなどで実例をみてみると、法定の構成員のほか、学識経験者、自治会役員、住民（公募）等を構成員に加えるところもあるようである。

協力がないと実現し難いこと、②施設の整備だけで終わるのでなく、その維持管理にも目を向ける必要があること等があげられよう。協定の手法は、このような要請に応えるものとして活用されるようになったのである。この意味で協定は、今日のまちづくりにおいて必須の道具になってきたといえよう[16]。

○協定違反に対して取り得る措置

環境法の分野では、かつて公害防止協定をめぐり紳士協定説（協定の法効果を認めないため、協定違反があっても咎められない）が唱えられた時期もあったが、今日では、契約としての効力が認められているため、協定違反に対して履行請求や損害賠償を求めることは可能とされている[17]（ただし、履行請求はややハードルが高い）。都市法の分野でも、この点は同様に考えてよいだろう。

この議論とは別に、建築協定については、建築確認の判断基準にすることができないかが論じられてきた（⇒詳細は、第3章（6）を参照されたい）。都市再生法上の協定については、まだ十分な検討が加えられているわけではないが、通路や施設の利用に関する協定であれば、協定違反に対して原状回復や損害賠償を求めることは可能であろう。ただし、行政上の命令や罰則を課するとなると、法治主義原則との関係で、法律・条例の根拠が必要となる[18]。

---

16）都市法上の協定については、大橋洋一・鈴木毅「『都市のスポンジ化』対策と新たな協定制度」学習院法務研究13号（2019年）119頁以下が、詳細な分析を加えている。

17）判例においても、公害防止協定に定められた産廃処理場の使用期限について、法的拘束力を認めるものが登場している（最判平成21年7月10日判例時報2058号53頁、百選Ⅰ・90事件）。

18）なお、本文では取り上げることができなかったが、協定をめぐっては「都市という公共空間のあり方を、私人の合意によって決定することができるのか」という根源的な論点も残されている。法治主義の原則に照らして、協定の役割をどう正当化できるのかという問いである。一律に論ずることのできる問題ではないためここでは論評を控えるが、協定の制度化にあたり、常に念頭に置かなければならない問題であることは確かであろう。詳細については、野田崇「当事者自治制度と『公益』の行方」公法研究80号（2018年）205頁以下、角松生史「都市再生法上の協定と「公共」への参加」法律時報91巻11号（2019年）25頁以下、洞澤秀雄「地域ルールと行政法」行政法研究37号（2021年）75頁以下等を参照されたい。

### 3）都市管理の手法

都市の管理は、以前からなかったわけではないが、「縮退」の時代になって注目されるようになったテーマである。これまでであれば、「都市の管理は行政の役割である」との考え方が取られたであろうが、今日では、自治体が、民間事業者や住民団体等に、都市の管理を委託することが広くみられるようになってきた。「民」の手による都市管理は、まちづくりの一つの手法として定着してきたといえよう。

以下では、都市管理の問題を、生活圏レベルでの都市管理と、商業圏レベルでの都市管理に分けて考えてみることにしよう。

#### 1．生活圏レベルでの都市管理

生活圏レベルでの都市管理とは、日常生活圏のレベルで、そこに住む住民らが、地域の集会所、公園、街路などの身近な施設の管理に当たるような場合を想定している。身近な施設の管理を、条例や規則によって、地域住民の手に委ねるのは珍しいことではない。

では、都市管理を「民」の手に委ねることには、どのような意義があるのだろうか。都市管理には継続的な関わりが必要になるため、行政の力だけではまかなえず、「民」の力を借りざるを得ないという事情は確かにあるだろう。だがこれは、行政資源の不足をいうものに過ぎず、積極的な意義を示したものとはいえない。かような活動の理論的根拠付けとして注目されるのは、**コモンズの共同管理論**である。これは、公園、集会所等の地域の公共財は、住民が日常的に利用するものであり、かつ行政よりも地域住民の方がその使い方をよく知っているものであるから、彼らに委ねた方がより適切な管理が期待できるというものである[19]。住民が日常的に利用する公共財（コモンズ）に関しては、このような考え方が一定の説得力を持つように思われる。

---

19）高村学人『コモンズからの都市再生――地域共同管理と法の新たな役割』（2012年）は、本文であげた理由に加えて、住民間での共同管理を通じた自主的ルールの形成・発展が期待できることもあげている。かような発想は、コモンズの共同管理という視点に立つもので、従来の都市法には見られなかったものである。「民」による都市管理を、かような視点からとらえ直すことも、今後の課題となろう。

## 2. 商業圏レベルでの都市管理――都市再生推進法人を例に

商業圏レベルでの都市管理とは、人々が集まる商業地等において、事業者（商店会、企業、ビルのオーナー等）やNPO等が中心となって、商店街やオフィス街等の管理に当たるような場合を想定している。都市再生法は、かような分野の都市管理を担う組織として、都市再生推進法人を定めている（図1参照）。

都市再生法によれば、都市再生推進法人は、地域のまちづくりを担う法人として、市町村長が指定するものである（118条）[20]。いわば、まちづくりの新たな担い手として、行政を補完する役割が期待されているのである。

都市再生推進法人の業務は、民間事業者に対する専門家の派遣・情報提供、NPOに対する助成のほか、自ら事業者となって都市開発事業や利便増進施設の整備に当たること、各種公共施設の整備・管理を行うことなど、広い範囲に及んでいる（119条）。

都市再生推進法人を活用することのメリットとしては、①計画の提案（都

（図1）都市再生推進法人の指定

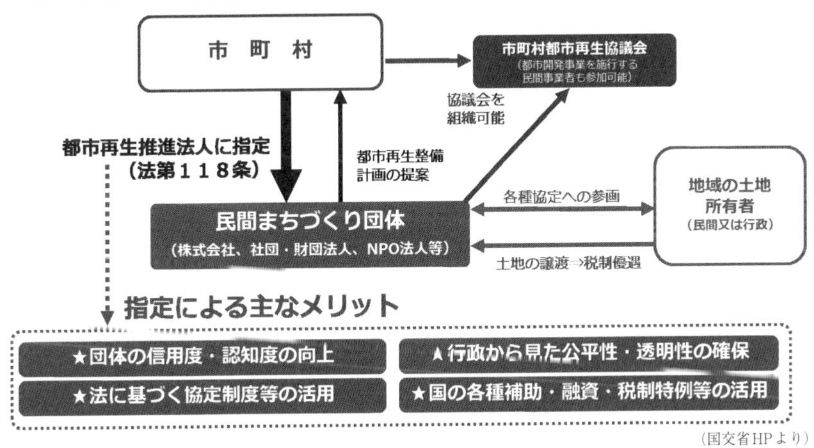


（国交省HPより）

---

20）都市再生推進法人は、特定非営利活動法人（NPO）、社団・財団法人、まちづくり会社からの申請を受けて、市町村長が指定する（118条）。都市再生推進法人は、2022年10月末現在で、全国で105団体指定されている。法人の形態別にいえば、まちづくり会社が58団体、社団・財団法人が35団体、NPO法人が12団体である（国交省HPより）。

市再生整備計画、都市計画、景観計画)、②協定への参画(公園施設設置管理協定、都市利便性増進協定、低未利用土地利用促進協定、跡地等管理等協定)、③占用許可の特例(都市公園、道路)、④税制特例、⑤財政・金融支援等を活用できる点があげられる。

○エリアマネジメント

法定の制度ではないが、最近では、**エリアマネジメント**と呼ばれる活動に注目が集まっている。エリアマネジメントは様々な活動を含むため、この語を定義することは容易でないが、おおよその内容としては、地域(エリア)の魅力を高めるために、民間事業者等が中心になって市街地の維持・管理(マネジメント)に当たる活動のことをいう。前述の都市再生推進法人も、エリアマネジメントの活動を担う組織の一つということができよう。

都市の拡大の時代には、濫開発を抑えるために、国の定めた基準によって標準的・画一的な都市づくりが目指されたのに対し、都市の「縮退」が語られるような時代になると、このような手法は通用せず、むしろ市民による自発的な地域管理に委ねた方が、「創造的なまちづくり」によりよく対応できるというのが、エリアマネジメントの根底にある考え方なのであろう。実際にも、エリアマネジメントは、都市活性化の切り札になるものとして、多くの都市でその取り組みが始められている(有名なものとしては、大丸有エリア(大手町、丸の内、有楽町)、銀座街づくり、札幌駅前通まちづくり、横浜みなとみらい等がある)。このような動きは、先進諸国に共通の世界的現象であると言われており、欧米では、エリアマネジメント団体の活動費用を負担金の形で徴収する制度も確立しているという。

都市法の観点からいえば、エリアマネジメントの活動は、公共空間の整備・育成を民間機関が担うという点で、これまでにない新たな課題を提起するものとなっている。エリアマネジメントの活動に、一定の公共性を認めるとするなら、その公共性を担保するためのルールづくりも必要になってこよう[21)]。これからの都市法は、かようなルールづくりを通して、エリアマネジ

---

21) どのようなルールが必要となるかは、これから考えていかなければならない問題であるが、一般論としていえば、民間機関の自主性に十分配慮しつつ、エリアマネジメント活動の公正性・公平性・公開性を担保するようなものでなければならないだろう。

メントの健全な発展を法的側面から支える役割を担うべきなのではなかろうか。

**コラム　エリアマネジメントとは、財源をめぐる課題**

エリアマネジメントの定義については、まだ確立したものはないようであるが、国交省のホームページでは、「地域における良好な環境や地域の価値を維持・向上させるための住民・事業主・地権者等による主体的な取り組み」という定義がなされ、その具体例として、公園等の維持管理、地域の美化・緑化、公開空地等の維持・管理、地域のPR・広報等があげられている。また、エリアマネジメントのポイントとしては、①「つくること」だけではなく「育てること」、②行政主導ではなく、住民・事業主・地権者等が主体的に進めること、③多くの住民・事業者・地権者等が関わりあいながら進めること、④一定のエリアを対象にしていることがあげられている。

エリアマネジメントのメリットとしてあげられるのは、①快適な地域環境の形成とその持続性の確保、②地域活力の回復・増進、③資産価値の維持・増大、④住民・事業者・地権者等の地域への愛着や満足度の高まりである。

エリアマネジメントの課題としては、多くのエリアマネジメント団体で、人材不足や財源不足の問題を抱えていることが指摘されている。このうち財源問題に関しては、これまでは活動財源として、自治体からの補助金、会員等からの会費、イベント収入等が充てられてきたが、それではフリーライダーの問題が解決できずまた活動財源も不足するので、受益者たる地権者等から負担金を徴収し、それを活動費に充てられないかが検討されてきた。その結果、大阪市では、エリアマネジメント活動促進条例が制定され、分担金の徴収が認められることになった。一方、国の方でも、2018年の地域再生法の改正によって、受益者負担の考え方に立ったエリアマネジメント負担金制度を導入することにした（17条の8）。これは、アメリカのBID（Business Improvement District）制度を参考にしたものと言われており、市町村が、その地域の3分の2以上の事業者の同意を要件として、エリアマネジメント活動に要する費用を、その受益の限度において受益者たる事業者から徴収し、これをエリアマネジメント団体に交付する制度である。これらの制度の導入によって、エリアマネジメントの活動を広げていけるかどうか、今後の動きを見守っていく必要があろう。

## (5) むすびにかえて――まちづくりの文化を学ぶ

都市法の見地から、まちづくり分野の問題をどう扱っていくかは、まだはっきりした方向性が示されているわけではない。本章では、この分野のほんの入口にある問題をいくつか取り上げたに過ぎない。その中で注目されるのは、都市再生法関連の協議・協定制度であるが、それらの多くは、都市のインフラ整備と結びつけられたものであった。だが、まちづくりは、インフラ整備にとどまるものなのだろうか。インフラはインフラでも「知的インフラ」についてはどうであろうか。本章の冒頭で述べたまちづくりの概念からは少しはみ出すかもしれないが、まちづくりの将来に関わる「問い」を秘めているように思われるので、以下で考えてみることにしたい。

**○映画『ニューヨーク公共図書館』から学ぶもの**

皆さんは、『ニューヨーク公共図書館』(原題:Ex Libris-The New York Public Library, フレデリック・ワイズマン監督、2017年)というドキュメンタリー映画をご存じだろうか。アメリカの図書館は、日本と同じく多くが公立の図書館であるが、ニューヨーク公共図書館はそうでなく、NPOが運営する「公共(public)に開かれた」図書館である。この図書館は、19世紀半ばに、当時まだ遅れていたニューヨークのまちをヨーロッパの大都市に負けない文化的な都市にするために、民間からの寄付によって設立されたものである。その後も、大富豪カーネギーらの提供した資金に助けられながら発展を遂げていった。今日でも運営資金は、企業や市民からの寄付とニューヨーク市からの助成によって賄われている。文字通りの「**公私のパートナーシップ**(public private partnership)」が貫かれているのである(映画の中では、市民へのサービス提供というこの図書館の使命を貫くために、寄付金集めや助成金の増額に向けてどのような方針で臨めばよいかといった舞台裏の話も紹介されていて興味深い)。

この図書館の凄いところは、単なる図書館にとどまらないところにある。ある登場人物の「図書館は、本の置き場ではない。図書館は…人なんです!」という言葉が心に突き刺さる。この言葉が示すとおり、この図書館では、市民や事業者のニーズに応えるために、いろんなことに取り組んでいる。この図書館を訪れるのは、専門家や本好きの者だけでない。ここでは、子供向けの読み書き教室、高校生のための課外教室、就職支援のプログラム、老人向けのダンス教室、点字の打ち方指導、障害者向けの住宅手配、ネット環境のない住民のための機器貸し出し、黒人文化の発掘・差別の解消、講演会、展覧会、コンサート…さらには、ビジネス分野の情報の収集・提供にも力を入れている（菅谷明子『未来をつくる図書館——ニューヨークからの報告』（2003年）より）。まさに、ニューヨーク公共図書館は、人種や階層の違いを超えて、「公私のパートナーシップ」の枠組みを通して、ニューヨークの「知」のインフラづくりに取り組んでいるのである。

国情や文化の違いはあるとしても、われわれがニューヨーク公共図書館のあり方から学ぶことは少なくないように思われる。一歩引いても、カフェ・テラスの設置や街路の飾り付け（これも大切なことではあるが）だけで満足するようであってはならないだろう。これからのわが国は、都市の外観だけでなく、その内面（「知」のインフラ）にも目を向けて、住民・事業者・行政が知恵を出し合って、住民や事業者のニーズに応えるまちづくりを進めていく必要があるのではなかろうか。

○まちづくりを担う人材をどう育てていくか

本章では、「まちづくりとその担い手」について取り上げたが、本文で取り上げることができなかった問題の中で重要なものに、まちづくりを担う人材をどう育てていくかというものがある。「熟議」を実現するための制度づくりも大切であるが、どんなによい制度を作っても、住民のまちづくりに対する関心が低ければ、活動が形骸化するのは目に見えている。この意味で、まちづくりの担い手（とりわけ、将来の「まちづくりリーダー」となる人材）を育てていくことは、まちづくりを進める上で欠かすことのできない根本問題の一つといえるだろう。もとよりこの問題は、教育や文化に関わる面もあるので、都市法だけで解決できるものではないが、将来に向けての人材育成の仕組みを考えておくことは大切なことと思われる。

本章を閉じるにあたり、一つの思いつきを述べることを許していただければ、まちづくりに関心のある若者を募って、まちづくり先進国に派遣して、そこで学んだ成果をわが国のまちづくりに生かしてもらうというのはどうであろうか。かつて、キリスト教文化を学ぶ「天正の遣欧少年使節」というのがあったが、それにならって言えば、まちづくり文化を学ぶ「令和の海外派遣市民使節」ということになろうか。費用は、クラウドファンディングで賄えばいい（趣旨に賛同してくれる企業はきっとあるだろう）。いずれにしても、これからのまちづくりには、国際的視野に立った「まちづくり文化」の視点が欠かせないものになるものと思われる。

# 第Ⅳ部

# 都市法と権利救済

# 第10章　都市法上の紛争とその解決方法

〈本章の概要〉

この章では、「都市法上の紛争とその解決方法」について取り上げる。これまでの章でみてきたように、都市法は様々な法制度からなっている。これらの法制度は適法に運用されなければならないが、ときに違法な運用がなされ、国民の権利利益が侵害されることもないとはいえない。このような場合に、国民の権利利益を守るには、どのような方法があるのだろうか。本章で扱うのはかような問題である。

まず初めに、(1) よくある建築紛争を手掛かりに、都市法上の紛争がどのような方法で争われるかを概観する。次いで、(2) 行政不服審査（行政機関に対する不服申立）制度に目を向ける。最後に、本章の中心テーマである行政訴訟制度について詳しくみていく。

行政訴訟といってもいく種類かに分かれるので、まず、(3) 紛争類型に応じた訴訟形式の選択について説明する。次に、(4) 代表的な行政訴訟である取消訴訟を取り上げ、訴訟要件について詳しくみていく（訴訟要件とは、適法に訴訟を提起するための条件のことだが、議論の多いところである）。最後に、個別の論点のうち重要なものを2つ取り上げる。一つは、(5) 都市計画決定の争い方である（ここには、今日でも未解決の問題がある）。もう一つは、(6) 建築確認の前提行為（特例許可など）の争い方である。

(1) 都市法上の紛争はどのような方法で争われるか――建築紛争を手掛かりに
(2) 行政不服審査（審査請求）
(3) 行政訴訟――紛争類型に応じた訴訟形式の選択
(4) 取消訴訟の訴訟要件
(5) 都市計画決定の争い方
(6) 建築確認の前提行為の争い方

## (1) 都市法上の紛争はどのような方法で争われるか
## ――建築紛争を手掛かりに

建築や開発などの都市空間の改変行為は、周辺環境に何かしらの影響を与えるものなので、紛争の火種となることが少なくない。都市法上の紛争には、建築紛争、開発紛争、公共工事をめぐる紛争、都市計画をめぐる紛争等、様々なものがあるが、ここではまず建築紛争を例にして、都市法上の紛争の争い方について概観しておくことにしたい。

### 1）訴訟で争う場合——民事訴訟と行政訴訟の区別

【設例】

> 建築主Aは、B市内にある自己所有地に6階建てマンションを建築するため、B市の建築主事から建築確認を得て建築工事に取りかかった。これに対して、近隣住民であるXらは、日照、通風の侵害を理由に建築工事を中止するよう求めている。XらがAのマンション建築を阻止するため訴訟を起こすとしたら、どのような訴訟が考えられるだろうか。

【解説】

Xらの提起できる訴訟は、大きく分けて2つのものが考えられる。1つは、建築主Aを相手取って**建築工事の差止訴訟**を提起するというものである（図1）。これは、私人間の争いになるので、**民事訴訟**ということになる。

もう1つは、建築確認を出した行政（B市）を相手取って**建築確認の取消訴訟**を提起するというものである（図2）。こちらの方は、私人対行政の争いになるので、**行政訴訟**ということになる。行政訴訟を選択しても、Xらの主張が認められて建築確認が取り消されれば、建築工事は続行できなくなるので、建築阻止の目的は達せられるのである。

このように、本来は私人間の紛争であっても、**行政機関の処分**（「公権力の行使」ともいう。建築確認は「処分」に当たる）が介在するときは、行政訴訟（私人対行政の争い）を提起することによって救済を得ることができる。どちらで争うのが有利かは一概にはいえないが、設例のようなケースでは、建築工事の差止訴訟よりも建築確認の取消訴訟の方が使い易いとされている。その理由は、民事訴訟の場合は、受忍限度を超えることの証明が必要となる（結構ハードルが高い）のに対し、行政訴訟（取消訴訟）の場合は、

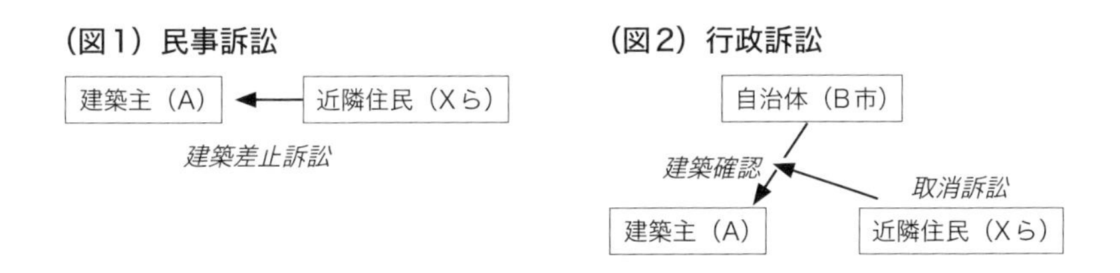

処分の違法性さえ認められれば、処分は取り消されるからである。このため、(3) 以下では行政訴訟を中心に説明していく。

### 2）訴訟以外にも争う方法がある——行政不服審査、自治体独自の紛争調整手続

建築確認等の処分を争うときは、行政訴訟のほかに、行政機関に不服申立てをすることもできる（「**行政不服審査**」と呼ばれる）。行政不服審査は、法律に基づいて紛争が裁断されるので、行政訴訟と並んで、正規の紛争解決手段をなすものである（両者はまとめて「行政争訟」と呼ばれる）。

このほか、正規の紛争解決手段ではないが、**自治体独自の紛争調整手続**も紛争の予防や解決に役立つものである[1)]。紛争調整手続を条例で定める自治体は少なくない（○○市中高層建築物の建築に係る紛争の予防と調整に関する条例等）。条例には、標識の設置、近隣住民への説明、報告書の提出等の紛争予防手段が定められており、必要な場合には、あっせん・調停等の紛争解決手続を活用することもできる。ただし、あっせん・調停は、当事者双方の合意がないと紛争解決にはつながらない点で限界を持つ。

## (2) 行政不服審査（審査請求）

行政不服審査とは、国民が行政庁の処分に対して行政機関に救済を求める制度のことで、行政不服審査法に定めが置かれている（同法では「審査請求」と呼ばれているので、以下「**審査請求**」という）。審査請求は、紛争の一方当事者（行政）に救済を求めるものであるため、救済制度として不完全な面があるが、簡易迅速な救済が期待できる点ではメリットも認められる。

都市法の分野では、審査請求の公正中立性を高めるため、審査請求は処分庁にではなく、特別に設けられた第三者機関に対して行うというやり方が取

---

1) この分野の文献は少ないが、島田茂「まちづくり紛争解決のシステム」芝池義一ほか編『まちづくり・環境行政の法的課題』（2007年）54頁以下、兼重賢太郎「都市計画紛争における対話促進型調停」九大法学105・106合併号（2013年）1頁以下が参考になろう。

られている。すなわち、建築基準法上の処分については、第三者機関である**建築審査会**に審査請求をするものとされている（建基94条）。同様に、開発許可に関しても、第三機関である**開発審査会**に審査請求をするものとされている（都計50条）。

かつては、これらの処分に対しては、審査請求を経てからでないと取消訴訟を提起することはできないというルール（審査請求前置主義）があったが、今日では、審査請求を経ずに直接、取消訴訟を提起することができるようになった（もちろん、審査請求で争いたい場合は、そちらを選択することもできる）。

ここで、建築審査会について説明を加えておく（下記の条文参照）。建築審査会は関係分野（法律、経済、建築、都市計画、公衆衛生、行政）の専門家からなる第三者機関で、建築主事を置く自治体に設けられる（建基78条、79条）。建築審査会の役割は、①審査請求の裁決、②特定行政庁が行う許可（総合設計許可、接道や用途に関する例外許可等）に同意を与えること、③特定行政庁の諮問に応えること、④関係行政機関への建議からなるが、主要なものは①と②であろう（①③④は78条に、②は59条の2第2項、43条1項、48条15項等に規定されている）。

（建築審査会）
第78条1項 「この法律に規定する同意及び第94条第1項前段の審査請求に対する裁決についての議決を行わせるとともに、特定行政庁の諮問に応じて、この法律の施行に関する重要事項を調査審議させるために、建築主事を置く市町村及び都道府県に、建築審査会を置く。」
2項 「建築審査会は、前項に規定する事務を行う外、この法律の施行に関する事項について、関係行政機関に対し建議することができる。」
（建築審査会の組織）
第79条1項 「建築審査会は、委員5人以上をもって組織する。」
2項 「委員は、法律、経済、建築、都市計画、公衆衛生又は行政に関しすぐれた経験と知識を有し、公共の福祉に関し公正な判断をすることができる者のうちから、市町村長又は都道府県知事が任命する。」

## (3) 行政訴訟――紛争類型に応じた訴訟形式の選択

行政事件訴訟法は、処分を争うための行政訴訟を5つのタイプに分類している。**取消訴訟**(3条2項、3項)、**無効等確認訴訟**(3条4項)、**不作為の違法確認訴訟**(3条5項)、**義務付け訴訟**(3条6項)、**差止訴訟**(3条7項)の5つである(これらの訴訟はまとめて「抗告訴訟」と呼ばれる)。このため、都市法上の紛争を争うときは、紛争類型に応じて、これらの訴訟形式の中から適切なものを選択しなければならない[2)]。

**【設問】**以下では、建築紛争を3つの紛争類型に分けて提示する。それぞれの紛争類型ごとに、どのタイプの訴訟を提起すればよいか考えてみよう。

【紛争類型1】建築主が、建築確認申請に対する拒否処分を争うケース

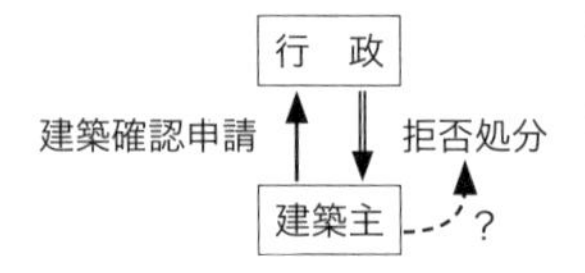


*Q1. 建築主は、どのような訴訟で争えばよいか?*
*ヒント:取消訴訟のほかにもう一つある。*
*Q2. 建築確認の申請をしたのに、なんらの処分もされない場合はどうか?*

【紛争類型2】近隣住民が、建築主に対する建築確認を争うケース

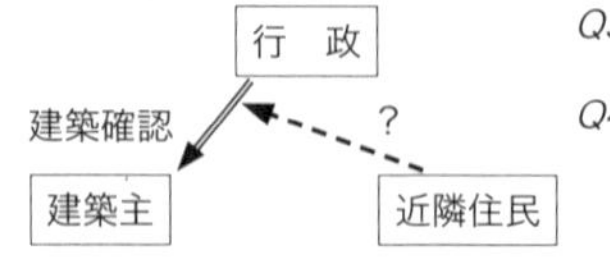


*Q3. 近隣住民は、どのような訴訟で争えばよいか?*
*Q4. 建築確認がなされようとしているときに、それを阻止するにはどのような訴訟で争えばよいか?*

【紛争類型3】近隣住民が、違法建築の是正を求めて争うケース

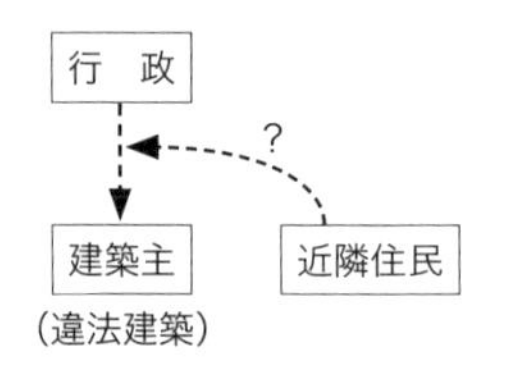


*Q5. 近隣住民は、どのような訴訟で争えばよいか?*

---

2) なお、処分が介在しない場合は、当事者訴訟(行訴4条後段)ないし民事訴訟によって、公法上ないし私法上の法律関係を争うことになる。

【答え】

Q1．建築確認拒否処分の取消訴訟、または建築確認せよとの義務付け訴訟（ただし、取消訴訟の併合提起が必要（行訴37条の3第3項2号））

Q2．不作為の違法確認訴訟があるが、これは何らかの処分を求めるだけの訴訟なので、今日では義務付け訴訟を活用するのが普通であろう（ただし、不作為の違法確認訴訟の併合提起が必要（行訴37条の3第3項1号））。

Q3．建築確認の取消訴訟

Q4．建築確認の差止訴訟

Q5．是正命令の発動を求める義務付け訴訟[3)]

○出訴期間の制限と無効確認訴訟

取消訴訟には出訴期間（処分があったことを知った日から6か月、処分の日から1年）の制限があるため、紛争類型1、2の場合であっても、出訴期間が過ぎていれば取消訴訟を提起することはできない（行訴14条1項、2項）。このような場合の例外的救済方法として、無効確認訴訟が設けられている（行訴3条4項）。

ただし、処分が無効であるといえるためには、一般に、重大かつ明白な瑕疵がなければならないとされているので、その分ハードルは高くなる。

以上のように、一口に行政訴訟といっても様々なタイプがあるが、その中で一応基本に置かれているのは取消訴訟であろう。そこで以下では、取消訴訟の訴訟要件について詳しくみていくことにしたい。

## (4) 取消訴訟の訴訟要件

取消訴訟の訴訟要件（取消訴訟で争うために備えなければならない要件）のうち重要なものは、1）取消訴訟の対象（処分性）、2）誰が原告になれるか（原告適格）、3）訴えの利益の事後消滅（ここでは、工事の完了と訴えの利益）である。順にみていくことにしたい。

3） 他者に対する規制権の発動を求める義務付け訴訟なので、Q1、Q2の義務付け訴訟（申請型義務付け訴訟）よりは訴訟要件が厳しくなることに注意したい（行訴37条の2第1項）。

### 1）取消訴訟の対象（処分性）

取消訴訟の対象は、行政庁の「処分」でなければならない。処分とは、「公権力の行使として行われる権利義務の具体的な変動行為」のことで、行政法学でいうところの行政行為に相当するものである。処分の具体例としては、建築確認や開発許可等があげられる（なお、これらの行為の申請を拒否する行為も「処分」に当たる）。ほかに、法令違反があった場合の是正命令、建築基準法上の例外許可なども処分に当たる。

逆に、行政指導や建築工事等の事実行為、あるいは行政と私人の間で締結される契約は処分に当たらない[4)]。処分以外の行為を争う場合は、当事者訴訟（あるいは民事訴訟）の活用が考えられる。

処分性の判定が問題となったケースとして、①**2項道路の一括指定**に関する判例、②**公共施設の管理者の不同意**に関する判例を紹介しておこう。

①は、建築基準法42条2項の「みなし道路」の指定が、個別的にではなく告示により一括して行われたことから、一括指定の処分性が問題となった事件である。最高裁は、「指定により法効果が生ずる点では（一括指定も）個別指定の場合と変わらない」として、処分性を認めている（最判平成14年1月17日民集56巻1号1頁、百選Ⅱ・149事件）。

②は、次のような事件である。開発許可を申請しようとする者は、あらかじめ公共施設の管理者と協議してその同意を得なければならないが（都計32条）、公共施設の管理者が不同意の回答を与えた場合に、不同意を処分とみて取消訴訟で争うことができるかが問題となった。最高裁は、「同意が得られなければ、開発行為を適法に行うことはできないが、これは、法が要件を満たす場合に限って開発行為を行うことを認めた結果にほかならないのであって、同意を拒否する行為それ自体は、開発行為を禁止する効果を持たない」として同意の処分性を否定した（最判平成7年3月23日民集49巻3号1006頁、百選Ⅱ・151事件）。だが、この判決は奇妙な論理に立つもので学

---

4）　これらの行為に該当することを理由に処分性が否定された事件として、ごみ焼却場事件がよく知られている（最判昭和39年10月29日民集18巻8号1809頁、百選Ⅱ・143事件）。

説の批判を受けている。普通に考えれば、管理者の不同意によって開発行為の途がふさがれるのであるから、不同意には開発禁止の法効果があるとみるのが自然だからである。近時の高裁判決には、この判決と異なる結論をとるものが登場しており注目される（高松高判平成25年5月30日判例地方自治384号64頁）。それによると、公共施設の管理者の同意がなければ開発許可の申請に対して不許可処分がなされる等、双方が密接に連動する仕組みが形成されていること等に照らせば、不同意は処分に当たるとされる。この方向での判例変更が望まれよう。

以上のほか、処分性に関わる重要な論点として、都市計画決定をどのように争えばよいかという問題がある。これについては後述する（⇒（5））。

### 2）誰が原告になれるか（原告適格）

行政事件訴訟法は、訴訟の対象面からだけでなく、誰が原告になれるかという面からも、取消訴訟の訴訟要件を定めている。これは「**原告適格**」と呼ばれる問題である。

同法9条1項によれば、取消訴訟は誰もが提起できるものではなく、処分の取消しにつき「**法律上の利益**」を持つ者でないと提起できない。この「法律上の利益」について、判例は、「処分を定める法規が、その者の利益を個別的に保護する場合でなければならない」としてきた[5]。ここで問題となっているのは、処分の相手方以外の者（以下、「第三者」という）の原告適格である（処分の相手方が原告適格を持つことは自明である）。例えば、ある者に対する建築確認を近隣住民が取消訴訟で争うようなケースでは、建築基

---

5）判例の考え方は、次の定式の形で繰り返し示されてきた。
「「法律上の利益を有する者」とは、当該処分により自己の権利若しくは法律上保護された利益を侵害され又は必然的に侵害されるおそれのある者をいうのであり、当該処分を定めた行政法規が、不特定多数者の具体的利益を専ら一般的公益の中に吸収解消させるにとどめず、それが帰属する個々人の個別的利益としてもこれを保護すべきものとする趣旨を含むと解される場合には、かかる利益も右にいう法律上保護された利益に当たり、当該処分によりこれを侵害され又は必然的に侵害されるおそれのある者は、当該処分の取消訴訟における原告適格を有するものというべきである」（最判平成4年9月22日民集46巻6号571頁、百選Ⅱ・156事件）。

準法が、近隣住民の主張する利益を個別的に保護していると解される場合でなければ、原告適格は認められないことになるわけである。

判例は、当初このような考え方を厳格に適用して、第三者の原告適格を認めることに消極的な立場をとってきたが、かような姿勢は国民の権利救済の機会を失わせることになるとの批判を受けたため、次第に原告適格を広げる方向に舵（かじ）を切るようになる。この動きを決定付けたのが、2004年の行政事件訴訟法改正である。そこでは、第三者の「法律上の利益」を拾い上げるため、「法律上の利益」を判断する際の考慮事項が明示されることになった[6)]（9条2項）。以下では、これらのことを踏まえた上で、処分の種類ごとにみていくことにしよう。

**①建築確認――建築確認が出た建物の近隣住民には、建築確認を争う「法律上の利益」が認められるか**

ある者に与えられた建築確認を近隣住民が取消訴訟で争う場合に、近隣住民は建築確認の相手方ではないので、原告適格があるかどうかが問題となる。

一般に、建築物の倒壊や火災のおそれを主張して争う場合は、建築基準法の保護法益に当たるといえるし、また生命・安全という重大な法益が問題となるので、原告適格は認められやすい。判例は、総合設計許可が争われた事件で、「建築物の倒壊、炎上等により直接的な被害を受けることが予想される範囲の地域に存する建築物に居住し又はこれを所有する」住民に対して、総合設計許可を争う原告適格を認めている（最判平成14年1月22日民集56巻1号46頁、百選Ⅱ・158事件）。

同様に、日照・通風、採光が争われる場合も、建築基準法の保護法益とされているから、健康被害に結びつけられるようなものであれば、原告適格は認められやすいものとみられる。

これに対して、プライバシー、圧迫感、景観利益等が問題となるような場

6)　考慮事項の内容は、①法令の趣旨・目的、②処分において考慮されるべき利益の内容・性質、③①の考慮にあたっては、当該法令と目的を共通する関係法令の趣旨・目的、④②の考慮にあたっては、違法な処分がなされた場合に害される利益の内容・性質並びに利益侵害の態様・程度からなる。

合は、現在の判例の相場からすると、消極的な判断がなされる傾向にある（ただし、景観利益については、近年の景観保護の流れを受けて、積極的に解する裁判例も出てきている。⇒ 第5章（4）参照）。

**②開発許可――開発区域の周辺住民には、開発許可を争う原告適格が認められるか**

かつての裁判例は、開発規制に関する都市計画法の規定は公益一般の保護を目的とするものであって、個々の住民の利益を個別的に保護する趣旨を含むものではないとして、開発許可の取消しを求める周辺住民の原告適格を否定する傾向にあったが、今日の判例では、「（都市計画法33条1項7号は）、がけ崩れ等による被害が直接的に及ぶことが想定される開発区域内外の一定範囲の地域の住民の生命、身体の安全等を、個々人の個別的利益としても保護すべきものとする趣旨を含む」として、開発区域である傾斜地の下に居住する住民の原告適格は認められるようになっている（最判平成9年1月28日民集51巻1号250頁）。同様に、林地開発許可についても、生命・身体被害が予想される区域の住民に原告適格が認められている（最判平成13年3月13日民集55巻2号283頁、百選Ⅱ・157事件。ただし、この判決は財産被害を除外する点で問題を残している）。

**③都市計画事業の事業認可――都市計画事業の行われる区域の周辺住民には、当該事業の事業認可を争う原告適格が認められるか**

従来の判例は、事業地内の不動産に権利を有する者（土地所有者等）に対してしか事業認可を争う原告適格を認めてこなかったが、最高裁は、小田急線訴訟大法廷判決において従来の判例を変更し、事業地の周辺地域に居住する住民に対しても原告適格を認める判断を下した（最大判平成17年12月7日民集59巻10号2645頁、百選Ⅱ・159事件）。この判決は、2004年の行政事件訴訟法改正で新たに設けられた原告適格判断のための考慮事項（9条2項）を丁寧に拾い上げるものであった。判決の内容は次のようなものである。

事案は、小田急線の連続立体交差化事業について建設大臣が行った事業認可（都計59条2項）に対して、沿線住民らが、騒音・振動被害を主張してその取消しを求めたものである。原審は住民らの原告適格を否定したが、最高裁は次のような論理で原告適格を肯定した。

判決はまず、「法律上保護された利益」についての判例の定式（前掲・註5参照）を述べた上で、関連法令（公害対策基本法、東京都公害防止条例）の趣旨も併せて考えると、都市計画事業に関する都市計画法の規定の趣旨は、「事業に伴う騒音、振動等によって、事業地の周辺地域に居住する住民に健康又は生活環境の被害が発生することを防止し、もって健康で文化的な都市生活を確保し、良好な生活環境を保全すること」にあるとし、他方で、都市計画事業の認可が違法にされれば、「騒音、振動等による被害を直接的に受けるのは、事業地の周辺の一定範囲の地域に居住する住民に限られ、その被害の程度は、居住地が事業地に接近するにつれて増大する…。また、このような事業に係る事業地の周辺地域に居住する住民が、当該地域に居住し続けることにより上記の被害を反復、継続して受けた場合、その被害は、これらの住民の健康や生活環境に係る著しい被害にも至りかねない」とし、かような被害の内容、性質、程度等に照らせば、周辺住民の騒音、振動等による被害を受けないという具体的利益は、「一般公益の中に吸収解消させることが困難」であり、「個々人の個別的利益としても保護すべきもの」というべきである。よって、周辺住民のうち、「騒音、振動等による健康又は生活環境に係る著しい被害を直接的に受けるおそれのある者は、当該事業の認可の取消しを求めるにつき法律上の利益を有する者として、その取消訴訟における原告適格を有する」との結論を導き出している。

### ○まとめにかえて

以上の考察からわかるように、都市法分野でおもに問題とされてきたのは、事業地周辺の住民の原告適格である。学説においては、周辺住民の主張する利益は、特定の者に帰属する個別的利益とは異なるが、周辺住民の共同利益として一般公益とは区別されるべきものであり、かような共同利益を持つ者にも原告適格を広げていくことが課題とされている[7]。住民の生活環境を守っていくには、このような方向を目指して解釈論を積み上げていくことが求められているものといえよう。

---

7）共同利益については、亘理格『行政訴訟と共同利益論』（2022年）35頁以下参照。

### 3) 工事の完了と訴えの利益

建築確認が取消訴訟で争われている場合であっても、**建築工事が完了すると訴えの利益は消滅する**というのが判例の立場である。何故、訴えの利益は消滅するのか。その論理を判例が述べているので、少し長いが引用しておこう。

「建築確認は、建築基準法6条1項の建築物の建築等の工事が着手される前に、当該建築物の計画が建築関係規定に適合していることを公権的に判断する行為であって、それを受けなければ右工事をすることができないという法的効果が付与されており、建築関係規定に違反する建築物の出現を未然に防止することを目的としたものということができる。しかしながら、右工事が完了した後における建築主事等の検査は、当該建築物及びその敷地が建築関係規定に適合しているかどうかを基準とし、同じく特定行政庁の違反是正命令は、当該建築物及びその敷地が建築基準法並びにこれに基づく命令及び条例の規定に適合しているかどうかを基準とし、いずれも当該建築物及びその敷地が建築確認に係る計画どおりのものであるかどうかを基準とするものではない上、違反是正命令を発するかどうかは、特定行政庁の裁量にゆだねられているから、建築確認の存在は、検査済証の交付を拒否し又は違反是正命令を発する上において法的障害となるものではなく、また、たとえ建築確認が違法であるとして判決で取り消されたとしても、検査済証の交付を拒否し又は違反是正命令を発すべき法的拘束力が生ずるものではない。したがって、建築確認は、それを受けなければ右工事をすることができないという法的効果を付与されているにすぎないものというべきであるから、当該工事が完了した場合においては、建築確認の取消しを求める訴えの利益は失われるものといわざるを得ない。」（最判昭和59年10月26日民集38巻10号1169頁、百選Ⅱ・170事件）。

要するに、建築工事の完了によって訴えの利益が消滅する理由は、①建築確認は建築工事を可能にする法効果を持つにとどまること、②完了検査や違反是正命令において審査の対象になるのは、完成された建築物や敷地の法令適合性であって、建築確認との適合性ではないこと、③建築確認の存在は、検査済証の交付拒否や違反是正命令の発令の上で法的障害になるものではなく、逆に、建築確認が判決で取り消されたとしても、検査済証の交付拒否や是正命令を発すべき法的拘束力を生じるものでもないことに帰着しよう。建築確認の適法違法に決着をつけずに訴訟が終了することには釈然としないところも残るが、建築確認やそれを取り消す判決の法効果を厳格にとらえていけば、このような結論に至らざるを得ないということなのだろう。

○判例を前提とした対応策

このような判例を前提にすると、原告側には、どのような対応策が考えられるのであろうか。事前の予防策と事後の対応策に分けて考えてみよう。事前の予防策としては、工事の進行を止めることが何より重要である。工事の進行を止めるためには、取消訴訟を提起した上で、執行停止の申立て（行訴25条2項）を行うのが通常のやり方であろう。裁判所が執行停止の申立てを認めれば、工事の進行にストップがかかるからである。裁判所も、このような場合には、司法判断の機会が失われることの重大性に思いを致し、執行停止を柔軟に認めていくべきであろう[8)]。一方、事後の対応策としては、義務付け訴訟の提起が考えられる。工事が完了してしまった場合は、取消訴訟は訴えの利益を失うので、取消訴訟に替えて、是正命令を求める義務付け訴訟（行訴3条6項1号）で争うことが考えられよう。

なお、開発許可についても建築確認の場合と同様に、開発工事が完了すれば訴えの利益が消滅するとの判例がある（最判平成5年9月10日民集47巻7号4955頁）。だが、開発許可の場合は、建築確認の場合と異なり、完了検査の要件が「開発許可の内容との適合」に置かれているので、工事が完了しても訴えの利益はなお残るとの批判がある[9)]。この判例は、市街化区域を舞台としたものであったが、市街化調整区域で開発許可が争われる場合は、工事完了後であっても訴えの利益が残ることが認められている（最判平成27年12月14日民集69巻8号2404頁）。市街化調整区域では、工事完了の公告がなされると、予定建築物等の建築が可能になるという法効果が生じるので、

8)　このようなケースで執行停止が認められた例はまだ少ない。やや特殊な事案であるが、執行停止を認めたものに、東京高決平成21年2月6日判例地方自治327号81頁がある。

9)　この問題については、安本102頁以下参照。

開発許可の取消しによってこの法効果を取り消す意味が残るからである。

## (5) 都市計画決定の争い方

### 1) 問題の所在

建築確認や換地処分等の典型的な処分を争うときは、取消訴訟を提起すればよい。これに対して都市計画決定は、一連の行政過程の初期段階に位置付けられる行為であるとともに、典型的な処分とは異なる性質を持つため、どのような訴訟で争えばよいか、従来から多くの議論がなされてきた。

まず、都市計画決定の性質は、不特定多数を相手方とする点では法令の制定行為と類似するが、一定の区域を対象に行われる（したがって相手方もその意味では限定される）点では処分に近いものがある。いわば両者の中間にあるものとみるのが正確であろう。

一方、都市計画決定がなされると、土地所有者の権利に制限が及ぶほか、それ以外の住民の生活環境にも相応の影響が及びうる。このため、欧米諸国では、国により制度の違いはあるにせよ、早い時期から、都市計画に不服のある者は、裁判を通して法的救済を求めることが認められてきた。これに対してわが国では、**都市計画訴訟**（都市計画を直接争う訴訟のこと）のための適切な受け皿は用意されてこなかった。その原因には様々な事情が考えられるが、基本的には、都市計画という新しい行政ツールが、古典的な行政処分を念頭に置いた現行の行政訴訟制度に必ずしも整合しないという問題が指摘できよう。

以下では、判例の状況を踏まえつつ、都市計画訴訟の受け皿について考えていくことにしたい。

### 2) 当初の判例

これまで、都市計画訴訟をめぐる議論の焦点に置かれてきたのは、都市計画決定が抗告訴訟の対象たる処分に当たるかどうかの問題であった。当初の判例はこれを否定したのであるが、その論理は次のようなものだった。

**①昭和41年の土地区画整理事業事件**（最大判昭和41年2月23日民集20巻2号271頁）

この事件は、土地区画整理事業の事業計画（事業の実施段階での計画）が決定されたにもかかわらず、事業がいっこうに進行しないことから、事業の施行地区内の土地所有者らが、計画決定の無効確認等を求めた事件である。

最高裁は、ア）事業計画の段階では利害関係者の権利にどのような変動を及ぼすかが確定されているわけではないこと（いわば青写真に過ぎない）、イ）事業計画の公告によって生ずる建築制限は、付随的な効果にとどまり事業計画そのものの法効果とはいえないこと、ウ）事業計画を争いたい者は後の換地処分を争うことで救済目的は達成できること、を理由に事業計画の処分性を否定した。

**②昭和57年の工業地域指定事件**（最判昭和57年4月22日民集36巻4号705頁、百選Ⅱ・148事件）

この事件は、用途地域の一つとしての工業地域の指定がなされたところ、当該地域で病院を経営する原告が、病院の新増築が困難になることおよび病院周辺の医療環境が悪化することを理由に、当該地域指定の無効確認を求めた事件である。

最高裁は、工業地域の指定は、ア）当該地域の土地所有者に一定の権利変動をもたらすものであることは否定できないが、かかる効果は「あたかも新たに右のような制約を課する法令が制定された場合におけると同様の当該地域内の不特定多数の者に対する一般的抽象的なそれにすぎず」、ここから直ちに具体的な権利侵害を伴う処分があったとすることはできないこと、イ）地域指定に不服がある者は建築確認の拒否処分を争う中で地域指定の違法を主張することができること、を理由に工業地域の指定の処分性を否定した。

最高裁が下したこの2つの判決に対しては、学説から強い批判が向けられた。批判の矛先は様々な点に及ぶが、基本的な問題点としては、①計画決定の段階で紛争は十分に成熟しているのではないか、②計画決定を争わせないと十分な権利救済が与えられないのではないか、という2点に集約されよう。

### 3）事業計画に関する判例変更

土地区画整理事業の事業計画については、昭和41年判決以来、処分性が否定されてきたが、平成20年（2008年）に至って、最高裁はそれまでの判例を変更して処分性を認めるようになった（最大判平成20年9月10日民集62巻8号2029頁、百選Ⅱ・147事件）。その判決理由は次のように要約できる。

ア）事業計画が決定されると、施行地区内の宅地所有者等の権利にいかなる影響が及ぶかが一定の限度で具体的に予測することができること。

イ）事業計画はいったん決定されると、特段の事情がない限り、施行地区内の宅地について換地処分が当然に行われることとなり、いわば施行地区内の宅地所有者等は「**換地処分を受けるべき地位**」に立たされること。

ウ）後続の処分（換地処分等）を争うのでは、事情判決がなされる可能性があり、十分な救済が与えられるとは言い難いこと。

平成20年判決は、昭和41年判決を見直すことで、事業計画を処分として争うことを認めたものである。その主たる論拠は、事業計画の決定によって、土地所有者は「換地処分を受けるべき地位」に立たされること、換地処分がなされるのを待ってこれを争うのでは、事情判決を受けるおそれが強いことの2点に求められよう。最高裁は、形式的な法効果論によって事案を処理するのではなく、土地区画整理事業の特性を踏まえ、事業計画の段階で紛争の成熟性を認める方向に舵（かじ）を切ったものといえる。この判決は、判例の見直しに向けての第1歩にすぎないが、今後の都市計画訴訟を考える上で大きな意味を持つものといえよう。

**コラム　完結型計画と非完結型計画**

都市計画決定の処分性を論ずるときによく使われる用語として、完結型計画と非完結型計画の語がある。完結型計画とは、用途地域指定のように、事業を伴わない計画（土地利用計画）のことを指す。計画決定がなされることで、都市計画のプロセスは一応完結するという意味で用いられるのであろう。

これに対して、非完結型計画とは、事業を伴う計画（事業型計画）のことを指す。ただし、非完結型計画の語が示すものは、事業型計画の出発点に置かれる都市計画ではなく、中間段階での事業計画（事業の準備が整った段階で策定される計画）であることに注意する必要がある。土地区画整理事業の事業計画に処分性が認められるようになったといっても、当初の都市計画決定について処分性が認められたわけではないのである（なお近年、都市施設の整備事業について、当初の都市計画決定を住民らが争ったケースで、処分性を認めた例がある（奈良地判平成24年2月28日LEX/DB25482877。ただし、この判決は控訴審において取り消された（大阪高判平成24年9月28日LEX/DB25483128））。

完結型計画と非完結型計画の用語法は、土地利用計画と事業型計画をわかり易く対比するうえでは有意味であるが、土地利用計画にも計画決定後の適用プロセスを観念することができないわけではないので、その点については注意が必要であろう。

### 4）残された課題——土地利用計画をどのように争うか

平成20年判決は土地区画整理事業の事業計画に処分性を認めたものだが、判決の射程は、用途地域等の土地利用計画には及ばないとされている[10]。その結果、現状では、土地利用計画を争うには、事後の建築確認に対する取消訴訟のなかで計画の違法を主張するほかないが、このような方法が現実的な救済の意味を持つかは極めて疑わしい[11]。このため、土地利用計画については、改めてその争い方について考えていく必要があるだろう。

判例のいうように、土地利用計画が処分でないことを前提にすると、当事者訴訟としての確認訴訟で争う途がまず考えられる[12]。だが、これまでの下

10）この判決が、施行地区内の土地に建築制限が及ぶことを理由に事業計画の処分性を認めるものであったならば（この判決の涌井意見はこの立場をとる）、その論理は土地利用計画にも当てはまることになったであろうが、法廷意見はそのような論理に与せず、むしろ事業計画の実施プロセスに着目して処分性を導いている（藤田補足意見参照）。

11）計画決定・変更による規制強化に不服のある者は、建築確認等の後続処分を争えばよいという理屈は形式上は一応成り立つが、実際には、建築確認の拒否処分をもらうためにわざわざお金をかけて設計図面の準備をする者などいるとは思われないので、この議論は社会現実を無視した空論といわざるを得ない。他方、規制緩和を内容とする計画変更についても、環境悪化をおそれる住民らは、後続処分である建築確認が出されるたびに一つ一つ争わなければならなくなるが、住民の負担を考えると、これは現実的な救済方法とはいえないだろう。このようなケースでは、根本にある変更決定を争うのが最も合理的な救済方法であると思われる。

12）例えば、昭和57年判決のケースでいえば、「病院の建替えができる地位の確認」を求める訴えが考えられよう。なお、計画の失効が争われる事案（昭和41年判決の事案）は、そもそも処分性が問題となるような事案ではなく、むしろ確認訴訟（現状の計画が

級審判決を見る限り、都市計画を確認訴訟で争ったケースで、確認の利益が認められた例はまだ出ていない。土地利用計画については、処分性を欠くとして取消訴訟が許されないだけでなく、確認訴訟においても、確認の利益を欠くものとして許されていないのが現状である。この意味で、都市計画訴訟は一種の手詰まり状況にあると言わざるを得ない。問題の本質は、処分性の有無といったことよりも、「都市計画決定の段階では紛争の成熟性を欠く」とする判例の基層にある認識なのであろう。このため、いずれの訴訟によるかはともかくとして、判例のかような認識の背後にある様々な懸念を解消することが重要な課題となってこよう[13]。他方で、これらの法解釈論とは別に、立法的な解決を図ろうとする動きも活発になっている[14]。都市計画訴訟は、通常の行政訴訟にない特質を持つことを考えると、その点に配慮した立法措置が取られることは本来的に望ましいことといえよう。

## (6) 建築確認の前提行為の争い方

ここでは、建築確認に先立って行われる行為（あるいは不行為）の違法を、建築確認の取消訴訟で主張することはできるか、という問題を取り上げる。

下記①で紹介するのは、先行行為が処分である場合（行政法学でいうとこ

---

失効していることの確認）がぴったりの事案であるといえよう。

13）とくに、取消判決が及ぼす衝撃をいかに緩和するかが重要であろう。この問題については、久保茂樹『都市計画と行政訴訟』（2021年）261頁以下において、筆者なりの解釈論を提示したので、参照していただければ幸いである。

14）最近のものとして、次の2つの立法提案が重要である。財団法人都市計画協会／都市計画争訟研究会「都市計画争訟研究報告書」新都市60巻9号（2006年）92頁以下、国土交通省都市・地域整備局都市計画課／都市計画争訟のあり方検討委員会・ワーキンググループ「人口減少社会に対応した都市計画争訟のあり方に関する調査業務報告書」（2009年）1頁以下。この2つの提案に共通するのは、都市計画に対する訴訟を認める点のほか、取消判決が持つ副作用をいかに回避するかを意識したものであるという点である。都市計画の取消しは、様々な面に波及効果を及ぼすおそれがあるため、その面での配慮が必要とされるのである。

なお、これらの立法論については、大橋洋一『対話型行政法の開拓線』（2019年）316頁以下参照。

ろの「違法性の承継」に関わる問題である)、下記②で紹介するのは、先行行為が処分に当たらない場合である。

**①建築確認の取消訴訟において、先行処分である安全認定(接道義務の例外許可)の違法を主張することはできるか**(最判平成21年12月17日民集63巻10号2631頁、百選Ⅰ・81事件)

この事件は、マンション建設を行う事業者が、接道距離の不足を補うため行政庁から安全認定(一種の例外許可)を受けた後、建築確認を取得したところ、近隣住民らが、建築確認に対する取消訴訟を提起し、そのなかで安全認定の違法を主張したものである。違法性承継の原則論からいえば、安全認定は処分に当たるので、その適否はもっぱら安全認定に対する取消訴訟によって争われるべきであって、後の建築確認を争うなかで安全認定の違法を主張することは許されないことになるが、果たしてそのような結論でよいのかが問題となった。

最高裁は、この2つの処分はもともと一体的に行われていたもので、同一の目的を持つものであるとした上で、安全認定については、その適否を争うための手続的保障が十分に与えられているとはいえないこと(安全認定があったことを申請者以外に通知することは予定されていない)、「仮に周辺住民等が安全認定の存在を知ったとしても、その者において、安全認定によって直ちに不利益を受けることはなく、建築確認があった段階で初めて不利益が現実化すると考えて、その段階までは争訟の提起という手段は執らないという判断をすることがあながち不合理であるともいえない」として、安全認定の違法主張を許容する判断を下した。

都市法分野で違法性の承継が問題となるケースは少なくない(総合設計の許可と建築確認の関係など)。本判決が手続的観点を重視したことは、今後大きな意味を持ってくるだろう。

**②建築確認の取消訴訟において、開発許可を得なかったことの違法が争えるか**(横浜地判平成17年2月23日判例地方自治265号83頁)

開発許可がなされたときは、これを争いたい周辺住民等は、取消訴訟で開発許可処分を争うことができるが、開発許可を要しないとの判断の下に手続が進んだ場合は、処分が介在していないため、開発許可不要の判断を直接、取消訴訟で争うことはできない（このような場合は、開発許可権者である都道府県知事等から、開発行為非該当証明書が交付されるが、これは法的見解の表明にとどまり、処分としての性格を持たないものとされている）。本件は、このようなケースで、後になされた建築確認の取消訴訟において、開発許可がなされなかったことの違法を主張することが許されるかが問題となったものである。違法主張を認める考え方に対しては、建築確認を与える建築主事に、開発許可の要否を判断する実質的な権限がないことを理由に反対する立場もあるが、行政庁間の権限分配を理由に国民の権利救済の機会を奪うのは本末転倒であろう。本判決はこのような見地から、要旨次のように述べて、建築確認の取消訴訟において開発許可の欠落を主張できるとしたものである。

〈開発行為該当性については、知事等に実質的な判断権があり、建築主事はその判断の存否、内容を形式的、外形的に審査する権限を持つにとどまるものと解されるが、このような審査権限の限定は、行政庁相互間の権限分配の結果生ずるものに過ぎないのであって、これを根拠に司法救済を求める国民の権利を制限することはできないから、審査権限の限定を理由にして、建築確認の取消訴訟において、開発許可の欠落を争えないとすることはできない〉。

# むすびにかえて

本書の概要について、「はしがき」では、一般的な説明にとどめたので、ここでは、もう少し立ち入ったことを書かせてもらう。

## 1）本書の執筆動機について

本書の執筆を思い立ったのは、2021年の春に遭遇したある出来事をきっかけとしている。そのときの記憶は大分曖昧になっているが、ある人に出した手紙（2022年1月発信）の中に、当時の私の気持ちが率直に描かれているので、少し長くなるが、その部分を以下に引用することにしたい。

「昨年3月初め、『都市計画と行政訴訟』の校正をすべて終えたあと、妻と二人で、岩手、宮城の海岸線を三陸鉄道で辿る旅に出ました。3. 11の被災地は、以前から気になっていた地域ですが、生半可な気持ちでは行けない場所だと思っていました。ですが、校了の解放感からか、あまり考えもせず出かけてしまいました。

実際に現地を訪れると、津波の傷跡が今なお重い影を落としていることが、車窓からも見て取れました。海岸線に沿って防潮堤の建設工事がどこまでも続いています。防潮堤の内側では、どの街でも盛土と区画整理の工事が進行中です。こうした光景が、海岸伝いにずっと続きます。「復興」の現実を見せつけられた思いがします。理屈は兎も角として、この光景からは、異様なものを感じざるを得ませんでした。なぜなら、動いているのは「重機」だけで、「人間」の気配が全く感じられないからです。こうした光景を見続けるうちに、暗澹たる気分に襲われるようになりました。そこで、窓から目を背けて車内を見渡してみたら、始発電車で乗り合わせた2人の女子高生たちが、（駅ではお喋りしていたのに）それぞれ別のボックス席に陣取って早朝学習に励んでいる姿を目にしました。その姿を見たとき、私の頭の中に、或る言葉が響き渡りました。

それは昔、在外研究に行っていたときにクラスで知り合った友人ペアーが、実家のあるノルマンディーを案内してくれた車中で、冬枯れた野原の草叢の中に「緑の新芽」を発見したときに発した“オー、プリマヴェーラ（primavera）！”という言葉でした。私にとって、車内で学ぶ彼女らの姿は、まさに荒廃した被災地にひょっこり顔を出した春の息吹に見えました。その瞬間暗い気持ちはかき消され、人間的な喜びが溢れ出たのを覚えています。まさに心が洗われる思いがしました。このとき同時に思い出したのは、3.11のあと、フランスで世話になった先生が送ってくれた見舞いの言葉でした。それは、おおよそ、次のような内容のものでした。＜災害に対して法律家は無力だ。だがいつか役に立てる時がきっと来る＞。自分にとって「役に立てること」とは何か…？ 自分にできることは、彼らのような若い世代が、将来、自分たちの「まち」を担っていけるよう手助けすることではないか…。都市法の入門書が出せたら…！ 突然の啓示のような思い付きに我が身が震えました。

これは、今から約一年前の話です。そのときから、私の頭の中では、『都市法入門』（仮題）の執筆に向けてスイッチが入りました。現在も、その準備を少しずつ進めています。学部の講義では、ここ数年、行政法の各論として、「都市法」と銘打った講義を受け持っていましたが、教科書を書くなどということは考えもしませんでした。定年を控えたこの時期に教科書を書こうなどと考えるのは、無謀かつ滑稽にも見えますが、スイッチが入ってしまった以上、仕方がありません。書くからには、都計法や建基法の解説書のようなテクニカルなものではなく、（できるかどうかわかりませんが）もう少し人間的な温かみのある入門書を目指そうと思っています。そして、これが私の最後の仕事になることも自覚しております。」

### 2）本書の執筆方針について

1.「はしがき」で述べた通り、本書は初学者を対象にした都市法の入門書である。このため、参考文献等の紹介は、煩瑣を避けるため極力、割愛させていただいた。まず、この点をご了解いただきたい。

2. 次に、この分野では、定評のある教科書として、安本典夫『都市法概説（第3版）』（2017年）、生田長人『都市法入門講義』（2010年）、の2著がすでに公刊されている。本書で取り上げることのできなかった専門的な問題については、これらの教科書の参照をお願いしたい。

本書の内容は、これらの教科書を始め、多くの研究者の方々の著書・論文に負うところが少なくない。私の立ち位置を一言で言い表すなら、フランスの或る公法学者がのこした「オーリューは行政法を創った。私はそれをvulgaliser(ヴュルガリゼ)するに過ぎない」という言葉がピッタリくる。本書が、都市法学の「底上げ」に少しでも貢献できることを願っている。

3. ここで、本書の叙述にあたって、意識したことを3点述べておく。

第1に、「学」としての都市法をどう形作るかである。いま都市法は、転換の時代を迎えている。都市計画法を始めとしたこれまでの都市法制は、早晩大きく改められることになるだろう。そうであるなら、今日の時点で都市法の教科書（入門書）に求められるのは、「これまでの都市法学の成果を、将来に向けて着実につないでいく」ことではないか。序章で「都市法の過去・現在・未来」を論じ、第Ⅰ部を「都市法の基本手法」として第Ⅱ部以降と別建てにしたのも、そのようなことを意識したからである。

第2に、上述のこととも関連して、本書では、「制度の背景や流れ」を描くことにも意を払った。「学生はこちらが思う以上に過去のことを知らない」。これは、日ごろ教室で痛感する否定しようのない現実である。このため、ある制度について理解を深めてもらうには、できるだけその制度が生まれた背景や流れに触れる必要がある。

このことに加えて、都市法は、時々の都市問題への対応が求められる分野であるため、法制度の変遷が激しくかつ内容も入り組んだものにならざるを得ない。しかし、だからといって目先のことばかり追うのでは、大切なことを見落とすことにつながりかねない。「大切なことは目に見えない（Ce qui est important, c'est invisible)」(『星の王子様』より）の箴言に倣うなら、法制度の根底にある「大切なもの」を浮かび上がらせる工夫が求められよう。「制度の背景や流れ」を押さえることは、このような工夫の一つといえる（景観法の前史（第5章)、都市再生法の展開（第6章)、分権改革（第8章）をややくどく説明したのも、このことの故である)。

第3に、本書では、比較法の視点も可能な限り生かすことにした。わが国の都市法には、土地所有権絶対の思想が、いまなお根深く残っていると言われている（第1章（2）【コラム】参照）。また、「官」ならぬ「公」の領域の形成が遅れてきたことが、公私協働の進展に、ある種の影を落としていることも確かであろう（第9章（5）参照）。このような問題を克服するには、諸外国との比較の視点を持つことが欠かせないだろう。

本書では、筆者の専門の関係から、フランスの制度や思想に度々言及したが、その趣旨は、視野を広げてもらうことにあるのであって、かの国の法制度の導入をいうことにあるのではない。この点についても、ご了解いただければ幸いである。

最後に、本書では、損失補償や利害調整の問題について、独立の章を設けることはしなかった。当初は、この問題に1章を割く予定であったが、利害調整（とりわけ開発利益の公共還元）に関する議論が、まだ十分に熟していないように思われたので（私の理解不足もあるだろうが）、この問題を取り上げることは断念した。この点に関しては、今後の議論の進展に期待したい。なお、損失補償については、その一般論は行政法の教科書等で扱われるのでそちらに委ねることにし、それ以外の個別問題（都市計画制限と補償の要否）についてのみ、第2章および第4章のコラムで取り上げておいた。

本書の作成にあたっては、三省堂書店／創英社の加藤歩美さんに一方ならぬお世話をいただいた。記して感謝申し上げたい。

本書を、最愛の妻、恵子に捧げる。

2024年7月7日　　　　久保　茂樹

# 索　引

## 【あ】



## 【か】



## 〔き・く〕



## 〔け〕

〔こ〕



【さ】



〔し〕

〔す・せ・そ〕



【た】



〔ち・つ・て〕



〔と〕

## 【な】



## 【は】

【ま】



【や】



【ら】



【わ】

**著者略歴**

**久保 茂樹**（くぼ しげき）

1954年　東京に生まれる。
1977年　京都大学法学部卒業
1982年　同大学大学院法学研究科博士課程単位取得済退学
　　　　青山学院大学法学部教授，同大学法務研究科教授を経て、
現　在　青山学院大学名誉教授

著　書
　都市計画と行政訴訟（日本評論社，2021年）
　転換期を迎えた土地法制度（共編著）（土地総合研究所，2015年）
　レクチャー行政法（第3版）（共著）（法律文化社，2012年）
　現代オーストラリア法（共著）（敬文堂，2005年）

都市法入門

---

2024年9月12日　初版第1刷発行
2025年2月20日　初版第2刷発行

著　　者　久保 茂樹
発行・発売　株式会社 三省堂書店／創英社
　　　　〒101-0051　東京都千代田区神田神保町1-1
　　　　TEL：03-3291-2295　FAX：03-3292-7687
印刷・製本　大盛印刷株式会社

---


ISBN 978-4-87923-276-2　C1032
落丁・乱丁本はお取替えいたします。
定価はカバーに表示されています。